Informationelle Selbstbestimmung und DNA-Analysen

Kai Stumper

Informationelle Selbstbestimmung und DNA-Analysen

Zur Zulässigkeit der DNA-Analyse
am Menschen angesichts des
informationellen Selbstbestimmungsrechts
aus Art. 2 I i. V. m. Art. 1 I GG

PETER LANG

Frankfurt am Main · Berlin · Bern · New York · Paris · Wien

Die Deutsche Bibliothek - CIP-Einheitsaufnahme

Stumper, Kai:

Informationelle Selbstbestimmung und DNA-Analysen : zur
Zulässigkeit der DNA-Analyse am Menschen angesichts des
informationellen Selbstbestimmungsrechts aus Art. 2 I i.V.m.
Art. 1 I GG / Kai Stumper. - Frankfurt am Main ; Berlin ;
Bern ; New York ; Paris ; Wien : Lang, 1996
    Zugl.: Darmstadt, Techn. Hochsch., Diss., 1996
    ISBN 3-631-30195-2

D 17
ISBN 3-631-30195-2
© Peter Lang GmbH
Europäischer Verlag der Wissenschaften
Frankfurt am Main 1996
Alle Rechte vorbehalten.

"Soll ich Ihnen sagen, warum wir Sie hiergebracht haben ? Um Sie zu heilen !
Wir vernichten nicht nur unsere Feinde, sondern machen andere Menschen aus ihnen.
Sie sind ein Fehler im Muster. Sie sind ein Fleck, der ausgemerzt werden muß.
Wenn Sie sich uns am Schluß beugen, so muß es freiwillig geschehen.
Wir bekehren den Ketzer, bemächtigen uns seiner geheimsten Gedanken, formen ihn um.
Das Gebot der totalitären Systeme hieß: "Du sollst". Unser Gebot ist: "Sei"".

George Orwell, "1984"

Vorwort

Die vorliegende Arbeit wurde nach Begutachtung durch Prof. Dr. Dr. Adalbert Podlech und Prof. Dr. Axel Azzola im Wintersemester 1995 an der Technischen Hochschule Darmstadt, Fachbereich 1, Rechts- und Wirtschaftswissenschaften, als Dissertation angenommen.

Die Arbeit befindet sich auf dem Stand von November 1994, neuere Rechtsprechung und Literatur wurde partiell bis Anfang 1996 eingearbeitet.

Meinen besonderen Dank möchte ich an dieser Stelle meinem Doktorvater, Prof. Dr. Dr. Adalbert Podlech, für seinen hilfreichen und souveränen Einsatz zugunsten der Arbeit und für seine zügige Erstbegutachtung aussprechen. Dank schulde ich auch Prof. Dr. Axel Azzola für seine Zweitbegutachtung.

Prof. Dr. Heiko Körner, Darmstadt, sowie Dr. Bogdan und Elja Denk, Hamburg, danke ich besonders für ihre hilfreiche Förderung meiner Dissertation.

Dank gilt auch Dr. Ingolf Böhm, München, für seine freundliche Durchsicht des naturwissenschaftlichen Textanteils.

Ganz speziell möchte ich mich bei meinen Eltern Annemarie und Friedrich Stumper bedanken, ohne die diese Arbeit nicht zustandegekommen wäre.

Meine Frau Angela Stumper hat mir, auch in schwierigen Zeiten, stets beiseite gestanden. Sie hat großen Anteil am Erfolg dieser Arbeit. Auch dafür ein großes Dankeschön.

Hamburg, im Februar 1996

Kai Stumper

Inhaltsübersicht

Inhaltsverzeichnis

Abkürzungshinweis

Zu den verwendeten Abkürzungen siehe:

Kirchner, Hildebert
-Abkürzungsverzeichnis der Rechtssprache, 4. Auflage, Berlin, New York 1993

Index medicus
-National Library of medicine, U.S. Dept. of Health, Education an Welfare, Public
Health Service, Washington 1993

Einleitung

Das informationelle Selbstbestimmungsrecht aus Art. 2 I i.V.m. Art. 1 I GG ist eine noch sehr junge Ausprägung des allgemeinen Persönlichkeitsrechts. Das Bundesverfassungsgericht erkannte es in seinem Volkszählungsurteil am 15. 12. 1983 an[1] und zog damit die Konsequenz aus einem Gefahrpotential im Umgang mit personenbezogenen Informationen, das parallel zur Entwicklung der Datentechnik anstieg. Die Datenschutzgesetzgebung hat das angesichts der Automatisierung der Datenverarbeitung erforderliche bereichsspezifische Differenzierungsniveau noch nicht erreicht, doch es zeichnen sich bereits neue Herausforderungen ab, deren normative Kraft des Faktischen Befürchtungen aufkeimen läßt, ob eine juristische Steuerung noch frühzeitig genug möglich sein wird. Durch die Fortentwicklung der Technik ist es nunmehr möglich, nicht nur die äußerlich wahrnehmbaren Merkmale und Äußerungen einer Person zu registrieren und zu verarbeiten, sondern auch in die Teile ihres Innersten vorzudringen, die ihr selbst an sich verborgen bleiben.

Nachdem elektronische Programme zur Datenverarbeitung technischer Standard geworden sind, gilt ein neues Interesse dem biochemischen Programm der menschlichen Erbinformation. Die Analyse der Desoxyribonucleinsäure (DNA) eröffnet der Kenntnis über intimste Daten neue Horizonte. Deshalb soll diese Methode als spezielle Form der Genomanalyse im Brennpunkt dieser Arbeit stehen.

Die Naturwissenschaft stellt der Rechtswissenschaft und speziell dem Datenschutzrecht vor dem Hintergrund dieser Entwicklung neue Fragen. In der juristischen Diskussion hat sich dies nicht sehr deutlich niedergeschlagen. Die körperliche Unversehrtheit und Einzelprobleme innerhalb der verschiedenen Rechtsgebiete, in denen sich die DNA-Analyse auswirkt, standen zuweilen stärker im Blickpunkt.

Apodiktisch und unscharf blieb oft der Seitenblick auf die informationelle Selbstbestimmung, die nicht selten auf die reine Datensicherheit reduziert oder hinter dem allgemeinen Persönlichkeitsrecht gar nicht wahrgenommen wurde.

Zwar liegen mittlerweile Untersuchungen politisch initiierter Arbeitsgruppen und Kommissionen vor, die sich zu den verschiedenen relevanten Rechtsbereichen äußern,

---

1 BVerfGE 65, 1

und überdies gibt es Gesetzentwürfe, die die Problematik zu erfassen suchen. Dennoch blieb bislang der Versuch aus, aus der Perspektive des informationellen Selbstbestimmungsrechts Lösungswege zur konfliktfreien Anwendung der neuen Technik übergreifend darzustellen. Dieser Versuch soll mit der vorliegenden Arbeit unternommen werden, die ihre datenschutzrechtlichen Folgerungen aus dem Bedingungsgefüge von Menschenwürdegarantie und individueller Autonomie als teilweise deckungsgleichem Kern der informationellen Selbstbestimmung abzuleiten sucht.

Die dabei gefundenen Ergebnisse stellen den Versuch dar, in dem kaum noch überschaubaren Facetten- und Regelungsreichtum der Thematik Orientierungsmarken einzuschlagen, die nicht immer mit Fortschrittsglauben und Zweckoptimismus zu vereinbaren sind, sondern angesichts der zunehmenden Tendenz, rechtsstaatliche Prinzipien zu restringieren, von Zurückhaltung geprägt sind.

Teil A   Naturwissenschaftliche Grundlagen

Aus juristischer Sicht ist von Interesse, ob und in wieweit das informationelle Selbstbestimmungsrecht des einzelnen vor dem Umgang mit Informationen über sein genetisches Programm zu schützen ist.

Die Antwort hängt auch davon ab, welche Eingriffsintensität dieser Umgang zeitigt. Welcher Natur sind also diese Informationen und wie kommen sie zustande ? Welcher Aufwand ist zu treiben, um diese Informationen zu erhalten ? In welchem Verhältnis steht dieser Aufwand zu Relevanz und Dichte der Information ?

Zur Beantwortung dieser Fragen ist auch der Jurist gehalten, sich mit humangenetischen Methoden zu befassen. Sie sollen daher im folgenden insoweit angesprochen werden, als dies aus juristischer Perspektive erforderlich erscheint.

I. Terminologie

Zunächst ist es notwendig, Orientierung in der Vielfalt der Begriffe zu geben. Gentechnologie, Biotechnik, Fortpflanzungsmedizin und Humangenetik sind Begriffe, die häufig falsch oder mißverständlich eingesetzt oder verstanden werden [1]. Sieht man als Bezugspunkt aller dieser Begriffe die Erbinformation, so kann man abstrahieren zwischen der Erkenntnisgewinnung und der Anwendung der gewonnenen Erkenntnisse. Die Gentechnik beschäftigt sich dabei mit den naturwissenschaftlichen Methoden, die für beide Ziele das notwendige Mittel darstellen. Sie ist "die Gesamtheit der Methoden zur Charakterisierung und Isolierung von genetischem Material, zur Bildung neuer Kombinanten genetischen Materials sowie zur Wiedereinführung und Vermehrung des neu kombinierten Erbmaterials in anderer biologischer Umgebung" [2]. Gentechnische Erkenntnisnutzung findet statt im Bereich der biologischen Stoffumwandlung und Rohstoffversorgung, etwa beim Anbau optimierter Industriepflanzen [3], im Bereich

---

1   Dies beanstanden auch Hirsch/Schmidt-Didczuhn, MedR 1990, S. 167 (167)

2   Chancen und Risiken, S. 7; siehe auch Domdey in: Ellermann/Opolka, S. 13

3   Chancen und Risiken, S. 40 ff.

der Pflanzenproduktion, etwa zur Herstellung herbizid-resistenter Pflanzen [1], im Bereich der Tierproduktion, etwa durch Eingriffe in die Keimbahn zur Qualitäts- und Quantitätssteigerung [2], im Umweltbereich, etwa beim Abbau umweltbelastender Chemikalien oder der Schädlingskontrolle [3] und im Gesundheitsbereich, etwa bei der Insulingewinnung oder der Interferonforschung [4].

Naturwissenschaftlich erfaßt damit die Gentechnik sowohl Tiere und Pflanzen als auch Menschen. Medizinisch und juristisch wird jedoch die Anwendung auf den Menschen unter dem Begriff Humangenetik abgetrennt [5].

Die Humangenetik befaßt sich ebenso wie die Gentechnik im allgemeinen mit erkenntnisgewinnenden Methoden in Form der Analyse des menschlichen Genoms (Genomanalyse) und erkenntnisnutzenden Methoden in Form der gezielten Veränderung des menschlichen Erbguts, etwa in Form der Therapie von Erbkrankheiten [6]. Die Genomanalyse ist dabei Voraussetzung für eine Gentherapie [7].

Von der Humangenetik wird die Fortpflanzungsmedizin abgetrennt. Die Fortpflanzungs-medizin beschäftigt sich unter anderem mit künstlicher extrakorporaler Befruchtung etwa mit Hilfe von Insemination und In-vitro-Fertilisation. Embryotransfer sowie Konservierung von Keimzellen und Embryonen sind Folgen hiervon oder dienen zu diesem Zweck. Es bestehen zwar "Berührungspunkte" [8], da auch hier biochemische Erkenntnisse aus der Genetik genutzt werden, es werden aber in der Fortpflanzungs-

---

1 Chancen und Risiken, S. 57, 61 ff.
2 Chancen und Risiken, S. 84 ff.
3 Chancen und Risiken, S. 99 ff.
4 Chancen und Risiken, S. 115 ff.
5 Siehe statt vieler: Ruderisch, ZRP 1992, S. 260 (260)
6 Hirsch/Schmidt-Didczuhn, MedR 1990, S. 168 (169)
  Wurzel, BayVBl. 1989, S. 421 (423); Der Spiegel 19/1994, S. 222 ff.: "Den Tumor fressen"
7 Siehe zum Einsatz in Deutschland: Ludger Weß, Die Tageszeitung, 8. 11. 1993: "Gentherapie auf dem Vormarsch"; Wolfgang Löhr, Die Tageszeitung, 7. 3. 1994: "Gentherapie in der Grauzone"; Die Welt, 5. 5. 1994: "Erste Gen-Therapie an Patienten in Deutschland"; Jürgen Rees, Wochenpost, 1. 5. 1994: "Unsichtbarer Konkurrent. Berliner Ärzte starteten den ersten Versuch zur Gentherapie"; Hans Harald Bräutigam/Christian Weymayr, Die Zeit, 13. 5. 1994: "Viel Erkenntnis, wenig Hoffnung"; Peter Luther, Die Welt, 14. 6. 1994: "Gentherapie-Ängste und Hoffnungen"; Die Zeit, 24. 06. 1994: "Darf man in Keimzellen eingreifen?"; Süddeutsche Zeitung, 28. 07.1994: "Gentherapie mit vielen Fragezeichen"; Der Spiegel, 41/1994, S. 218: "Geschoß von der Maus".
8 Ruderisch, ZRP 1992, S. 260 (260)

medizin keine gentechnischen Methoden angewandt [1]. Diese Abtrennung erscheint schon semantisch naheliegend und soll im folgenden beibehalten werden.

Die Biotechnologie bildet mit der Gentechnik eine teilidentische Schnittmenge, mit der Humangenetik ist sie allenfalls indirekt verbunden. Es handelt sich um "technische und industrielle Anwendungen biologischer Verfahren und Produkte" [2].

Sie spielen im pharmazeutischen- und Lebensmittelbereich, in der Landwirtschaft, bei der Abfallbeseitigung und im Anlagenbau eine Rolle [3].

Neben althergebrachten Verfahren wie etwa dem Einsatz von Mikroorganismen zur Herstellung von Bier, Hefe oder Käse bilden etwa die gentechnisch unterstützte Erstellung von Enzymen für Waschmittel oder Vitamine Beispiele aus neuerer Zeit [4], die Insulinherstellung etwa ist ein Anwendungsfall im Bereich der Humanmedizin.

Gegenstand der Humangenetik als Wissenschaft von der "Erblehre" [5] sind das Genom des Menschen und dessen Gene.

Mit Genom wird "der haploide Chromosomensatz und die in ihm lokalisierten Gene, i.w.S. auch die Gesamtheit der Gene eines Individuums" [6] bezeichnet. Als Gene werden dabei die "Erbfaktoren, Erbeinheiten, Erbanlagen", also die "funktionelle Einheit" innerhalb des Genoms angesehen [7].

Es handelt sich um einen bestimmten "Abschnitt auf der DNA mit einer definierten Abfolge von Basenpaaren, die die Information für die Bildung eines Eiweißmoleküls trägt" [8].

---

1 So auch Hirsch/Schmidt-Didczuhn, MedR 1990, S. 167 (167):"Tiefgefrorene Embryonen und Leihmütter haben nichts mit Gentechnik zu tun". Anders dagegen Benda, NJW 1985, S. 1730 (1730), der zur Humangenetik auch "nicht natürliche Fortpflanzungsmethoden " wie künstliche Insemination, in-vitro-Fertilisation und Klonen zählt. Siehe auch den Verweis bei Ruderisch, ZRP 1992, S. 260 (260), Fußn. 5

2 Hütter in: Hölzle/Bondolfi, S. 21

3 Chancen und Risiken, S. 41; siehe auch Hütter in: Hölzle/Bondolfi, S. 21; Teufel in: Nicklisch/Schettler, S. 12

4 Chancen und Risiken, S. 41 ff.

5 Siehe: Pschyrembel, Stichwort: Genetik

6 Siehe Pschyrembel, Stichwort: Genom; siehe auch Chancen und Risiken, S. 13

7 Siehe Pschyrembel, Stichwort: Gene

8 Chancen und Risiken, S. 16

II. Grundlagen der Vererbung

In den vergangenen hundert Jahren hat sich der Blick auf die Ursachen dafür, daß Nachkommen von Lebewesen die Eigenschaften ihrer Eltern zeigen, in rasanter Weise verschärft.

Die Gleichgültigkeit der Zeitgenossen Gregor Mendels gegenüber seinen 1866 veröffentlichten Erkenntnissen [1] ist heute größtem Eifer bei der endgültigen Kartierung des menschlichen Genoms gewichen. Mendel hatte unter anderem erkannt, daß ein Merkmal in seiner Erscheinungsweise jeweils von zwei Elementen, nämlich einem mütterlichen und einem väterlichen, abhängt, und daß diese Elemente in einem dominaten oder rezessiven Verhältnis zueinander stehen können [2].

Der Ort, an dem sich diese Elemente befinden, ist die Zelle als kleinste Einheit eines Organismus. Im Gegensatz zu den Prokaryoten (Bakterien) weisen alle anderen Lebensformen einen Zellkern auf [3].

Diese Eukaryoten weisen inerhalb dieses Zellkerns Chromosomen auf. Chromosomen gelten als Träger der Erbinformation. Sie können im Mikroskop während der Zellteilung, auch Mitose genannt, als stäbchenförmige Formen erkannt werden.

Beim Menschen finden sich verschiedene Sätze und verschiedene Arten von Chromosomen, je nachdem, um welche Art von Zellen es sich handelt: in den Keimzellen, also den Spermien und den Eizellen, gibt es nur einen Chromosomensatz; dieser haploide Satz verschmilzt bei der Befruchtung wieder zu dem diploiden Satz, der sich in den übrigen, somatischen, Zellen des Menschen findet.

Bei der Bildung von Keimzellen wird aus dem diploiden Satz ein haploider Satz durch die Meiose, einer Reduktion der Chromosomen.

In den diploiden somatischen Zellen sind 46 Chromosomen enthalten, in den haploiden Keimzellen 23. Die Differenzierung der Geschlechter erfolgt durch ein ungleiches Chromosomenpaar, die Gonosomen oder Geschlechtschromosomen.

Dies sind beim Mann ein X- und ein Y-Chromosom, bei der Frau zwei X-Chromosomen.

---

1 Hirsch-Kauffmann/Schweiger, S. 143 ff.

2 Hirsch-Kauffmann/Schweiger, S. 147; Buselmaier/Tariverdian, S. 197 ff.; Chancen und Risiken, S. 144; Domdey in: Ellermann/Opolka, S. 13 f.

3 Chancen und Risiken, S. 8; Hirsch-Kauffmann/Schweiger, S. 3f., S. 48 f.

Alle anderen Chromosomen weisen jeweils ein Äquivalent auf und werden Autosomen genannt (Chromosomenpaare 1 bis 22) [1].

1. Biochemische Grundlagen der Humangenetik

Die Chromosomen sind zwar die Träger des Erbguts, woraus bestehen aber die Chromosomen und wie sind sie aufgebaut? Antworten auf diese Fragen fanden 1944 Oswald T. Avery und 1953 James Watson und Francis Crick. Avery analysierte die chemische Struktur der Gene und fand heraus, daß es sich um Desoxyribonukleinsäure (DNA) handelte [2]. Watson und Crick erkannten die räumliche Struktur dieses Moleküls als Doppelhelix [3].

Die DNA ist als Träger der genetischen Information [4] im Zellkern konzentriert. Diese Information ist damit in allen Körperzellen des Menschen enthalten und kann durch die Keimzellen an weitere Generationen weitergegeben werden. Aufgrund der genetischen Information sind die Zellen in der Lage, bestimmte Stoffwechselprodukte in geordneter Weise herzustellen, die den menschlichen Organismus lebensfähig erhalten. Nur 20 % der Chromosomenmasse besteht aus DNA, der Rest wird aus Proteinen gebildet [5].

Die Nucleinsäuren sind kettenförmige Makromoleküle. Ähnlich, wie Aminosäuren Untereinheiten der Proteine sind, stellen die Nucleotide Untereinheiten der DNA dar [6]. Jedes Nucleotid besteht seinerseits aus drei Komponenten. Es sind dies ein Phosphorsäurerest, ein Zuckermolekül und eine stickstoffhaltige organische Ringverbindung, die man wegen ihrer schwach basischen Reaktion als Base bezeichnet. Entsprechend des chemischen Aufbaus des Zuckermoleküls unterscheidet man zwei Arten von Nucleinsäuren. Das Zuckermolekül liegt einmal als Ribose und weiterhin

---

1 Siehe zum Vorhergehenden: Gassen/Martin/Sachse, Gene, S. 16 f. , 86 f. ; Chancen und Risiken, S. 13; Hirsch-Kauffmann/Schweiger, S. 59 ff. , 190 ff.; Buselmaier/Tariverdian, S.102 f. ; Gassen/Martin/Bertram, S. 34, 153; Bericht BMFT 1991, S. 25

2 Cleve in: Ellermann/Opolka, S. 39 f.; Hirsch-Kauffmann/Schweiger, S. 85

3 Hirsch-Kauffmann/Schweiger, S. 89; siehe zur Geschichte auch die umfassende Darstellung bei: Vogel/Motulsky, S. 9 ff

4 Gassen/Martin/Sachse, S. 13

5 Hirsch-Kauffmann/Schweiger, S. 52

6 Gassen/Martin/Sachse, S. 8 f., 13 f.

als Desoxyribose vor, welche um ein Sauerstoffatom ärmer ist. Da sich stets nur entweder Ribose-Nucleotide oder Desoxyribose-Nucleotide miteinander verbinden, nennt man die beiden Nucleinsäurearten Ribonucleinsäure (RNA) und Desoxyribonucleinsäure (DNA).

In der RNA und der DNA treten jeweils vier verschiedene Basen innerhalb der Nucleotide auf. Es sind dies Adenin, Guanin, Cytosin und Thymin, welches jedoch in der RNA nicht auftritt, sondern durch das Uracil ersetzt wird. Adenin und Guanin sind Doppelringsysteme und leiten sich vom Purin ab. Cytosin, Thymin und Uracil sind einfache Ringsysteme und leiten sich vom Pyrimidin ab. Das Verhältnis der Basen Adenin und Thymin ist innerhalb der DNA stets gleich, ebenso wie das Verhältnis von Guanin und Cytosin. Daraus folgerte man, daß die Basen stets nur in aneinandergekoppelten Paaren vorliegen.

Diese spezifische Basenpaarung, bei der sich stets eine Pyrimidin- mit einer Purinbase verbindet, ist jedoch nur dann möglich, wenn sich zwei Polynucleotidstränge zu einem Doppelstrang zusammenfinden, wobei die Basenpaare nach innen gekehrt sind und die Phosphatgruppen das Äußere des Moleküls bilden. Dieser Doppelstrang windet sich schraubig gedreht zu einer Spirale auf, deren Windung jeweils zehn Nukleotide pro Strang umfaßt. Diese Spirale heißt Doppelhelix [1].

Durch die vier frei kombinierbaren Basen verfügt die DNA über eine Informationsmenge von Einheiten, die von der Zahl der möglichen Kombinationen abhängig ist. Bestünde eine Kombinationseinheit aus einer einzelnen Base, so gäbe es vier Kombinationsmöglichkeiten. Bestünde sie aus zwei Basen, so ergäbe dies 16 Kombinationsmöglichkeiten. Dies würde aber nicht ausreichen, um die 20 im Körper vorkommenden Aminosäuren zu synthetisieren.

Erst eine Kombinationseinheit von drei Basen ergibt 64 Kombinationsmöglichkeiten und damit 64 verschiedene Informationseinheiten.

Jede dieser Einheiten besteht aus drei Nucleotiden. Man spricht daher auch von Tripletts oder Codogenen [2]. Ein bestimmtes Triplett ist dabei das Signal für die Synthese einer bestimmten Aminosäure. Da es aber nur 20 Aminosäuren gibt, determinieren jeweils

---

1 Siehe zum Vorhergehenden: Gassen/Martin/Sachse, S. 13 ff; Chancen und Risiken, S. 11 f.; Cleve in: Ellermann/Opolka, S. 38 f.; Hirsch/Eberbach, S. 290 ff; Hirsch-Kauffmann/Schweiger, S. 88 f.; Vogel/Motulsky, S. 87 ff.

2 Gassen/Martin/Sachse, S. 21; Vogel/Motulsky, S. 87 f.

mehrere Tripletts die gleiche Aminosäure. Da jeder Aminosäure damit mehrere Codogene zukommen, kann man von einer Aminosäure nicht rückwärts auf deren Codogen schließen, sondern nur von einem Codogen auf dessen Aminosäure. Deshalb nennt man den genetischen Code auch degeneriert [1]. Dieser Code ist im übrigen auch universell, das heißt, jeder Organismus verwendet die gleichen Codogene für die Determination der gleichen Aminosäure [2].

a) Replikation der DNA

Für die Zellteilung ist es notwendig, daß jede Tochterzelle die identische genetische Information erhält. Dieses Ziel wird durch die Replikation der DNA während der Zellteilung erreicht [3]. Eine identische Verdopplung der DNA wird aufgrund der komplementären Struktur der Doppelhelix gewährleistet. Jeder Einzelstrang in der Helix ist das negative Abbild des anderen. Trennen sich die beiden Stränge auf, so können sich die frei in der Zelle vorkommenden Nucleotide jeweils nur an den Stellen des Stranges anlagern, an denen zuvor auch das Komplement der jeweiligen Basenkombination haftete. Es können sich nur Thyminbasen an Adeninbasen und umgekehrt sowie Cytosinbasen an Guaninbasen und umgekehrt anlagern.

Unter der Wirkung des Enzyms DNA-Polymerase [4] werden die ursprünglich freien Nucleotide miteinander verbunden. Jeder Einzelstrang ergänzt somit nach dem Komplementärprinzip die ihm zuvor durch Trennung entzogene Hälfte.

Er wirkt in Form einer Matrize, an der eine negative Kopie seiner selbst beziehungsweise eine positive Kopie seines komplementären Stranges hergestellt wird.

Da die neugebildeten Doppelhelices jeweils einen ursprünglichen und einen neugebildeten Strang enthalten, nennt man diese Art der identischen Replikation semikonservative Replikation [5].

---

1 Vogel/Motulsky, S. 87; Gassen/Martin/Sachse, S. 21; Buselmaier/Tariverdian, S. 5; Chancen und Risiken, S. 19

2 Buselmaier/Tariverdian, S. 3

3 Gassen/Martin/Sachse, S. 22 f. ; Hirsch-Kauffmann/Schweiger, S. 92 ff.

4 Hirsch-Kauffmann/Schweiger, S. 92, 95

5 Hirsch-Kauffmann/Schweiger, S. 94

Weil die Zahl der 64 Tripletts über die Zahl der vorkommenden Aminosäuren hinausgeht, stehen Tripletts auch für "Satzzeichenfunktionen" [1] wie Start und Stop der Synthese für Proteine zur Verfügung.

b) Transkription und Translation der DNA

Der Weg vom Triplett der DNA zum Protein verläuft über zwei entscheidende Stufen. Zunächst wird die Information der DNA abgelesen und im Anschluß daran übersetzt. Das Ablesen bezeichnet man als Transkription, die Übersetzung als Translation [2]. Zur Transkription öffnet sich der DNA-Doppelstrang reißverschlußartig und freie Nucleotide lagern sich an ihm an. Es entsteht einsträngige RNA, die als Überträger-RNA, auch messenger-RNA (mRNA) [3] genannt, den Zellkern verläßt und in das Cytoplasma [4], den Raum zwischen Zellaußenwand und Zellkern wandert. Zuvor kommt es zu einem Zwischenschritt, bei dem die mRNA zerstückelt und wieder zusammengefügt wird. Grund hierfür ist der Umstand, daß große Bereiche der Gene nicht in Proteine umgeschrieben werden. Diese nicht informationstragenden Bereiche, die Introns, werden von der mRNA zwar zunächst mitgelesen, dann aber ausgesondert, so daß die aus dem Zellkern austretende mRNA schließlich eine Addition von ausschließlich für die spätere Proteinsynthese relevanten Teilstücken, den Exons [5], darstellt.
Im Cytoplasma lagert sich diese mRNA zur Translation an den Ribosomen an. Dies sind Zellorganellen, die den Beginn der mRNA erkennen und damit das geordnete Abarbeiten der nachfolgenden Anlagerung von Aminosäuren an die verschiedenen Tripletts gewährleisten [6]. Als Vermittler zwischen der mRNA und den Aminosäuren dient eine weitere Nucleinsäurekette, die Transfer-RNA (tRNA). Sie erkennt die verschiedenen Tripletts der mRNA und knüpft an ihnen verschiedene Aminosäuren

---

1 Gassen/Martin/Sachse, S. 21

2 Siehe dazu und zum Folgenden: Buselmaier/Tariverdian, S. 23 ff. ; Murken/Cleve, S. 2; Hirsch-Kauffmann/Schweiger, S. 109 ff. , 118 ff. ; Gassen/Martin/Sachse, S. 22 ff. ; Chancen und Risiken, S. 16 ff. ; Bericht BMFT 1991, S. 34 ff.

3 Buselmaier/Tariverdian, S. 23

4 Gassen/Martin/Sachse, S. 4;

4 Zu den Begriffen: Murken/Cleve, S. 2; Hirsch-Kauffmann/Schweiger, S. 117; Chancen und Risiken, S. 17

6 Gassen/Martin/Sachse, S. 26 ff. ; Chancen und Risiken, S. 19

an, die nach erfolgter Synthetisierung ein spezifisches Protein bilden [1]. Die mRNA kann über mehrere Ribosomen hinweglaufen und deshalb dasselbe Protein mehrfach synthetisieren [2].

2. Auswirkungen der Zellchemie auf den Menschen

a) Genotyp und Phänotyp

Welche Außenwirkung entfalten nun all diese Vorgänge im Innern der Zelle? Bestimmte äußere Merkmale eines Menschen wie Augenfarbe, Haarfarbe oder Körpergröße, aber auch spezifische Merkmale wie etwa die Art der Blutgruppe werden nicht allein durch die Wirkung des von einem einzigen Gen gebildeten Proteins hervorgerufen [3]. Mehrere Struktureiweiße sind notwendig, um über eine Reihe von Zwischenstufen schließlich einen Stoff zu synthetisieren, der das Merkmal ausmacht. So ist also das komplexe Zusammenwirken mehrere Gene für die Ausbildung eines Merkmals verantwortlich. Dieser Umstand wird mit dem Begriff Polygenie beschrieben [4], wobei die Ausprägung dieser Merkmale zudem durch mehr oder weniger starke, nichtgenetische Umwelteinflüsse modifiziert werden kann.

Vor diesem Hintergrund ist die Gruppe der polygenen oder multifaktoriellen Defekte zu sehen [5].

Umgekehrt kann ein einziges Gen an der Ausbildung mehrer Merkmale beteiligt sein, wenn es ein Enzym erzeugt, das mehrfach als Element verschiedener komplexerer Endprodukte fungiert, welche jeweils zur Ausprägung eines von mehreren verschiedenen Merkmalen eines Individuums erforderlich sind.

Dieser Umstand wird mit dem Begriff Polyphänie, teilweise auch Pleiotropie, beschrieben [6]. Vor diesem Hintergrund ist die Gruppe der monogenen Defekte zu sehen, die in Form des Nachweises von Mutationen den zur Zeit größten Anwendungs-

---

1 Buselmaier/Tariverdian, S. 29 f. ; Gassen/Martin/Sachse, S. 25 ff.

2 Gassen/Martin/Sachse, S. 23

3 Hirsch-Kauffmann/Schweiger, S. 184

4 Murken/Cleve, S. 104 ff. ; Buselmaier/Tariverdian, S. 267 ff.

5 Sperling in: Sass, S. 44

6 Murken/Cleve, S. 87; Buselmaier/Tariverdian, S. 209; Hirsch-Kauffmann/Schweiger, S. 170

bereich der Humangenetik darstellen[1]. Ebenfalls mutationsbedingt sind chromosomale Defekte als Anwendungsbereich der Humangenetik. Hierbei unterscheidet man Veränderungen der Chromosomenstruktur als Chromosomenmutationen und Veränderungen der Chromosomenzahl als Genommutationen[2].

b) Mutationen und Krankheitsgenese

Weil zahlreiche Krankheiten ihre Ursachen in genetischen Veränderungen haben[3], liegt es auf der Hand, daß die Humangenetik mehr über diese Ursachen und auf diesem Wege über Therapiemöglichkeiten herauszufinden versucht.

Die Anwendung der Genomanalyse hängt daher eng mit Symptomatik und Diagnostik von Mutationen und ihren pathologischen Folgeerscheinungen ab.

Daher sollen diese Zusammenhänge im folgenden kurz und mit Hilfe einiger Beispiele aufgezeigt werden.

Mutationen sind Veränderungen des Erbgutes, die ohne erkennbaren Grund, also spontan, oder aufgrund von äußeren Einwirkungen wie etwa Giften, Strahlen oder Viren auftreten[4].

Sie ereignen sich häufig in Form der Punktmutation[5], bei der lediglich ein einziges Basenpaar verändert wird und dadurch zum Teil schwerwiegende Folgen für die Proteinsynthese nach sich zieht. Bei der Blockmutation[6] zeigen mehrere Nucleotide Veränderungen. Außerdem können wesentlich komplexere Veränderungen der DNA-Sequenz beziehungsweise -Struktur Ursachen für phänotypische Wirkungen sein, etwa der Ausfall von DNA-Stücken, Neukombinationen von DNA-Sequenzen oder die Vervielfältigung von DNA-Abschnitten.

---

1 Sperling in: Sass, S. 42; Hirsch-Kauffmann/Schweiger, S. 164 ff.

2 Buselmaier/Tariverdian, S. 56 f.

3 Siehe etwa die Tabellen bei: Murken/Cleve, S. 12 ff. ; Buselmaier/Tariverdian, S. 401, 403; siehe auch: Vogel/Motulsky, Appendix 9, S. 697 ff.

4 Siehe für eine Übersicht über Mutationsarten: Hirsch-Kauffmann/Schweiger, S. 98 ff. ; Buselmaier/Tariverdian, S. 66 ff. ; Murken/Cleve, S. 21 ff.

5 Buselmaier/Tariverdian, S. 66; Murken/Cleve, S. 8 f., siehe allgemein zu monogenen Erbkrankheiten auch die Übersicht in: Bericht BMFT 1991, S. 82 ff.

6 Hirsch-Kauffmann/Schweiger, S. 98

aa) Chromosomenaberrationen

Wie schon gesagt, unterscheidet man zwischen Abweichungen nach der Zahl (Genommutationen) und nach der Struktur (Chromosomenmutationen) von Chromosomen. In jeder dieser Gruppen kan man noch einmal danach trennen, ob die autosomalen oder die geschlechtsspezifischen gonosomalen Chromosomen betroffen sind. Zahlreiche Chromosomenaberrationen sind aber auch nicht auf zellinterne Vorgänge, sondern auf äußere Einwirkungen, insbesondere Strahlen, Chemikalien und Viren zurückzuführen [1].

(1) Genommutationen

Beispiele für gonosomale Genommutationen sind das Triple-X-Sydrom oder das Klinefelter-Syndrom. Beide kommen einmal bei je 1000 Geburten vor und werden ohne besondere Diagnostik bei der Geburt nicht erkannt [2].

Das Triple-X-Sydrom betrifft weibliche Individuen, die statt zwei nun drei X-Chromosomen aufweisen. Es äußert sich, sofern es überhaupt zu Auffälligkeiten kommt, in unterschiedlich starker geistiger Retardierung [3].

Das Klinefelter-Syndrom betrifft männliche Individuen, die statt je einem X- und einem Y-Chromosom zusätzlich ein X-Chromosom aufweisen. Das Syndrom wird häufig erst im Pubertätsalter erkannt und äußert sich in größerem Körperwuchs, vermindertem Haarwuchs, verkleinerten Hoden und zumeist verminderter Intelligenz [4].

Beispiele für autosomale Genommutationen sind Trisomien, bei denen zusätzlich zu einem normalen Chromosomenpaar ein drittes, gleiches Chromosom vorliegt [5]. Eine der häufigsten Trisomien ist die Trisomie 21, auch "Down-Syndrom" genannt.

Die wegen ihres äußeren Erscheinungsbildes auch als mongoloid bezeichneten Betroffenen weisen häufig Herzfehler sowie eine oft stark verminderte Intelligenzquote

---

1 Murken/Cleve, S. 73 f. ; Hirsch-Kauffmann/Schweiger, S. 99 ff. ; Vogel/Motulsky, S. 394 ff.

2 Buselmaier/Tariverdian, S. 133 ff. , 140; Murken/Cleve, S. 55 ff. ; Vogel/Motulsky, S. 22, 69 ff.

3 Murken/Cleve, S. 55 f. ; Buselmaier/Tariverdian, S. 133 f.

4 Murken/Cleve, S. 56; Buselmaier/Tariverdian, S. 143 ff.

5 Buselmaier/Tariverdian, S. 142; Murken/Cleve, S. 50

auf. Viele Betroffene sterben an Leukämie. Das Risiko, ein Kind mit dieser Mutation zu gebären, steigt bei Müttern nach dem 35. Lebensjahr stark an [1].

(2) Chromosomenmutationen

Bekanntestes Beispiel gonosomaler Chromosomenmutationen dürfte das Fragile X-Syndrom, auch Martin-Bell-Syndrom genannt, sein. Es kommt bei beiden Geschlechtern vor und geht neben Besonderheiten im äußeren Erscheinungsbild mit geistiger Retardierung einher [2]. Für autosomale Chromosomenmutationen sei hier beispielhaft das Prader-Willi-Sydrom genannt. Auch hierbei kommt es zu Wachstumsstörungen in Form von Minderwuchs und zu geistiger Retardierung [3].

bb) Monogene Mutationen

Den Ort eines Gens auf dem Chromosom nennt man Gen-Locus [4]. Die verschiedenen Ausprägungen eines gleichen Genlocus werden Allele genannt. Da es zumindest bei den Autosomen immer zwei Chromosomen dergleichen Art gibt, existieren auch stets zwei Allele für jedes autosomale Gen. Liegt ein Gen in seiner spezifischen Ausprägung nur auf einem Allel vor, so spricht man von heterozygoten, liegt es auf beiden Allelen identisch vor, von homozygoten Individuen [5]. Mit anderen Worten: im einen Falle sind beide Allele eines Genlocus unterschiedlich (heterozygotes Individuum), im anderen Falle sind die Allele identisch (homzygotes Individuum). Heterozygotie liegt also schon dann vor, wenn nur ein Basenpaar die Allele eines Gen-Locus differieren läßt. Dies hat auch Folgen für die Weitergabe von genetischen Defekten zwischen den Generationen. Ob sich der Defekt beim Träger auswirkt, hängt davon ab, wie sich die Mutation auf das Genprodukt, dessen Struktur und Wirkmechanismus auswirkt. Reicht zur Auswirkung bereits die Anwesenheit auf einem Allel aus, so spricht man

---

1 Siehe zum Ganzen: Hirsch-Kauffmann/Schweiger, S. 200 f. ; Murken/Cleve, S. 58 ff. ; Buselmaier-Tariverdian, S. 142 ff.

2 Murken/Cleve, S. 68; Buselmaier/Tariverdian, S. 242 f.

3 Buselmaier/Tariverdian, S. 181

4 Murken/Cleve, S. 26; Buselmaier/Tariverdian, S. 455

5 Buselmaier/Tariverdian, S. 89 f. ; Chancen und Risiken, S. 13 f. ; Murken/Cleve, S. 26 f.

von dominanter Vererbung [1]. Kommt es dagegen erst zur Auswirkung, wenn beide Allele durch ein defektes Gen besetzt sind, so spricht man von rezessiver Vererbung [2]. Umgekehrt ausgedrückt zeigen also Menschen mit heterozygot rezessiven Allelen keine phänotypischen Auswirkungen, weil ein einzelnes defektes Allel den Defekt nicht zum Ausdruck bringen kann.

(1) Autosomal-dominante Erkrankungen

Typisches Beispiel für autosomal-dominante Erkrankungen ist Chorea Huntington [3]. Diese Krankheit zeigt in den meisten Fällen erst im Erwachsenenalter Symptome und gilt auch deshalb als besonders tückisch. Es handelt sich um eine degenerative Erkrankung des zentralen Nervensystems, die mit dem Verlust der motorischen Steuerungsfähigkeit, Verhaltensstörungen und schließlich mit Demenz einhergeht [4].

(2) Autosomal-rezessive Erkrankungen

Typisches Beispiel für autosomal-rezessive Erkrankungen ist die Mukoviszidose, auch Zystische Fibrose genannt [5].
Sie tritt in Europa mit einer Häufigkeit von 1: 2000 auf. Die Betroffenen leiden an einer Überproduktion von Drüsensekret, die sich insbesondere in den Bronchien auswirkt und zu chronischen Infektionen und Atemnot führt [6].

---

1 Murken/Cleve, S. 80 f. ; Chancen und Risiken, S. 13 f. ; Hirsch-Kauffmann/Schweiger, S. 144 ff.

2 Siehe die Nachweise zur vorausgehenden Fn

3 Chancen und Risiken, S. 33

4 Buselmaier/Tariverdian, S. 210 f. ; Murken/Cleve, S. 87

5 Cleve in: Ellermann/Opolka, S. 64 ff.

6 Chehab/Wall, Hum. Genet. 1992, S. 163 ff. ; Pander/Artlich/Schwinger, Deutsches Ärzteblatt 1992 S. B2786 ff. ; Buselmaier/Tariverdian, S. 226; Murken/Cleve, S. 89 f. ; Hirsch-Kaufmann/Schweiger, S. 176; zum Screening auf diese Krankheit siehe: Bericht BMFT 1991, S. 200 f.; zu den Möglichkeiten der Gentherapie siehe: Ludger Weß, Die Tageszeitung, 8. 11. 1993: "Gentherapie auf dem Vormarsch"; Hans Harald Bräutigam/Christian Weymayr, Die Zeit, 13. 5. 1994: "Viel Erkenntnis, wenig Hoffnung".

Weiteres Beispiel ist die Sichelzellanämie [1], die auf einer Punktmutation basiert, bei der auf Aminosäureebene Glutaminsäure durch Valin ersetzt wird. Da Valin wasserabstoßend ist, kommt es zu einer verringerten Löslichkeit des Hämoglobins und damit zu einer Verzerrung der roten Blutkörperchen zur Form einer Sichel. Diese Sichelzellen werden von weißen Blutkörperchen angegriffen und aufgelöst. Dadurch kommt es zu schweren Anämien mit zahlreichen Folgeerscheinungen wie etwa Herzversagen, Nierenversagen, Rheumatismus, Gehirnschädigungen oder Erblindungen [2]. Letztes Beispiel soll die Phenylketonurie [3] sein. Es handelt sich dabei um ein Beispiel einer Gen-Wirkkette, bei der innerhalb des Stoffwechsels eine notwendige Zwischensubstanz nicht gebildet wird. Im Normalfall wird die Aminosäure Phenylalanin, die zu einem Teil durch die Nahrung aufgenommen wird, unter Mitwirkung des Enzyms Phenylalanin-Hydroxylase zu Tyrosin umgewandelt. Fehlt die Phenylalanin-Hydroxylase, so entsteht die giftige Phenylbenztraubensäure (Phenylketon). Sie wird zwar durch den Urin ausgeschieden, bewirkt aber dennoch vor allem im Gehirn Zellschäden, die zu schweren geistigen Störungen führen. Durch eine Phenylalaninarme Diät kann diese Konsequenz vermieden werden, wenn die Krankheit früh erkannt wird [4].

(3) X-chromosomale Erkrankungen

Auf dem Y-Chromosom sind bisher keine relevanten Erbdefekte bekannt [5]. Darum sollen hier Beispiele für Vererbung von Defekten auf dem X-Chromosom gegeben werden.

Beispiel für eine x-chromosomal-rezessive Erkrankung ist die Muskeldystrophie Duchenne. Es handelt sich um eine Mutation, die sich erst im Alter von etwa zwei Jahren äußert. Die Lebenserwartung liegt häufig unter 20 Jahren.

Die vorwiegend männlichen Betroffenen weisen zunehmende Schwierigkeiten bei

---

1 Chancen und Risiken, S. 31 ff.
2 Cleve in: Ellermann/Opolka, S. 48 ff. ; Hirsch-Kauffmann/Schweiger, S. 167 ff. ; Buselmaier/Tariverdian, S. 86 f.
3 Hirsch-Kauffmann/Schweiger, S. 174 f
4 Siehe zum Ganzen: Buselmaier/Tariverdian, S. 227 f. ; Murken/Cleve, S. 90 f. ; Hirsch-Kaufmann/Schweiger, S. 174 ff.
5 Buselmaier/Tariverdian, S. 233

der Fortbewegeung und Motorik auf, die im Alter von zehn Jahren zur Invalidität führt. Ursache ist das Fehlen des Proteins Dystrophin in den Muskeln der Betroffenen [1]. X-chromosomal-dominante Erkrankungen sind sehr selten [2] und sollen hier aus diesem Grund vernachlässigt werden.

(4) Mitochondriale Mutationen

Mitochondrien sind Zellorganellen, die ein eigenes genetisches System aufweisen und sich selbst replizieren können. Sie haben die Hauptfunktion, die Zelle mit Energie zu versorgen.

Ihre DNA synthetisiert für die Atmungskette des Menschen wichtige Proteine. Entsprechend treten hier verschiedene Defekte auf, die zahlreiche Symptome nach sich ziehen, zumeist jedoch geistige und motorische Retardierung gemeinsam haben [3].

(5) Tumorgenese aufgrund Chromosomenaberration

Von zahlreichen Tumorarten weiß man, daß sie vererbt werden. Grund hierfür sind genetische Mutationen. Häufig sind die Ursachen aber auch in Umwelteinflüssen zu sehen.

Kompliziert und noch nicht weitgehend erforscht ist der Zusammenhang zwischen beidem, genetischer Mutation und Umwelteinfluß [4].

---

1 Siehe zum Ganzen: Cleve in: Ellermann/Opolka, S. 52; Buselmaier/Tariverdian, S. 239 f. ; Murken/Cleve, S. 95 f. ; Hirsch-Kauffmann/Schweiger, S. 180; zum Screening auf diese Krankheit siehe: Bericht BMFT 1991, S. 199 f.

2 Buselmaier/Tariverdian, S. 245 ff. ; Murken/Cleve, S. 96

3 Siehe zum Ganzen: Sperling in: Sass, S. 44; Cleve in: Ellermann/Opolka, S. 47; Vogel/Motulsky, S. 108; Buselmaier/Tariverdian, S. 259 ff.; siehe zur Analyse mitochondrialer DNA für Zwecke des Strafverfahrens: Rademacher, S. 32

4 Cleve in: Ellermann/Opolka, S. 53 f. ; Buselmaier/Tariverdian, S. 74 ff. , 192 ff. ; Murken/Cleve, S. 23 ff. , 75 ff.; zur Vererblichkeit von Dickdarmkrebs: Der Spiegel 20/1993, S. 290 f.; siehe zur Diskussion, welche Einflußfaktoren eine größere Wirkung auf die biologischen Prozesse und die Handlungen des Menschen haben, Umwelteinflüsse oder genetische Anlagen: Michael Emmrich, Frankfurter Rundschau, 8. 8. 1994: "Von guten, schlechten und neutralen Genen".

cc) Polygene Mutationen

Das Zusammenspiel von Umwelteinflüssen und genetischem Zustand des Menschen
spielt auch bei der polygenen Vererbung eine Rolle.
Zu den Krankheiten, die auf einem Kausalgemisch von polygenen Defekten und Um-
welteinwirkungen beruhen können, zählen etwa Diabetes mellitus, Hypertonie,
verschiedene Formen des Schwachsinns und Schizophrenie [1].

III. Methoden der Genomanalyse

Es gibt verschiedene Methoden, mit deren Hilfe die genetischen Merkmale eines
Menschen ermittelt werden können. Sie werden kurz vorgestellt.

1. Phänotyp-Analyse

Hierbei werden Rückschlüsse vom äußeren Erscheinungsbild auf die genetische Ursache
gezogen. Früher geschah dies erst nach der Geburt. Anhand von Mißbildungen und
anderen Auffälligkeiten konnte man Hinweise auf Mutationen erhalten. Heute kann
man schon während der Schwangerschaft mit Hilfe der Ultraschalltechnik Mißbildungen
der Leibesfrucht im Mutterleib erkennen [2].

2. Chromosomenanalyse

Um einen Befund über die chromosomale Situation erheben zu können, muß man
Zellmaterial des betroffenen Individuums miskroskopisch untersuchen. Nach der Geburt
geschieht dies etwa durch Zellgewinnung aus dem Blut oder aus Abstrichen etwa
der Mundschleimhaut.
Pränatal bedarf es bisher noch eines nicht risikolosen Eingriffs. Zur Wahl stehen die
Fruchtwasserentnahme, Amniozentese, oder die Entnahme von Gewebe aus dem
Mutterkuchen, Chorionzottenbiopsie. Die letztgenannte Methode hat den Vorteil eines

---

1   Sperling in: Sass, S. 44; Murken/Cleve, S. 104 ff. ; Buselmaier/Tariverdian, S. 267 ff.; Bericht
    BMFT 1991, S. 84 f. ; TAB 1992, S. 22 f.
2   Chancen und Risiken, S. 144; Müller-Neumann/Langenbucher, Beilage Parlament 1991, S. 9

schnelleren Ergebnisses, weil bei ihr nicht wie bei der Amniozentese erst eine Zellkultur angelegt werden muß, deren Wachstum meist ein bis zwei Wochen in Anspruch nimmt [1]. Das Abortrisiko liegt dafür mit etwa 3 % höher als bei der Amniozentese, deren Abortrisiko geringer als 1 % ist [2].

Eine weitere Methode, die Fetoskopie, ist eine Nabelschnurpunktion zur Gewinnung fetalen Blutes, die nur noch selten durchgeführt wird und ein höheres Abortrisiko aufweist [3].

In der Entwicklung befindet sich zur Zeit eine Methode zur Isolation fetaler Blutzellen aus dem mütterlichen Blut, die bei Einsatzreife Genomanalysen ohne Risiken für den Embryo etwa ab der neunten Schwangerschaftswoche zuließe [4].

Mit der Chromosomenanalyse können beispielsweise Defekte wie das Fragile-X-Syndrom, das Klinefelter-Syndrom oder die Trisomie 21, die oben bereits vorgestellt wurden, diagnostiziert werden [5].

3. Genproduktanalyse

Häufig angewandt, aber nur von begrenztem Informationsgehalt ist die Genprodukt-analyse. Dabei wird an den oben geschilderten Umstand angeknüpft, daß die Gene an Syntheseketten zur Erzeugung bestimmter Proteine beteiligt sind.

Fehlen solche Proteine als Stoffwechselprodukte in Körperflüssigkeiten oder -zellen, so läßt sich damit Rückschluß ziehen auf typische genetische Fehler.

So ist etwa die bereits als Phenylketonurie beschriebene Blockade im Wirkkreislauf des Phenylalanins nachweisbar und wird im Rahmen des Neugeborenen-Screenings analysiert.

---

1 Siehe zum Ganzen: Hirsch-Eberbach, S. 338 ff. ; Bericht LMJ Rh.-Pf. 1989, S. 23 f. ; Chancen und Risiken, S. 145; Müller-Neumann/Langenbucher, Beilage Parlament 1991, S. 9; Murken/Cleve, S. 149 ff. ; Vogel/Motulsky, S. 621 ff. ; Buselmaier/Tariverdian, S. 392 ff. , 408 f.

2 Schulte/Spranger/Tolksdorf, S. 156 f. ; siehe auch: Chancen und Risiken, S. 148

3 Schulte/Spranger/Tolksdorf, S. 158, geben das Risiko mit 8 % an, während die Enquete-Kommission 5 % zitiert: Chancen und Risiken, S. 148

4 TAB 1993, S. 44

5 Siehe dazu die Kleine Anfrage der Abgeordneten Dr. Ursula Fischer und der Gruppe der PDS/Linke Liste, Pränatale Diagnostik in der Bundesrepublik Deutschland, BT-Drs. 12/3839, sowie die Antwort der Bundesregierung, BT-Drs. 12/4019

Voraussetzung ist indes, daß die in diesem Zusammenhang relevanten Proteine überhaupt bekannt sind. Daran fehlt es aber häufig noch [1].

4. DNA-Analyse

Die Analyse der DNA selbst weist einen wichtigen Unterschied zu den anderen Analyseverfahren auf. Die Genanalyse zeigt nicht erst die Wirkungen genetischer Defekte, sondern schon die Ursachen [2]. Dabei handelt sich nicht allein um die Ursachen bereits bestehender Defekte, sondern auch um Ursachen künftiger, noch zu befürchtender Krankheiten. Das betrifft nicht immer nur den Träger der DNA, sondern je nach Art des Defekts allein dessen Nachkommen, weil rezessive Defekte erst in der nächsten Generation zum Ausdruck kommen [3].

Außerdem genügen für die DNA-Analyse kleinste Mengen an Zellmaterial, etwa Hautabschilferungen, Blutreste, Sperma, Haare oder Speichel, sogar als Rest an einer Zigarettenkippe [4]. Daher ist dieses Verfahren technisch nahezu problemlos gegen den Willen der Betroffenen durchführbar [5].

Je nachdem, ob der DNA-Abschnitt, welcher für eine bestimmte pathologische Erscheinung verantwortlich ist, bereits als solcher bekannt ist oder nicht, unterscheidet man zwischen direkter und indirekter DNA-Analyse.

Bei beiden Verfahren werden mit Hilfe von Restriktionsenzymen DNA-Sonden kloniert. Restriktionsenzyme sind Eiweißstoffe, die den DNA-Doppelstrang an bestimmten Stellen in Fragmente zerschneiden können [6]. DNA-Sonden sind künstlich vervielfältigte,

---

1 Siehe zum Ganzen: Chancen und Risiken, S. 145; Müller-Neumann/Langenbucher, Beilage Parlament 1991, S. 9 f.; TAB 1992, S. 17

2 Böhm, DuD 1993, S. 268; Chancen und Risiken, S. 145

3 Siehe oben Teil A II. 2. b) bb)

4 Siehe zur Klärung eines Einbruchsdiebstahls anhand der Analyse von Speichelspuren an Zigarettenkippen: Hochmeister/Haberl/Borer/Rudin/Dirnhofer, Archiv für Kriminologie 1995, 195. Band, S. 12 ff.; zur Analyse von Speichel, um einen Trickdieb zu überführen: Kurer, Kriminalistik 1994, S. 213 f.

5 Böhm, DuD 1993, S. 265, 267 bezüglich Spurenanalysen in der gerichtsmedizinischen Praxis

6 Murken/Cleve, S. 4; Sperling in: Sass, S. 45; Cleve in: Ellermann/Opolka, S. 19; Müller-Neumann/Langenbucher, S. 10; Chancen und Risiken, S. 145; Gassen/Martin/Sachse, S. 47f.

also klonierte, Abschnitte der DNA [1]. Diese Abschnitte können einzelsträngig hergestellt werden und sind markierbar, so daß sie sich mit künstlich aufgetrennten Fragmenten der DNA zu einem Doppelstrangfragment verbinden, falls sie komplementär zu dieser Ursprungs-DNA sind.

Aufgrund der Markierung lassen sich deshalb Doppelstrangbildungen, an denen die markierten Klone, also die Sonden, beteiligt sind, auffinden. Aus dem gefundenen Muster der analysierten DNA-Fragmente der untersuchten Person lassen sich Schlüsse über deren genetische Konstitution ziehen.

So kann etwa dann, wenn keine Hybridisierung, also keine Verbindung zwischen Sonde und Ursprungs-DNA stattgefunden hat, ein Defekt an dem Gen vorliegen, dessen DNA-Fragment einsträngig bleibt [2].

a) Direkte DNA-Analyse

Der gesamte Vorgang wurde im Bereich der direkten DNA-Analyse bisher vornehmlich mit Hilfe der Southern-Blot-Technik [3] durchgeführt, bei der nach einer Gelelektrophorese die Hybridisierung auf einem Filter stattfindet. Teilweise werden schon heute schnellere Methoden angewandt, die das Blotting aussparen, aber das gleiche Ergebnis haben [4].
Bei der direkten DNA-Analyse ist Voraussetzung, daß das mutierte Gen in seiner Basensequenz bekannt ist [5].
Das Ergebnis dieses Verfahrens liegt aber zumeist erst nach mehreren Tagen vor [6].
Wesentlich schneller, nämlich mit Ergebnissen nach wenigen Stunden [7], funktioniert

---

1 Brinkmann/Wiegand, Kriminalistik 1993, S. 191 f. ; Chancen und Risiken, S. 145

2 Vergleiche zu diesem Vorgang: Gassen/Martin/Sachse, S. 89 f. ; Domdey in: Ellermann/Opolka, S. 20; Sperling in: Sass, S. 45 f. ; Chancen und Risiken, S. 146; Murken/Cleve, S. 4 ff.

3 Zu dieser Technik: Sperling in: Sass, S. 45 f; Chancen und Risiken, S. 29 ff.

4 Reichelt, S. 36, m.w.N.

5 Chancen und Risiken, S. 146; Domdey in: Ellermann/Opolka, S. 23

6 Böhm, DuD 1993, S. 264 (265); vergleiche zu den direkten Verfahren auch: Murken/Cleve, S. 7 f.

7 Böhm, DuD 1993, S. 264 (265); siehe auch zum Unterschied zwischen der herkömmlichen Methode und der PCR-Methode: Henke, Der Amtsvormund 1995, S. 789 f.

die Polymerase-Kettenreaktion (PCR) [1]. Mit dieser "revolutionären" Methode [2], die "eine neue Tür im Bereich der Spurenanalytik" aufstoße [3], können in einem automatisierten Verfahren durch die exponentielle, millionenfache Vermehrung eines definierten DNA-Abschnitts pathologische Mutationen hierin ohne die Verwendung klonierter Sonden [4] erkannt werden [5].

Aufgrund der massenhaften Häufung der Nucleotide werden die DNA-Fragmente in einem Gel sichtbar und können mit einer DNA eines anderen Individuums, die keine Defekte aufweist, abgeglichen werden [6].

Neben dem Zeitfaktor liegt der Vorteil darin, daß geringste Spuren von Zellmaterial für die PCR-Technik ausreichen [7].

Noch neuer ist die Ligase-Kettenreaktion (LCR), mit deren Hilfe mehrere genetische Defekte gleichzeitig innerhalb weniger Stunden gefunden werden können [8].

b) Indirekte DNA-Analyse

Bei der indirekten DNA-Analyse ist der krankheitsauslösende Gendefekt nicht bekannt. Dennoch kann mit Hilfe von Sonden eine Aufklärung stattfinden.

Dabei wird der DNA-Polymorphismus genutzt. Es handelt sich um teilweise folgenlose Mutationen, die zu veränderten Schnittstellen innerhalb der DNA und deshalb beim

---

1 Vosberg, Hum. Genet. 1989, S. 1 ff.; Brinkmann/Wiegand, Kriminalistik 1993, S. 192; Kimmich/Spyra/Steinke, NStZ 1993, S. 24 f., Rademacher, S. 28 ff.

2 Zu dieser Bezeichnung siehe: Sperling in: Sass, S. 49; Böhm, DuD 1993, S. 264 (265)

3 Brinkmann/Wiegand, Kriminalistik 1993, S. 192

4 Domdey in: Ellermann/Opolka, S. 25; Hirsch-Kauffmann/Schweiger, S. 360

5 Ausführlich zu dieser Methode: Sperling in: Sass, S. 49 ff

6 Kimmich/Spyra/Steinke, NStZ 1993, S. 24 f.; Sperling in: Sass, S. 49; Angela Schmidt, S. 16

7 Böhm, DuD 1993, S. 264 (265); Sperling in: Sass, S. 50: "ein einziges Spermium"; Brinkmann/Wiegand, Kriminalistik 1993, S. 191 mit zahlreichen Einzelbeispielen aus der Praxis; siehe zum Echo in der Presse etwa: Resa King, Business Week (New York), 22. 11. 1993: A gen machine starts cloninh cash"; Neue Zürcher Zeitung, 8. 12. 1993: "Künstler im Umgang mit Genen"; Der Spiegel, 13. 12. 1993: "Schnellkopierer für das Erbgut" mit einem instruktiven Schaubild.

8 TAB 1992, S. 24 f.; TAB 1993, S. 31

Zerschneiden der DNA zu verschieden langen Fragmenten führen [1]. Restriktions-fragmentlängen-Polymorphismen (RFLP) sind folglich Allele von Gen-Loci, die sich in räumlicher Nähe zum gesuchten Gen befinden.

Die Fragmente können durch das beschriebene Blot-Verfahren markiert werden. Anhand von teilweise sehr umfangreichen Untersuchungen innerhalb von Familien kann eine Kopplung des Gen-Defekts mit einem definierten Restriktionsfragment aufgespürt werden. Anders ausgedrückt bedeutet dies, daß solche genetischen Informationen, die nur durch indirekte Analyse zugänglich sind, nicht durch die alleinige Analyse von Zellmaterial erhältlich sind [2].

Mit Hilfe des genannten Verfahrens konnten bisher beispielsweise die Sichelzellanämie, Chorea-Huntington, Muskelatrophie Duchenne und Cystische Fibrose bei Individuen und ihren Familien identifiziert werden [3]. Insgesamt wurden bisher mehr als 80 Genorte genetischer Defekte auf diese indirekte Art gefunden [4].

c) Individualisierung durch DNA-Analyse

Eine andere Art des Polymorphismus bildet die Grundlage für DNA-Analysen zur Individualfeststellung. In dem weit überwiegenden nichtcodierenden Teil des menschlichen Genoms finden sich Mini-beziehungsweise Mikrosatelliten (MS)-Sequenzen, das sind tandemartige Wiederholungen von Abschnitten mit einer Länge von zwei bis vier (Mikrosatelliten) beziehungsweise bis zu 60 Basenpaaren (Mini-satelliten) [5]. Diese Sequenzen, die im gesamten Genom vorkommen, können auf zweierlei Weise für eine Individualisierung verwendet werden.

Einerseits kann man Single-Locus-Sonden (SLS) verwenden. Dabei spürt die jeweils genutzte Sonde MS-Satelliten dadurch auf, daß sie eindeutige Sequenzen im Bereich

---

1 Bericht BMFT 1991, S. 29; Hirsch-Kauffmann/Schweiger, S. 368 ff.; Chancen und Risiken, S. 32 ff, 146 f; Sperling in: Sass, S. 47 f. ; Domdey in: Ellermann/Opolka, S. 24; Murken/Cleve, S. 9 ff.

2 Henke/Schmitter, MDR 1989, S. 405; Rose, S. 17

3 Hirsch-Kauffmann/Schweiger, S. 369; auf die besondere Problematik des prädiktiven Elementes verweist das Gutachten Simon 1993, S. 16, bezüglich Chorea Huntington; zur Entdeckung des Gens, das für diese Krankheit verantwortlich ist: Der Spiegel, 13/1993, S. 268 f.

4 Domdey in: Ellermann/Opolka, S. 24

5 Böhm, DuD 1993, S. 264 (265 ff.); Sperling in: Sass, S. 49; Chancen und Risiken, S. 147

eines ganz bestimmten, definierten MS-Locus nachweist[1]. Die Häufigkeit der Wiederholungen von gesuchten Sequenzen führt zu unterschiedlich langen Zielfragmenten der Allele eines Chromosoms. In der Gesamtbevölkerung kommen jedoch teilweise gleiche Allele vor. Um im Abgleich mit dengleichen Zielfragmenten von Vergleichspersonen beziehungsweise Vergleichsmaterial derselben Person zuverlässiger urteilen zu können, werden auf diese Weise verschiedene definierte Loci an bis zu fünf Chromsomen mit Hilfe von MS-Sonden analysiert[2]. Dies senkt die Wahrscheinlichkeit eines gleichen Allelmusters zwischen Nichtverwandten auf 1:1 Million[3]. SLS gelten heute weltweit als Standard im Bereich der Spurenkunde[4] und der Abstammungsbegutachtung[5].

Nicht auszuschließen ist bei diesem Verfahren die Erzeugung von Überschußinformationen: Ähnlich wie bei der indirekten Diagnostik von Erbkrankheiten ist es möglich, mit Hilfe von Einzel-Locus Sonden MS-Loci nachzuweisen, die in enger räumlicher Nähe zu Strukturgenen liegen[6].

Andererseits kann man Multi-Locus-Sonden (MLS) verwenden. Im Gegensatz zur gerade beschriebenen konkreten Ermittlung von Allelen werden hier abstrakt statistische Befunde über das Vorliegen verschiedener MS-Sequenzen erhoben[7]. Dabei besteht eine Sonde aus der Wiederholung eines einzigen Tripletts. Auf diese Weise werden sämtliche im Genom vorkommenden Wiederholungssequenzen dieses Tripletts gelelektrophoretisch ihrer Fragmentlänge nach dargestellt[8], was Böhm mit dem "Strichcode auf Waren im Kaufhaus" vergleicht[9]. So wird das Multi-Locus-Verfahren auch als

---

1 Reichelt, S. 38, 52

2 Ritter, FamRZ 1991, S. 648; Böhm/Krawczak/Schmidtke, Amtsvormund 1992, S. 908; Böhm, DuD 1993, S. 266 f.

3 Böhm, DuD 1993, S. 264 (266)

4 Kimmich/Spyra/Steinke, NStZ 1993, S. 24 m.w.N.; Brinkmann/Wiegand, Kriminalist 1993, S. 192 m.w.N.

5 Martin/Kramer, Der Amtvormund 1994, S. 11 ff.

6 TAB 1993, S. 152; Böhm, DuD 1993, S. 264 (267) m.w.N.; dagegen aber: Kimmich/Spyra/Steinke, NstZ 1990, S. 322

7 Reichelt, S. 38, 49

8 Ritter, FamRZ 1991, S. 648; Böhm/Krawczak/Schmidtke, Amtsvormund 1991, S. 908; Böhm, DuD 1993, S. 266 f.

9 Böhm, DuD 1993, S. 264 (266 f.)

DNA-Fingerabdruck bezeichnet [1]. Als Nachteile werden die relativ große Menge benötigter DNA, die problematische statistische Auswertbarkeit, die hohe Degradationsgefahr bei Spuren und der hohe Zeitaufwand genannt [2].

Beim MLS-Verfahren entstehen keine Überschußinformationen, weil keine Zuordnung zum codierenden Teil der DNA erfolgen kann [3]. Andererseits wird aber betont, daß sich SLS besser zur sicheren Analyse eignen, als MLS [4].

Auch die neuen Möglichkeiten der PCR-Technik werden zur Individualisierung genutzt. Aufgrund der Vervielfältigung von DNA-Abschnitten kann mit ihr auch dort analysiert werden, wo bisher wegen Degradation des Materials oder mangels Sensibilität der Sonden Probleme entstanden [5].

Dabei erweisen sich verschiedene Systeme als anwendbar. Bislang wird eine Zuordnung in zwei Gruppen vorgenommen, die sich durch die Eigenschaften der Amplifikationsprodukte unterscheiden.

Bei den Sequenzpolymorphismen wird auf die unterschiedliche Basenabfolge, bei den Längenpolymorphismen auf die unterschiedliche Länge der Fragmente abgehoben [6].

Wenn im folgenden Text von Genomanalyse gesprochen wird, so werden damit zumindest die Chromosomenanalyse, die Genproduktanalyse und die DNA-Analyse gleichermaßen angesprochen, es sei denn, einzelne Elemente der so verstandenen Genomanalyse werden besonders herausgehoben [7]. Mit dem Begriff DNA-Analyse

---

1 Martin/Kramer, Der Amtsvormund 1994, S. 15/16; Brinkmann/Wiegand, Kriminalistik 1993, S. 191; Chancen und Risiken, S. 147; Sperling in: Sass, S. 49

2 Kimmich/Spara/Steinke, NStZ 1993, S. 24; Brinkmann/Wiegand, Kriminalistik 1993, S. 191; Martin/Kramer, Der Amtsvormund 1994, S. 15

3 Böhm, DuD 1993, S. 264 (266 f.)

4 Kimmich/Spyra/Steinke, NStZ 1990, S. 319

5 Es erscheint sogar möglich, auf diesem Wege Hundehaare zu identifizieren, siehe dazu die Entscheidung des BGH, NStZ 1993, S. 395 ff.

6 Siehe zur Zuordnung: Brinkmann/Wiegand, Kriminalistik 1993, S. 192, siehe dort auch zu weiteren PCR-Systemen, insbesondere den künftig wohl an Bedeutung gewinnenden mitochondrialen DNA-Analysen mittels PCR-Technik; siehe außerdem: Kimmich/Spyra/Steinke, NStZ 1993, S. 25

7 So auch, m.w.N. zugunsten dieser Vorgehensweise, allerdings unter Einbeziehung auch des Phänotyps: Schulz-Weidner, DOK 1992, S. 25, Fn 3, 4. Dazu, daß der Begriff "Genomanalyse" an sich einen anderen Bedeutungsgehalt hat und für die gesonderte Behandlung lediglich der

(Fortsetzung...)

werden die beschriebenen Verfahren der direkten und indirekten Analytik und der Individualisierungsmethoden angesprochen, es sei denn, sie werden ihrerseits gesondert erwähnt.

IV. Genprojekte im In- und Ausland [1]

Seit Jahren bemühen sich Wissenschaftler im In- und Ausland, das Genom des Menschen zu erforschen, um unter anderem feststellen zu können, welche Gene den Phänotyp determinieren [2].

Weil durch die Kenntnis des menschlichen Genoms zahlreiche Wissenschaften profitieren können [3] und auch kommerzielle Aspekte eine Rolle spielen [4], wird mit erheblichem Aufwand an der Entschlüsselung des Erbguts gearbeitet. Domdey schätzt, daß bei Einsatz von zehn Milliarden Dollar weltweit bis zum Jahr 2000 die Kartierung im wesentlichen vollendet sein könnte [5].

Eine solche Kartierung erlaubt die Festlegung, wo innerhalb der Sequenz von rund 3 Milliarden Nucleotiden welche der rund 100.000 Gene des Menschen [6] lokalisiert sind [7].

Neben staatlichen oder staatlich geförderten Programmen zur Kartierung des menschlichen Genoms, die durch einzelne Staaten initiiert werden [8], etablierte sich im Jahre 1988 die "Human Genome Organization" (HUGO), eine internationale Vereinigung von Wissenschaftlern, die sich zum Ziel gesetzt haben, die Kartierung

---

7 (...Fortsetzung)
   DNA-Analyse: Rüdiger in: Sass, S. 68 f.

1 Dieser Teil befindet sich auf dem Stand von November 1994.

2 Zum Determinismus in diesem Zusammenhang: OTA in: Sass, S. 222

3 Siehe zu den verschiedenen Anwendungsmöglichkeiten: Domdey in: Ellermann/Opolka, S. 21

4 OTA in: Sass, S. 211

5 Domdey in: Sass, S. 23

6 Angela Schmidt, S. 19; TAB 1993, S. 17

7 Zu den dabei verwendeten Genkopplungkarten und den physikalischen Genkarten siehe: Domdey in: Ellermann/Opolka, S. 18 ff. ; Bericht BMFT 1991, S. 28 ff.

8 Siehe dazu näher Bericht BMFT 1991, S. 54 ff.

des Genoms auf privater Basis zu koordinieren [1]. Intensive staatliche Hilfe erfährt in den USA das "U.S. Human Genome Projekt", das seit 1991 besteht und bis zum Jahre 2005 geplant ist [2].

Nach anfänglicher starker Kritik an den eugenischen Tendenzen im Programm der EG [3] änderte die Kommission ihren Entwurf, der 1990 als "EEC Programm for Human Genome Analysis", versehen mit 30 Millionen DM, gestartet wurde [4].

Auch Japan betreibt seit 1989 mit großem finanziellen Aufwand mehrere Projekte, die sich mit der Erforschung des menschlichen Genoms befassen [5].

In Deutschland gibt es bisher keine staatlichen Programme, es findet jedoch als Element in verschiedenen Forschungsprogrammen eine Beschäftigung mit genomanalytischen Methoden statt [6], insbesondere in einem Schwerpunktprogramm "Analyse des menschlichen Genoms mit molekularbiologischen Methoden" bei der Deutschen Forschungsgemeinschaft [7].

In Frankreich, England und Italien existieren verschiedene nationale Projekte [8].

Es sind zur Zeit von den etwa 5000 bekannten Erbkrankheiten etwa 150 durch direkte und etwa 200 durch indirekte DNA-Analyse nachweisbar [9]. Die Nachfrage und die

---

1 Bericht BMFT 1991, S. 53; Simon, MDR 1991, S. 6

2 Bericht BMFT 1991, S. 54 f.; Neue Zürcher Zeitung, 26. 1. 1994: "Eine Karte des menschlichen Erbguts"

3 Simon, MDR 1991, S. 6, Fn 6; Wurzel, BayVBl 1989, S. 426 m.w.N.; Beschlußempfehlung und Bericht des Ausschusses für Forschung und Technologie zur Unterrichtung durch die Bundesregierung, BT-Drs. 11/3021 Nr. 2.11; Originaltext in: BT-Drs. 11/3555 = KOM (88) 424 endg.-SYN 146

4 Simon, MDR 1991, S. 5 f. ; Niermeijer in: Sass, S. 152 ff. ; BMFT 1991, S. 55 f. ; Originaltext in: KOM (89) 532 endg. - SYN 146 = Amtsbl. der Europäischen Gemeinschaften Nr. L 196/8 vom 26. 7. 1990

5 BMFT 1991, S. 58 ff. ; Kimura in: Sass, S. 163 ff.

6 BMFT 1991, S. 56 f.

7 Kühnel, Advances in Mol. Gen. , S. 33 ff.

8 Bericht BMFT 1991, S. 57 f.; siehe zum ganzen auch Robert Unterhuber, Die Zeit, 22. 4. 1994: "Erbgut mit Haken und Ösen"; Der Spiegel, 1. 11. 1993: "Supermarkt der Gene".

9 Die Zahlenangaben variieren nach Veröffentlichungsdatum; siehe Hirsch/Eberbach, S. 325: 3000 Erbkrankheiten, davon 50 mit genauer Nucleotidsequenz bekannt; Chancen und Risiken, S. 147: 3000 bekannte genetische Defekte, davon 40 direkt und 40 indirekt nachweisbar; TAB 1992, S. 27, 33, wonach 5000 Krankheiten mit genetischer Ursache bekannt und insgesamt

(Fortsetzung...)

Durchführungsquote von Genomanalysen steigt rapide an [1]. Die Zahl der durchgeführten Analysen hat sich seit 1983 mindestens verdoppelt. 1991 waren es bei einer Auswahl der vom Büro für Technikfolgen-Abschätzung des Deutschen Bundestages (TAB) befragten 26 Institute mehr als 1800 postnatale und mehr als 180 pränatale DNA-Analysen, während für 1988 erst mehr als 800 postnatale und mehr als 100 pränatale DNA-Analysen angebenen wurden [2]. Insgesamt stieg die Zahl der Genomanalysen von 33000 im Jahre 1983 auf 53000 im Jahre 1989 [3]. Genetische Beratung und Diagnostik sind seit Mitte der siebziger Jahre als kassenärztliche Leistungen anerkannt [4]. Rund 60 Institutionen führen gegenwärtig in Deutschland genetische Beratung und Diagnostik durch [5]. Die zur Verfügung stehenden technischen Möglichkeiten, insbesondere zur DNA-Analyse, vereinfachen sich immer weiter, so daß künftig auch Personen ohne medizinische Ausbildung, etwa mit Hilfe von "Test-Kits", derartige Analysen durchführen könnten [6]. Derzeit werden bereits solche Einheiten angeboten, etwa zur Analyse der Cistischen Fibrose, deren Ergebnisse in weniger als 48 Stunden vorliegen [7].

---

9 (...Fortsetzung)
350 DNA-analytisch diagnostizierbar seien; BÄK 1992, Sonderdruck S. 2, der von 5000 bekannten Erbkrankheiten und 150 auf DNA-Ebene direkt nachweisbaren Defekten spricht; Eberbach in: Sass, S. 81 f. m. w. N. , der von 4200 bekannten monogenen Defekten spricht und 1000 Gene als indirekt, 100 als direkt auf DNA-Ebene erfaßbar benennt; TAB 1993, S. 33, spricht von 50 direkt oder indirekt auf DNA-Ebene diagnostizierbaren monogenen Krankheiten; Im Gutachten Simon 1993 ist ebenfalls von 50 auf DNA-Ebene diagnostizierbaren anlagebedingten Krankheiten die Rede.

1 BÄK 1992, Sonderdruck S. 3; TAB 1992, S. 27 ff. mit ausführlichem Datenmaterial; BMFT 1991, S. 192 f.

2 TAB 1992, S. 27 f.

3 Schätzungen nach Schröder-Kurth in: TAB 1992, S. 28

4 TAB 1993, S. 33

5 Gutachten Simon 1993, S. 172

6 TAB 1992, S. 24, 34, 49; TAB 1993, S. 45

7 TAB 1993, S. 29

Teil B Tangierte Lebens- und Rechtsbereiche

Noch im Jahre 1985 ging man vielerorts davon aus, die Gentechnik im Humanbereich sei "noch weitgehend Zukunftsmusik" [1]. Heute gehört die Genomanalyse nicht nur zum medizinischen Alltag, ihre Regelungsbedürftigkeit wird auch als aktuell und dringlich angesehen [2]. Die Zuordnung dessen, was zur Zeit im Bereich der Genomanalyse bereits gemacht wird, weil es machbar ist, kann verschiedenen Prämissen folgen. Einerseits kann man nach Lebens- und Rechtsbereichen, also zum Beispiel "Arbeitsrecht", "Versicherungsrecht", "Arztrecht" unterscheiden, andererseits nach der Zielsetzung der Analyse, etwa als "Individualanalyse" und "Massenanalyse" (Screening). Denkbar ist auch eine chronologische Differenzierung, die an die Geburt anknüpft nach pränataler und postnataler Analyse oder die Bezugnahme auf den Betroffenen, also etwa "Elternteil", "Fötus", "Neugeborenes", "Arbeitnehmer", "Straftäter". Die folgende Darstellung versucht, diese Ansätze zu synchronisieren und orientiert sich daher auf oberster Ebene an der Zäsur der Geburt. Weiterhin wird dann unterschieden zwischen den Betroffenen und dem Interesse an der Analyse, das ihr den Anlaß gibt [3].

I. Genomanalysen zur Gesundheitsvorsorge

Neben der Normierung der ärztlichen Schweigepflicht in § 203 StGB ist der Umgang mit Informationen aus Genomanalysen im Rahmen ärztlicher Diagnostik bisher lediglich durch Empfehlungen der Standesorganisationen [4] geregelt. Im übrigen bestehen keine ausdrücklichen speziellen Regelungen [5].

---

1 So Kaufmann in: Recht und Medizin, S. 322

2 Statt vieler: Tinnefeld, DuD 1993, S. 261 (262). Freilich hat auch Kaufmann bereits damals gesehen, daß "hier . . . also vor allem die Datenschützer wachsam sein müssen"; Kaufmann in: Medizin und Recht, S. 322

3 Vergleiche zu dieser Einteilung: BLAG, S. 46 ff.; Krahnen in: Schroeder-Kurth, S. 67 f.

4 TAB 1993, S. 40 f.; Gutachten Simon, S. 210 f.

5 Wiese, S. 13; Gutachten Simon 1993, S. 209

1. Pränatale Genomanalysen

a) Präkonzeptionelle Genomanalyse

Hier geht es um das Interesse der Eltern mit Kinderwunsch, ihr eigenes Genom im
Hinblick auf die Risiken einer Geburt analysieren zu lassen [1]. An sich handelt es sich
um eine postnatale Genomanalyse der Eltern.
Wegen des engen Zusammenhanges mit einer geplanten Schwangerschaft wird sie
an dieser Stelle erwähnt.

b) Pränatale Genomanalyse i.e.S.

Hier geht es um das Interesse der Eltern mit Kinderwunsch, das Genom des gezeugten
Kindes im Hinblick auf die Risiken einer Geburt und die mögliche Indikation eines
Schwangerschaftsabruches analysieren zu lassen [2].
Es ist zu erwarten, daß die Gewinnung fötaler Zellen zwecks DNA-Analyse künftig
ohne die geschilderten Eingriffe am Embryo durch Gewinnung fötaler Zellen aus dem
mütterlichen Blut erfolgen kann.
Ein entsprechender Test wäre dann ab der neunten Schwangerschaftswoche möglich [3].
Bezüglich der durch eine Schwangerschaft veranlaßten Diagnostik ist darauf
hinzuweisen, daß die Häufigkeit des Auftretens bekannter angeborener Schäden sich
in maximal 3,3 % schweren morphologischen und maximal 0,2 % schweren
biochemischen Schäden ausdrückt [4].

---

1 BLAG, S. 46 f.; siehe auch "Der Spiegel" 2/1994, S. 163, der über ein systematisches Screening
   mit entsprechender Datenspeicherung unter orthodoxen Juden, den Chassidim, in New York
   und Jerusalem, berichtet. Mit Hilfe eines 25 Dollar teuren Tests können sich heiratswillige Chassidim
   auf das in ihrer Bevölkerungsgruppe verbreitete Tay-Sachs-Syndrom, einer Erbkrankheit, bei
   der Kleinkinder nach wenigen Lebensjahren an Atemlähmung sterben, sowie auf die Gaucher
   Krankheit, einem tödlichen Muskelschwund, und Mukoviszidose (s.o.) "screenen" lassen.
   Anschließende Registerauskünfte hätten bereits zu Trennungen zahlreicher Paare kurz vor der
   Hochzeit geführt.
2 BLAG, S. 47
3 TAB 1993, S. 44 f.
4 Chancen und Risiken, S. 147

Maximal 4 % aller Neugeborenen weisen einen angeborenen Gesundheitsdefekt auf [1]. Umgekehrt liegt also die Rate der nicht ererbten Behinderungen bei über 90 % [2].

c) Präimplantationsdiagnostik

Bei der In-vitro-Fertilisation werden Eizelle und Spermien in einer Nährlösung außerhalb des menschlichen Körpers zur Befruchtung gebracht [3]. Solange die befruchtete Eizelle, die Zygote [4], noch nicht in die Gebärmutter transferiert wurde, ist es möglich, auch die Zygote genomanalytisch zu untersuchen.

Dies ist einerseits möglich, indem das noch totipotente Zellmaterial [5], bei dem sich also aus jeder einzelnen Zelle ein voll ausdifferenziertes Lebewesen entwickeln kann, geteilt wird. Dabei wird ein Teil durch Stickstoffgefrieren konserviert, der andere Teil verbrauchend untersucht [6].

Das Embryonenschutzgesetz (EschG) [7] verbietet jedoch in § 2 I die Verwendung eines extrakorporal erzeugten Embryos zu einem nicht seiner Erhaltung dienenden Zweck [8]. Dieser Konflikt könnte vermieden werden, wenn mit einer anderen Methode genetische Analysen nach dem Übergang von der Totipotenz zur Differenzierung in Embryoblast, dem späteren Fötus, und Trophoblast, dem späteren Nährgewebe [9], aber vor der Implantation in die Gebärmutter gelingen. An der anwendungsreifen Verfeinerung dieser Methode wird zur Zeit gearbeitet [10].

Mit ihrem Einsatz wären routinemäßige Screenings im Rahmen der In-Vitro-Fertilisation denkbar.

---

1 BÄK 1992, Sonderdruck S. 2

2 Bülow in: Sass, S. 132

3 Knörr/Knörr-Gärtner/Beller/Lauritzen, S. 593

4 zum Begriff: Knörr/Knörr-Gärtner/Beller/Lauritzen, S. 8, 142 f.

5 zum Begriff: Chancen und Risiken, S. 10

6 Angela Schmidt, S. 37; siehe auch: "Der Spiegel", 3/1993, Schicksalsspruch vom Gen-Orakel, S. 186 ff. ; allgemein zur Präimplantationsdiagnostik auch: Bericht BMFT 1991, S. 195 ff.

7 BGBl. 1990 I Nr. 69, S. 2746

8 Die Diskussion über eine mögliche Lockerung dieser Bestimmung reißt indes nicht ab, siehe etwa: Nicola Siegmund-Schultze, Frankfurter Rundschau, 23. 4. 1994: "Eingriff in die Keimbahn?"

9 zu den Begriffen: Knörr/Knörr-Gärtner/Beller/Lauritzen, S. 143 ff.

10 BLAG, S. 81 ff. ; TAB 1992, S. 34 f.; TAB 1993, S. 46

2. Postnatale Genomanalysen

a) An Neugeborenen

aa) Zugunsten des Neugeborenen oder weiterer Nachkommen

Dabei geht es um das Interesse der Eltern eines Neugeborenen an der Abwendung künftiger pathologischer Erscheinungen des Neugeborenen durch rechtzeitige Therapie. Analysiert wird das Genom des Neugeborenen [1]. Außerdem ist es Gegenstand der Analyse, wenn die Eltern eines Neugeborenen an der Abwendung künftiger pathologischer Erscheinungen bei weiteren Nachkommen durch entsprechende Familienplanung interessiert sind [2].

bb) Screening

Der Begriff Screening kennzeichnet zugleich Adressaten und Zweck der Maßnahme: es handelt sich stets um eine Reihenuntersuchung, die an einer Vielzahl von Individuen vorgenommen wird und dem Ziel dient, präventiv nach krankheitsbedingenden Erbanlagen zu suchen [3]. Spezielle Anwendungsfälle sind das pränatale Screening, bei dem etwa auf Phänotyp-Ebene die Sonographie verwendet wird [4] sowie das postnatale Neugeborenen-Screening, bei dem gegenwärtig in Deutschland auf Genproduktebene [5] vier verschiedene Erkrankungen routinemäßig gesucht werden [6].

---

1 Zum Ganzen: BLAG, S. 48 f.

2 Zum Ganzen: BLAG, S. 49; Chancen und Risiken, S. 156

3 Zur Definition siehe: BÄK 1992, Sonderdruck S. 1; Chancen und Risiken, S. 154; BLAG, S. 48, 83 ff. ; Bericht BMFT 1991, S. 198; Daele, S. 94

4 BÄK 1992, Sonderdruck S. 1; zur Einteilung des Screening siehe auch: Schmid in: Baumann-Hölzle/Bondolfi/Ruh, S. 25

5 Gutachten Simon 1993, S. 175

6 Chancen und Risiken, S. 154: es handelt sich um die Phenylketonurie, die Galaktosämie, die Hypothyreose und die Cystische Fibrose. Teilweise wird auch die Homozystinurie (Nordrhein-Westfalen) und die Muskeldystrophie Duchenne (Südbaden) einbezogen, siehe Bericht BMFT 1991, S. 198 ff.; vergleiche auch zur Duchenneschen Muskeldystrophie: Grimm, Monatsschrift Kinderheilkunde 1981, S. 414 ff., S. 416 f., der in einer Kosten-Nutzen-Analyse den wirtschaftlichen

(Fortsetzung...)

b) An Erwachsenen

aa) Aus Eigen- oder Drittinteresse

Denkbar ist sowohl eine Analyse bei denjenigen, die sich etwa aus präventiven Erwägungen, möglicherweise vor dem Hintergrund bestimmter Verdachtsmomente aus eigenem Krankheitsverlauf oder besonderen Umwelteinflüssen [1], Kenntnis über ihre Erbanlagen verschaffen wollen, als auch bei denjenigen, die durch Dritte wie etwa den Versicherer oder den Arbeitgeber dazu angehalten werden, um Voraussetzungen für künftige Vertragsabschlüsse zu schaffen.

bb) Screening

Aufgrund der Kostenproblematik im Gesundheitswesen bietet sich ein Screening auch bei Erwachsenen an. Präventive Maßnahmen bei gefährdeten Personen könnten insbesondere multifakoriell bedingte Krankheiten wie zum Beispiel Krebs, Herzinfarkt oder Diabetis günstig beeinflussen [2]. Denkbar wäre auch ein Screening unter Erwachsenen etwa bezüglich der heterozygoten Trägerschaft der Cystischen Fibrose [3], das in Deutschland bereits in zwei Projekten durchgeführt wurde [4].

---

6 (...Fortsetzung)
  Gewinn selbst für den von ihm befürworteten Fall darstellt, daß jährlich lediglich vier bis sieben "verhinderbare" Fälle vorliegen; siehe allgemein auch Bickel, Monatsschrift Kinderheilkunde 1983, S. 323 ff.

1 Siehe dazu die Stellungnahme zur postnatalen prädiktiven genetischen Diagnostik der Kommission für Öffentlichkeitsarbeit und ethische Fragen der Gesellschaft für Humangenetik e.V. Passarge/Schroeder-Kurth, Med. Genetik 1991, S. 10 f.; siehe auch die Stellungnahme des Berufsverbandes Medizinische Genetik e.V. zu einem Screening nach Cystischer Fibrose, Med. Genetik 1990, S. 6 f.

2 Daele, S. 98 f. ; TAB 1992, S. 23, 39

3 Pander/Artlich/Schwinger, Dt. Ärzteblatt 1992, S. B-2786 ff.; Bericht BMFT 1991, S. 200 ff.; TAB 1992, S. 39 f. ; BÄK 1992, Sonderdruck S. 2; TAB 1993, S. 51, weist darauf hin, daß es entsprechende Pilotprojekte bereits in Deutschland, Dänemark, England und den USA gebe; siehe auch die Stellungnahme des Berufsverbandes Medizinische Genetik e.V., Med. Genetik 1990, S. 6

4 TAB 1993, S. 52

3. Problemlage angesichts des ISR

Durch Genomanalysen werden Daten erhoben, die eine besondere Qualität haben. Diese Qualität äußert sich einerseits in der Intensität der Bedeutung der Datenkenntnis für das zukünftige Leben des Betroffenen hinsichtlich des "ob", andererseits in jener Intensität hinsichtlich des "wie". Dies gilt sowohl für die Analyse von elterlichem als auch von kindlichem Erbgut, und zwar teilweise gleichzeitig. Damit ist auch die spezielle Problematik des Drittbezugs in diesem Bereich angedeutet.

Fraglich kann sein, ob solche Daten überhaupt erhoben werden dürfen. Könnte die Datenerhebung bei Genomanalysen gesetzlich, etwa zur Durchführung von Screenings, angeordnet werden [1]? Möglicherweise genügt die Einwilligung eines Dritten, hier der Eltern, für Datenerhebungen bei Genomanalysen [2] Wenn ja, so fragt sich, in welcher Form eine solche Einwilligung erteilt werden müßte [3]. Es wäre zu klären, ob bei Screenings nur nach behandelbaren oder auch nach nicht behandelbaren Defekten gefahndet werden darf[4]. Außerdem ist zu entscheiden, was mit den erhobenen Daten geschehen soll. Wer darf sie in welcher Weise speichern? Ist eine automatisierte Speicherung zulässig [5]? Darf es Genregister geben [6]? Haben Dritte ein Recht, die Analyseergebnisse von sich aus zu erfahren? Reicht die ärztliche Schweigepflicht zum Schutz vor unbefugter Übermittlung aus [7]? Darf gar ein Arzt auf Dritte, etwa Verwandte des Betroffenen, zugehen, um ihnen eine weitere Analyse wegen spezieller Gefährdungen anzuraten [8]?

Es fragt sich, ob der Betroffene ein Recht hat, nichts vom Ergebnis seiner nicht selbst veranlaßten Datenerhebung zu erfahren und ob umgekehrt Eltern trotz existenter Hinweise auf das Vorliegen bestimmter Krankheiten das Recht haben, auf eine

---

1 Daele, S. 78 f., 104 ff.

2 Daele, S. 99; TAB 1993, S. 53

3 Bericht LMJ Rh.-Pf. 1989, S. 26

4 Daele, S. 99

5 BLAG, S. 22

6 Daele, S. 106; Chancen und Risiken, S. 157; TAB 1993, S. 46, weist darauf hin, daß einer Speicherung "genetischer Profile" in Zukunft technisch nichts entgegenstehen wird.

7 TAB 1992, S. 52; Chancen und Risiken, S. 150 f.; TAB 1993, S. 87 f.

8 BLAG, S. 60 f. ; Chancen und Risiken, S. 150

Abklärung der Risiken für ihre Nachkommen deshalb zu verzichten, weil sie selbst das Ergebnis nicht kennen wollen [1]. Huntington Chorea etwa tritt erst in fortgeschrittenem Lebensalter auf. Es wäre zu klären, ob es einem Menschen zumutbar ist, bis dahin die Leiden dieser Krankheit bewußt zu erwarten oder gibt es ein Recht auf Nichtwissen gibt [2].

II. Genomanalysen zu anderen Zwecken

1. Im Arbeitsleben

Ein starker Impuls zur Diskussion der Genomanalyse in der Arbeitswelt ging von den Praktiken und Erhebungen in den USA aus. Dort begann man schon Mitte der siebziger Jahre mit systematischen Screenings. Vor allem das Sichelzellscreening bei der Firma Dupont und der amerikanischen Luftwaffe, das aufgrund der gehäuften Trägerschaft unter schwarzen Amerikanern im Ergebnis als rassistisch kritisiert wurde [3] und die Ergebnisse einer Umfrage bei 366 großen US-Unternehmen, wonach in nicht unerheblichem Maße bereits Anfang der achtziger Jahre genetisches Screening durchgeführt oder geplant wurde [4], erregten das Interesse. Eine Anwendung der neueren DNA-analytischen Verfahren im Arbeitsleben ist bisher in Deutschland nicht bekannt [5]. Genomanalysen auf Chromosomen- oder Genproduktebene sind jedoch verbreitet [6]. So wird insbesondere im Rahmen von Vorsorgeuntersuchungen beim "biologischen Monitoring" nach erworbenen Chromosomenschädigungen als Folge von äußeren Einwirkungen wie Strahlen oder Giften gefahndet [7]. Dabei wird zumeist in Reihenuntersuchungen die äußere Struktur der Chromosomen betrachtet. Der innere

---

1 Daele, S. 93
2 Daele, S. 80
3 Daele, S. 114 f. ; Hirsch/Eberbach, S. 385
4 Klees, AiB 1986, S. 55; Chancen und Risiken, S. 165
5 Rüdiger/Vogel, Dt. Ärztebl. 1992, S. B 1017; Schierbaum/Kiper, AiB 1992, S. 626; Diekgräf, BB 1991, S. 1854
6 Schierbaum/Kiper, AiB 1992, S. 626
7 BÄK, Dt. Ärztebl. 1992, S. B 1598, 1601; Simon, MDR 1991, S. 9; TAB 1992, S. 54 f.; TAB 1993, S. 103 ff.; Gutachten Simon 1993, S. 30; zu den praktischen Auswirkungen: Der Spiegel 10/1994: "Wir lassen sie sterben", S. 114 ff.

Informationsgehalt der DNA soll dabei unbesehen bleiben [1]. Auf Genproduktebene können heute zahlreiche individuelle Überempfindlichkeiten auf exogene Faktoren festgestellt werden [2], die auch in der Arbeitsmedizin von Bedeutung sind [3]. Häufig zitierte Beispiele sind etwa der N-Acetyl-Transferase-Polymorphismus [4], bei dem die sogenannten Langsam-Acetylierer wesentlich stärker Nebenwirkungen nach Medikamenteneinnahme zeigen und eine höhere Rate von Blasenkrebserkrankungen aufweisen, oder der Glucose-6-Phosphat-Dehydrogenase-Polymorphismus (G-6-PD) [5], bei dem die Träger eine hohe Empfindlichkeit gegen zahlreiche Chemikalien wie etwa Chinin, Sulfonamide oder Acetanilid zeigen und als Reaktion einen Zerfall der roten Blutkörperchen aufweisen können.

Diese und weitere Defekte können arbeitsmedizinisch getestet werden, wie die "Berufsgenossenschaftlichen Grundsätze für arbeitsmedizinische Vorsorgeuntersuchungen" [6] jeweils nahelegen. Allerdings gibt es auch, vor allem im Bereich der multifaktoriellen Defekte, pathologische Erscheinungen im Phänotyp, die ohne genetische Analysen im hier zugrundegelegten Sinne diagnostiziert werden, so etwa zahlreiche Allergien wie zum Beispiel das Bäckerasthma [7], Erkrankungen des Bronchialsystems, mehrere Krebsarten, Bindegewebsschwächen, die das Tragen schwerer Lasten verbieten, oder auch die Rot/grün-Blindheit, die bei Elektrikern oder Kraftfahrern die Ausübung des Berufes nahezu ausschließen [8].

Obwohl mittlerweile auch DNA-Sonden zur Ermittlung von Enzymdefekten zur

---

1   TAB 1993, S. 105; siehe aber zu einem jüngst durchgeführten Verfahren in den USA, wo ein geistig behindertes Kind DNA-analytisch untersucht wurde, um herauszufinden, ob die Schädigung auf den Umgang mit Gefahrstoffen am Artbeitsplatz der Mutter zurückzuführen ist: Sally Lehrman in: Nature, Vol. 369, S. 597: "Court orders DNA test over chemical claims"

2   Siehe dazu die Tabelle in: Chancen und Risiken, S. 158 f.

3   Schierbaum/Kiper, AiB 1992, S. 626

4   Chancen und Risiken, S. 160

5   Chancen und Risiken, S. 159 f.

6   Dazu Schierbaum/Kiper, AiB 1992, S. 627

7   Dazu auch: BÄK, Dt. Ärztebl. 1992, S. B 1599

8   Siehe zu den genannten Bereichen mit mehreren Tabellen: Rüdiger/Vogel, Dt. Ärztebl. 1992, S. B 1013 ff. , die darauf hinweisen, daß etwa die Diagnose der Rot/grün-Blindheit als "simple Prüfung mit der Farbtafel" dem Arzt wohl nicht als genetischer Test bewußt wird, siehe dazu auch: Vogel in: Sass, S. 73

Verfügung stehen [1], werden sie in der Arbeitsmedizin bisher offenbar nicht eingesetzt [2]. Dennoch wird ein "schleichender Erosionsprozeß" befürchtet, bei dem die neue Technik die alten ablöse [3]. Während vor allem von medizinischer Seite die Bedeutung genetischer Analysen im Arbeitsbereich bis in die jüngste Zeit noch als gering eingeschätzt wird [4], sieht man zumeist im juristischen Schrifttum aktuellen Handlungsbedarf [5].

Neben anderen nur teilweise datenschutzrechtlichen Aspekten gilt eine große Sorge der Frage, ob nicht durch genomanalytische Methoden das Prinzip des objektiven Arbeitschutzes, wonach der Arbeitsplatz dem Menschen anzupassen wäre, in sein Gegenteil verkehrt wird [6]. Genetische Defekte werden bereits mit Behinderungen verglichen, eine Quotenregelungen angedacht [7].

Die wichtigste Zäsur für die Unterscheidung verschiedener praktischer Anlässe für genetische Tests im Arbeitsleben ist der Vertragsabschluß [8].

Vorher und hinterher gibt es verschiedene Typen von Untersuchungen, die zum Teil

---

1 Siehe die Tabelle in: Chancen und Risiken, S. 158; TAB 1992, S. 53

2 TAB 1992, S. 53; TAB 1993, S. 102; Gutachten Simon 1993, S. 31

3 Simon, MDR 1991, S. 13

4 Rüdiger/Vogel finden die Diskussion der Genomanalyse in der Arbeitsmedizin "merkwürdig", weil ihrer Ansicht nach gentechnologische Methoden "dort gar nicht verwendet werden", siehe Dt. Ärztebl. 1992, S. B 1017; siehe auch Rüdiger in: Sass, S. 69

5 Gola, DuD 1990, S. 60; Ruderisch, ZRP 1992, S. 263; Deutsch, ZRP 1986, S. 3; Menzel, NJW 1989, S. 2043; Klees, AiB 1986, S. 57; Simon, MDR 1991, S. 12 ff. ; Diekgräf, BB 1991, S. 1859 f. ; Wiese, DuD 1993, S. 278 ff. , vorsichtig in RdA 1988, S. 222, verneinend allerdings noch in RdA 1986, S. 130; Schierbaum/Kiper, AiB 1992, S. 633 m. w. N. ; Chancen und Risiken, S. 169 ff. ; BLAG, S. 34 ff. ; TAB 1992, S. 65 ff. ; Bericht LMJ Rh. -Pf. 1989, S. 32 ff. ; Bericht BMFT 1991, S. 215; Daele, S. 122, 136; Hirsch/Eberbach, S. 396 ff. ; AGBR, WIPO-Dienst 1993, S. 37 ff.

6 Kohte in: Festschrift Kissel, S. 558; Diekgräf, BB 1991, S. 1857; Simon, MDR 1991, S. 13; Klees, AiB 1986, S. 56 f. ; Bericht LMJ Rh. -Pf. 1989, S. 37 f. ; Befürchtungen um einen Mißbrauch begegnet dagegen Rüdiger mit dem Hinweis auf Funktion und Verantwortung des Betriebsarztes, siehe Rüdiger in: Sass, S. 78 f.

7 Rüdiger/Vogel, Dt. Ärztebl. 1992, S. B 1018

8 Simon, MDR 1991, S. 12

mit abweichenden Begriffen belegt werden [1]. Generell läßt sich unterscheiden zwischen Einstellungs- oder Eignungsuntersuchungen vor dem Vertragsschluß und Vorsorgeuntersuchungen nach dem Vertragsschluß [2].

a) Vor der Einstellung

Vor der Einstellung geht es um die zumeist durch den Betriebsarzt vorgenommene Feststellung der Arbeitsfähigkeit in Bezug auf die in Aussicht genommene Tätigkeit. Für genetische Untersuchungen existieren zur Zeit keine expliziten gesetzlichen Grundlagen [3].

Sie werden im Rahmen des Fragerechts des Arbeitgebers nach den hierzu entwickelten Grundsätzen des Bundesarbeitsgerichts beurteilt [4]. Der Arbeitgeber kann danach nur nach Umständen fragen, an deren Kenntnis er ein "berechtigtes, billigenswertes und schützenswertes Interesse" hat [5]. Geht der Arbeitgeber darüber hinaus, so besteht ein "Recht zur Lüge" für den Arbeitnehmer [6].

Er kann eine wahrheitswidrige Antwort geben, ohne daß der Arbeitgeber deshalb zur Anfechtung nach §§ 119 oder 123 BGB berechtigt wäre. Bei Berücksichtigung dieser Grundsätze wird eine Offenbarungspflicht eigener genetischer Verhältnisse

---

1 Zur Begriffsvielfalt: Schierbaum/Kiper, AiB 1992, S. 628

2 BÄK, Dt. Ärztebl. 1992, S. B 1600 m. w. Begriffsbestimmungen

3 Wiese, DuD 1993, S. 275; Diekgräf, BB 1991, S. 1858; Schierbaum/Kiper, AiB 1992, S. 629; Simon, MDR 1991, S. 12; TAB 1992, S. 56; TAB 1993, S. 105; siehe aber den Nachweis von gesetzlichen Beschäftigungsverboten in: Gutachten Simon 1993, S. 39; dort wird auch angenommen, daß bestehende Regelungen wie etwa § 18 BSeuchG so interpretiert werden können, daß sie selbst DNA-Analysen zulassen.
Für den öffentlichen Dienst bestehen zwar ebenfalls Regelungen zu Einstellungsuntersuchungen in Art. 33 II GG iVm § 7 I BAT. Sie unterliegen aber weitgehend dergleichen Einschätzung wie die Normierungen im Privatrecht.

4 BAG 7.6.84 EzA § 123 Nr. 24 = DB 1984, S. 2706; Wiese, DuD 1993, S. 275; Schierbaum/Kiper, AiB 1992, S. 630

5 BAG NZA 1986, S. 739; BAG DB 1987, S. 1049

6 Däubler, CR 1994, S. 104; Wohlgemuth, ArbuR 1992, S. 47, 49; Schaub, § 26 III 2 m.w.N.; BAG ArbuR 1985, S. 28

durch den Arbeitnehmer weitgehend abgelehnt [1]. Teilweise werden aber freiwillige Analysen als zulässig eingeordnet [2]. Damit wird problematisch, wie der Bewerber eine Ablehnung verhindern kann, die Reaktion auf dessen verweigerte Zustimmung ist [3].

b) Nach der Einstellung

Nach der Einstellung geht es um Vorsorgeuntersuchungen mit dem Ziel, entweder als allgemeine Untersuchung auf freiwilliger Ebene i.S.d. §§ 2, 3 ASiG festzustellen, ob sich die Wechselwirkung zwischen den Belastungen des Arbeitplatzes und der Belastbarkeit des Arbeitnehmers verändert hat [4], oder als spezielle Untersuchung nach gesetzlicher Anordnung [5] festzustellen, ob die bereits als solche bekannten, besonderen Gefährdungen des Arbeitplatzes dem Arbeitnehmer weiterhin zugemutet werden können [6]. Das Ergebnis kann bestimmte gesetzliche Arbeitsverbote [7] nach sich ziehen. Nach überwiegender Auffassung sind die gegenwärtig bestehenden Regelungen auf die Genomanalyse nicht anwendbar [8].

Hierzu lag einige Zeit ein Gesetzentwurf eines Arbeitsschutzrahmengesetzes der

---

1 Kohte in: Festschrift Kissel, S. 558; BÄK, Dt. Ärztebl. 1992, S. B-1601; Bericht BMFT 1991, S. 207 f. ; Wiese, RdA 1986, S. 121 ff. m. w. N.; ders., DuD 1993, S. 275 ff. mit Ausnahmen

2 TAB 1993, S. 121

3 Siehe dazu Däubler, CR 1994, S. 103; Diekgräf, BB 1991, S. 1859 m.w.N., und Hunold, DB 1993, S. 229, die daher ein gesetzliches Verbot genetischer Analysen durch den Arbeitgeber im Rahmen von Einstellungsuntersuchungen und eine Absicherung durch Strafvorschriften fordern

4 TAB 1993, S. 107

5 Zu den verschiedenen Rechtsgrundlagen siehe die Aufzählung bei: Schierbaum/Kiper, AiB 1992, S. 631; Wiese, RdA 1986, S. 125; TAB 1992, S. 56 f.; TAB 1993, S. 106 f.; Chancen und Risiken, S. 163

6 In den USA wurde jüngst ein geistig behindertes Kind einer DNA-Analyse unterzogen, um festzustellen, ob der Grund für die Behinderung auf die gesundheitliche Belastung der Mutter an deren Arbeitsplatz zurückgeht, siehe dazu den Bericht von Sally Lehrman in: Nature, Vol. 369, S. 597: "Court orders DNA test over chemical claims".

7 Wiese, DuD 1993, S. 279

8 Wiese, DuD 1993, S. 277 f.; ders.: RdA 1986, S. 123, 125 f.; Diekgräf, BB 1991, S. 1858

Bundesregierung vor, der sich mit genomanalytischen Methoden im Rahmen von Vorsorgeuntersuchungen befaßt [1].

c) Problemlage angesichts des ISR

Fraglich ist hierbei, ob und in welchem Maße die Genomanalyse überhaupt zulässig sein kann oder ob sie zu verbieten ist [2]. Eine Zulässigkeit vorausgesetzt, würde sich weiterhin fragen, ob die Erhebung gesetzlich geregelt werden müßte [3]. Gefordert wird teilweise ein gesetzliches Verbot mit Erlaubnisvorbehalt [4]. Die aufgrund des Machtgefälles zwischen den Parteien zweifelhafte Freiwilligkeit auf der Seite des Arbeitnehmers kann zur Folgenlosigkeit von Überschreitungen des arbeitgeberseitigen Fragerechts führen. Das Recht zur Lüge könnte eine stumpfe Waffe sein, wenn bereits aus anderem Anlaß, vielleicht außerhalb des Arbeitsverhältnisses, genetische Daten erhoben wurden und deren Nichtvorlage zur Ablehnung des Stellengesuches führt [5]. Fraglich ist auch, in welchem Verhältnis das Ziel der genetischen Analyse zu ihrer Methode steht. Darf etwa ein allgemeines genetisches Screening nach Anfälligkeit auf Gefahrstoffe durchgeführt werden [6]? Könnte ein solches Screening auch nach Anlagen für irgendwann in der Zukunft sich

---

1 Der Entwurf ist inzwischen der Diskontinuität anheimgefallen: BT-Drs. 12/6752, soll aber offenbar wieder eingebracht werden, siehe ZRP 1995, S. 315; siehe auch den vorangehenden Disskussionsentwurf des Ministeriums für Arbeit und Soziales, abgedruckt bei: Schnittler, DuD 1993, S. 293; kritische Würdigung bei: Gutachten Simon 1993, S. 73; zur weiteren Zukunft des Arbeitschutzrechts siehe Maschmann, BB 1995, S. 146 ff., sowie unter dem Aspekt einer Wirksamkeit der zugrundeliegenden Richtlinie Faber, AiB 1995, S. 31 ff.

2 Für ein Verbot: Menzel, NJW 1989, S. 2043 m. w. N. ; Schierbaum/Kiper, AiB 1992, S. 630 f. , 633 m. w. N. ; AGBR, WIPO-Dienst 5/1993, S. 37 ff. ; differenzierend Diekgräf, BB 1991, S. 1859; Wiese, DuD 1993, S. 278 f.; sehr stark differenzierend BLAG, S. 90 ff.

3 Bericht BMFT 1991, S. 210, 213

4 Siehe vorhergehende Fn, S. 210; Wiese, DuD 1993, S. 278; wohl auch Schierbaum/Kiper, AiB 1992, S. 632 und Bericht LMJ Rh. -Pf. 1989, S. 32, These I; TAB 1992, S. 66 f.

5 Simon, MDR 1991, S. 12 f.; Wiese, RdA 1986, S. 124 f. ; TAB 1992, S. 61; Chancen und Risiken, S. 169 f. ; BLAG, S. 95 ff.

6 Diekgräf, BB 1991, S. 1856

auswirkende Defekte stattfinden [1] ? Möglicherweise wäre dies zumindest dann geboten, wenn damit eine Gefährung Dritter ausgeschlossen werden könnte [2], etwa, wenn man Verkehrspiloten auf die Veranlagung zur Epilepsie testet [3].

Besteht auch hier ein Recht auf "Nichtwissen" [4] ? Ist es geboten, den Begriff der Einwilligung gerade im Machtgefüge des Arbeitslebens auch nach der Einstellung zu reglementieren [5] ? In engem Zusammenhang damit steht die Entbindung von der Schweigepflicht des Betriebsarztes, bei der auch hier die Frage ist, ob sie weitreichend genug ist [6].

Weiterhin ist zu erörtern, ob die erhobenen Daten in Dateien gespeichert werden und ob und an wen sie überhaupt übermittelt werden dürften [7]. Das BDSG nimmt nur an wenigen Stellen Bezug auf Daten aus Arbeitsverhältnissen [8]. In zahlreichen LDSG finden sich heute weitergehende Regelungen [9]. Dort besteht deshalb ein intensiverer Datenschutz von Arbeitnehmerdaten, als im Anwendungsbereich des BDSG [10]. Das

---

1 Diekgräf, BB 1991, S. 1856

2 Wiese, DuD 1993, S. 276; ders. : RdA 1986, S. 123

3 Chancen und Risiken, S. 166

4 Offenbar gegen ein "Recht auf Nichtwissen": Brandts in: Sass, S. 98, mit Hinweis auf die Aufklärungspflicht des Arztes

5 Ruderisch, ZRP 1992, S. 263; Wiese, DuD 1993, S. 277; Diekgräf, BB 1991, S. 1860; Bericht LMJ Rh. -Pf. 1989, S. 36, These IV; TAB 1992, S. 64, 69; Chancen und Risiken, S. 168

6 Menzel, NJW 1989, S. 2042; Chancen und Risiken, S. 170 ff.

7 Schierbaum/Kiper, AiB 1992, S. 630 f. ; Chancen und Risiken, S. 172; in Hessen und Bremen sehen die Landesdatenschutzgesetze ein Verbot der automatisierten Verarbeitung von Daten über medizinische und psychologische Befunde von Beschäftigten vor, siehe dazu: Gola, DuD 1990, S. 59; zur Übermittlung siehe Wiese, RdA 1986, S. 129

8 Siehe etwa §§ 12 IV, 24 II Nr. 2 a, 28 II Nr. 1, 31 BDSG

9 Siehe etwa: § 16 b BeemDSG, § 28 HbgDSG, § 30 SchlHDSG, § 29 NRWDSG, § 34 HessDSG, § 29 SaarlDSG

10 Siehe dazu Dammann in Simitis, § 12, Rn 24, m.w.N.; Ordemann/Schomerus, § 12, 6.. Allerdings sind durch das Neunte Dienstrechtsänderungsgesetz vom 11. 06. 1992 (BGBl. I 1992, S. 1030) unter anderem das Beamtenrechtsrahmengesetz und das Bundesbeamtengesetz um entsprechende Spezialregeln erweitert worden. Für den Restbereich des öffentlichen Dienstes ist eine weitere gesetzliche Abdeckung vorgesehen (siehe Dammann in Simitis, § 12, Rn 24; BT-Drs. 12/2948).

Auf Bundesebene besteht seit langem das Bestreben zur Normierung eines Arbeitnehmer-datenschutzgesetzes (siehe BT-Drs. 10/1180, S. 22; 10/6583; 12/2948 = RDV 1992, S. 261;
(Fortsetzung...)

BDSG strebt eine einheitliche Behandlung aller Arbeitnehmerdaten an, indem es für seinen Anwendungsbereich in § 12 IV für dienst- und arbeitsrechtliche Verhältnisse des öffentlichen Dienstes die Bestimmungen des 2. Abschnittes gegen die entsprechenden Aussagen des 3. Abschnittes austauscht und diese Verhältnisse damit wie private Verträge behandelt [1].

Weitgehend wird angenommen, daß daher ein Dateibezug nicht verlangt wird [2]. Dies fügt sich in den im arbeitsrechtlichen Datenschutz geltenden Grundsatz der Unabhängigkeit von der Verarbeitungsform [3]. Die Speicherung von Gesundheitsdaten bemißt sich folglich für die meisten Arbeitsverhältnisse nach § 28 BDSG [4].

§ 3 II ASiG normiert einen speziellen Auskunftsanspruch gegen den Betriebsarzt in Bezug auf die Ergebnisse arbeitsmedizinischer Untersuchungen [5]. Die Übermittlung des Ergebnisses an den Arbeitnehmer ist nur im Sinne eines Ja-Nein-Entscheids bezüglich bestimmter Eignungsrahmen zulässig [6].

---

10 (...Fortsetzung)
siehe auch BfD, 14. Tätigkeitsbericht, S. 61 ff.; siehe auch die Darstellung bei Gola/Wronka, RDV 1991, S. 165 sowie Entschließung der 43. Konferenz der Datenschutzbeauftragten des Bundes und der Länder vom 23./24. 3. 1992, 14. Tätigkeitsbericht des BfD, S. 182; siehe auber auch die ablehnende Haltung des 59. Deutschen Juristentages hierzu in NJW 1992, S. 3024, 3102, die Gola als "Ausrutscher" bezeichnet: NJW 1993, S. 3114); mittlerweile hat die 71. Arbeits- und Sozialministerkonferenz der Bundesländer am 8./9. September 1994 Eckpunkte zu einem Arbeitsvertragsgesetzbuch beschlossen, siehe dazu NZA 1995, S. 301. Danach ist unter "II. Begründung des Arbeitsverhältnisses" unter dem Untertitel "2. Ärztliche Untersuchungen,Verbot der Genomanalyse" folgende Passage formuliert: "Die Arbeitgeberin/der Arbeitgeber darf bei der Anbahnung des Arbeitsverhältnisses die Durchführung von DNA- und Chromosomenanalysen weder Anbahnung eines Arbeitsverhältnisses die Durchführung von DNA- und Chromosomen analysen weder fordern noch nach den Ergebnissen bereits durchgeführter DNA- und Chromosomenanalysen fragen oder solche verwerten".

1 Dammann in Simitis, § 12, Rn 22

2 Ordemann/Schomerus, § 12, 5.4; Dammann in Simitis, § 12, Rn 29; a.A. Dörr/Schmidt, § 12, Rn 12

3 Dammann in Simitis, § 12, Rn 29 m.w.N.

4 Schlund in: Laufs/Uhlenbruck, § 76, Rn 27; Bergmann/Möhrle/Herb, § 28, Rn 29 ff.

5 Schlund in: Laufs/Uhlenbruck, § 76, Rn 29

6 Däubler, S. 94; Wohlgemuth, Rn 142

2. Im Versicherungswesen

a) Sozialversicherung

Die Sozialversicherung ist an objektive Kriterien unabhängig von den individuellen Eigenschaften der versicherten Person gebunden.

Die Prämienzahlung des Versicherten bemißt sich allein nach dessen Einkommen, gesundheitliche Untersuchungen werden vor der Aufnahme nicht durchgeführt, ein Ausschluß aus der Versicherung ist nicht vorgesehen und die Gewährung von Leistungen erfolgt unabhängig vom Vorliegen genetischer Befunde bei Eintritt des Versicherungsfalles. Aufgrund des Solidarprinzips kommt es insgesamt zu einer höheren "Sozialverträglichkeit" [1].

Deshalb besteht in diesem Bereich auch kaum ein Bedarf nach genetischen Informationen [2]. Dies schließt nicht aus, daß solche Informationen dennoch auflaufen. Entsprechende Gefahren sind an der Schweigepflicht des Arztes und am Sozialgeheimnis gem. § 35 SGB I zu messen [3], das gegen die unbefugte Erhebung, Verarbeitung oder Nutzung von Sozialdaten gem. § 67 I SGB X schützt. Gem. § 35 II SGB I bemißt sich die Zulässigkeit dieser Vorgänge nach den §§ 67 ff. SGB X, wo parallel zum BDSG Begriffsbestimmungen für die Verarbeitung oder Nutzung in § 67 b I SGB X, ein Verbot mit Erlaubnisvorbehalt nach dem Muster des § 4 I BDSG sowie für die verschiedenen Phasen Zulässigkeitsvoraussetzungen normiert wurden. Eine Erhebung soll zwar grundsätzlich beim Betroffenen erfolgen, ist aber gem. § 67 a SGB X auch auf andere Weise möglich [4]. In § 78 SGB X wird der empfangenden Stelle eine Zweckbindung und -Geheimhaltung der offenbarten Daten auferlegt. Durch § 76 SGB X wird, ähnlich wie in § 39 BDSG, das Arztgeheimnis insoweit geschützt, als die Weitergabe von Befunddaten durch einen Empfänger nur unter den rechtlichen

---

1 Diesen Begriff benutzt Schulz-Weidner, DOK 1992, S. 28

2 Hirsch/Eberbach, S. 376, 379; Bericht BMFT 1991, S. 216; Bericht LMJ Rh. -Pf. , S. 41

3 Siehe zur Neufassung des Sozialdatenschutzes seit 1. Juli 1994: BfD, 14. Tätigkeitsbericht, S. 75 f.; Klässer, DuD 1994, S. 117 ff.; Datenschutz-Berater 6/94 S. 13 f.; BR-Drs. 343/94 und BT-Drs. 12/6334, 12/6809, 12/7324 sowie BGBl.I, S. 1229 ff.; sehr kritisch: 47. DSB-Konferenz in: Bleyl, DuD 1994, S. 248; 12. Tätigkeitsbericht des Hamburgischen DSB 1993, S. 45

4 Siehe zum Disput über diese Vorschrift: Klässer, RDV 1994, S. 118 m.w.N.

Bedingungen des Empfangs zulässig ist [1]. § 79 III SGB X a.F. unterwarf sämtliche Sozialgeheimnisträger, auch die der Länder und Gemeinden, dem BDSG [2] und gewährte damit einen bundeseinheitlichen Sozialdatenschutz. § 69 I i.V.m. § 35 I SGB I übernimmt diese Funktion, indem alle Leistungsträger angesprochen werden. In den §§ 284 bis 305 SGB V finden sich überdies umfangreiche Normierungen der Datenverarbeitung in der gesetzlichen Krankenversicherung, deren Reichweite teilweise kritisiert wird [3]. Im Bereich der gesetzlichen Rentenversicherung regeln die §§ 147 bis 152 SGB VI datenschutzrechtliche Tatbestände [4].

Zahlreiche Vorschriften sehen eine Mitwirkung des Versicherten durch gesundheitliche Untersuchungen oder gesundheitsbewußtes Verhalten vor, so etwa §§ 62 bis 66 SGB I, 20 ff. SGB V, 30 V SGB V, 52 SGB V [5].

b) Private Versicherungen

Es ist üblich, daß die Versicherer vor dem Abschluß einer privaten Kranken-, Lebens- oder Berufsunfähigkeitspolice eine gesundheitliche Untersuchung der Versicherungs- nehmer verlangen, wenn auch dies, wie § 160 VVG klarstellt, keine Verpflichtung darstellt. Bereits heute werden dabei etwa familiär auftretende Kreislauf- und Zuckerkrankheiten zum Befund erhoben [6].

---

1 Bergmann/Möhrle/Herb, § 76 SGB X

2 Kunkel, ZfSH/SGB 1992, S. 346; Klässer, RDV 1994, S. 117; Bergmann/Möhrle/Herb, Ziff. 4.3.4.; Vorbem. SGB 4.; § 79 SGB X

3 Kritisch etwa Kuhlmann, DuD 1993, S. 198 ff.; siehe auch allgemein zum Abbau des Sozialdatenschutzes die Beschlüsse der 47. Konferenz der DSB des Bundes und der Länder in: Bleyl, DuD 1994, S. 248 f.

4 Bergmann/Möhrle/Herb, Vorbem. SGB 6.

5 Wiese, S. 69; Schulz-Weidner, S. 441 f.; Eberbach in: Sass, S. 89 ff., sieht darin die gesetzliche Grundlage, gesundheitsgerechtes Verhalten auch auf genomanalytischer Basis zu erzwingen; Baltzer in: Baltzer, S. 203 f., hat "keine Bedenken, die Erbanlage oder erbanlagebedingte Erkrankungen oder Behinderungen zum Begriff der "Tatsachen" im Sinn der Vorschrift" des § 60 I Nr. 1 SGB I zu zählen.

6 TAB 1993, S. 145; Gutachten Simon 1993, S. 100, wonach "die sich immer mehr durchsetzende Nutzung genetischer Befunddaten als jahrelang eingeschliffene Erosion von Rechten und als Risikoverschiebung zu Lasten des Versicherungsnehmers" anzusehen sei; siehe auch OLG Hamburg

(Fortsetzung...)

§ 16 I VVG legt fest, daß der künftige Versicherte alle ihm bekannten Umstände, die für die Übernahme der Gefahr erheblich sind, dem Versicherer anzuzeigen hat. In § 16 II VVG wird ein Rücktrittsrecht des Versicherers verankert, falls die Anzeige eines derartigen erheblichen Umstandes unterblieben ist. Außerdem gewährt § 41 VVG dem Versicherer das Recht auf Beitragserhöhungen oder gar Kündigung, falls die Anzeige von Erkrankungen - unabhängig von der Kenntnis des Versicherten hierüber - unterblieben ist. Der Vertrag kann gem. § 123 BGB auch angefochten werden, wobei eine arglistige Täuschung möglicherweise schon dann vorliegt, wenn dem Versicherungsnehmer aus eigener Genomanalyse Hinweise auf künftige, für den Vertrag relevante Risiken, vorliegen [1].

In allgemeinen Versicherungsbedingungen werden zudem Leistungsausschlüsse formuliert, die teilweise an den Eintritt des Versicherungsfalles vor Versicherungsbeginn anknüpfen [2]. In der Praxis erlangen die Versicherer häufig durch Schweigepflichtentbindungen der behandelnden Ärzte direkten Zugriff auf die iSd § 16 VVG erheblichen Umstände [3].

Auf das private Versicherungswesen ist § 28 BDSG anwendbar [4]. Als problematisch werden die Schweigepflichtentbindungsklausel und die Datenverarbeitungsklausel der Versicherer angesehen [5]. Bei letzterer handelt es sich um eine Einverständniserklärung zur Übermittlung von Daten an Rückversicherer und Fachverbände. Zur Verhinderung von Versicherungsbetrug werden bei derartigen Fachverbänden zentrale Datensammlungen angelegt [6]. Teilweise wird die Benachrichtigungspflicht aus § 33 I BDSG unter Hinweis auf die Ausnahme des § 33 II Nr. 3 BDSG abgelehnt, wenn derartige Daten erstmals gespeichert oder übermittelt werden, weil durch die

---

6 (...Fortsetzung)
   VersR 1975, S. 561, das die bisherige Praxis bestätigt

1 So Deutsch, zitiert nach: Gutachten Simon 1993, S. 108

2 Siehe dazu in Bezug auf die private Krankenversicherung eingehend Gutachten Simon 1993, S. 98, 102 ff.

3 Daele, S. 136; Bericht BMFT 1991, S. 217; Präve, VersR 1992, S. 280; TAB 1993, S. 134; für die private Kranken- und Unfallversicherung siehe Schulz-Weidner, S. 256 ff., 487 ff.

4 Bergmann/Möhrle/Herb, § 28, Rn 83; Schaffland/Wiltfang, § 28, Rn 63; Simitis in Simitis, BDSG 1977, § 22, Rn 62

5 Siehe BfD, 14. Tätigkeitsbericht, S. 156, 197 (Anlage 16); 11. Tätigkeitsbericht, S. 79 ff.

6 Siehe dazu Waniorek, RDV 1990, S. 228 ff.; Bergmann/Möhrle/Herb, § 28, Rn 88

Benachrichtigung "Versicherungsbetrüger zur Änderung ihrer Vorgehensweise" veranlaßt werden könnten [1].

Es wird beweifelt, ob vor diesem Hintergrund das "idyllische Bild der Gefahrengemeinschaft" als Grundidee des Versicherungswesens noch in die heutige Zeit paßt [2]. Man müsse sich fragen, was eigentlich noch versichert ist, wenn der Versicherte auch über künftige Dispositionen Auskunft geben muß und aufgrund dessen mit einer Ablehnung seines Versicherungsbegehrens rechnen muß [3]. Die drohende Kostenlawine im Gesundheitswesen weist einen Weg, der zur stetig intensiveren Vorbeugung führt [4].

Der mögliche Zusammenhang zwischen unterlassener Vorbeugung und steigenden Kosten könnte über bloße abstrakte Aufklärung hinaus zur konkreten Inpflichtnahme des einzelnen führen, die bis zum Zwang reichen könnte [5]. Diese Gefahr wird sogar für die Sozialversicherung nicht ausgeschlossen [6]. Aus § 62 SGB I etwa könne sich für den Bereich der Unfallversicherung eine Offenbarungspflicht des Versicherten interpretieren lassen [7]. In den USA wird bereits, um Behandlungskosten zu senken, an Screenings gedacht, die bestimmte Anlagen routinemäßig offenbaren könnten, wie etwa Cholesterinwerte, Zystische Fibrose oder das Down-Syndrom [8]. Aus dem Präventionsgedanken im Straßenverkehr mit Helm- und Gurtpflicht sowie Geschwindigkeitsbegrenzungen oder im Arbeitsleben mit seinen Beschäftigungsverboten und -beschränkungen etwa für Mütter oder Jugendliche ließe sich möglicherweise auch die Notwendigkeit einer intensiveren und damit konkret den einzelnen betreffenden

---

1 Dörr/Schmidt, § 33, Rn 25; kritisch dazu Simitis in Simitis, BDSG 1977, § 26, Rn 102; siehe auch Mallmann in Simitis, § 29, Rn 15 m.w.N.

2 Daele, S. 138

3 Hirsch/Eberbach, S. 379; Daele, S. 138; Gutachten Simon 1993, S. 126 m.w.N.

4 Schulz-Weidner, S. 503 f.; Eberbach in: Sass, S. 83 ff. ; Hirsch/Eberbach, S. 378 f.

5 Eberbach in: Sass, S. 84; Gutachten Simon 1993, S. 79

6 Schulz-Weidner, DOK 1992, S. 68 ff.; Gutachten Simon 1993, S. 96, dort wird auch auf das in § 1 S. 2 SGB V zum Ausdruck kommende, durch das Gesundheitsreformgesetz 1988 zum "tragenden Grundpfeiler der gesetzlichen Krankenversicherung emporgehobene" Subsidiaritäts prinzip verwiesen, aus dem sich das Eigenverantwortungsprinzip des Versicherten ableite.

7 Schulz-Weidner, S. 441 ff.; Gutachten Simon 1993, S. 120 m.w.N.

8 Eberbach in: Sass, S. 85, m. w. N.; siehe auch Gutachten Simon 1993, S. 78

Prävention ableiten, deren Schlüssel genetische Analysen darstellen könnten [1]. Der Versicherte könnte in einen Zwiespalt geraten: unterläßt er präventive Maßnahmen, riskiert er, keinen oder nur zu schärferen Bedingungen einen Abschluß tätigen zu können; führt er präventive Maßnahmen in Form einer genetischen Analyse durch, so riskiert er einen Leistungsausschluß für "alte Versicherungsfälle", falls die Analyse zu einer Behandlung geführt hat [2]. Schon heute wird, zumindest für die Krankenversicherung, die Offenlegung genetischer Daten gefordert, teilweise durch eine Genomanalyse für die Zukunft, teilweise, sofern der Versicherte bereits über entsprechende Kenntnis seiner Daten verfügt [3]. Dadurch könne eine gerechtere Tarifierung der Versicherten erreicht [4] und Betrugsversuche derer, die um ihre künftige Erkrankung wissen, unterbunden werden [5].

Bei Unterlassung habe der Versicherer ein Rücktrittsrecht wegen arglistiger Täuschung gem. § 22 VVG i. V. m. § 123 BGB [6].

c) Problemlage angesichts des ISR

Bezogen auf die Sozialversicherung fragt sich, ob die gesetzlichen Offenbarungstatbestände zu weit gehen, eventuell durch eine zusätzliche Zustimmung des Versicherten ergänzt werden müssen [7] oder gar gänzlich unanwendbar sind.

Im Bereich der privaten Krankenversicherung erscheinen die Schweigepflichtentbindung und die Selbstauskunft als besondere Probleme im Rahmen der Erhebung bereits vorhandenen Wissens.

---

1 Zu dieser Argumentation siehe Eberbach in: Sass, S. 84 f.
2 Zu der letztgenannten Variante siehe Schulz-Weidner, DOK 1992, S. 27; siehe auch TAB 1993, S. 140, der von einer "paradoxen Situation" spricht.
3 Hirsch/Eberbach, S. 380; Deutsch in: Ellermann/Opolka, S. 85; kritisch dazu Präve, VersR 1992, S. 283; Sahmer, Versicherungsmedizin 1995, S. 6, erklärt hingegen, "in der Regel wird vom Versicherer... weder ein umfassender gesundheitlicher "Check up" verlangt noch ein AIDS-Test oder die Durchführung gezielter Vorsorgeprogramme. ... Genetische Analysen werden im Rahmen des ärztlichen Zeugnisses ... nicht verlangt".
4 Alexander/Fischer, Versicherungswirtschaft 1991, S. 500
5 TAB 1993, S. 138
6 Siehe vorhergehende Fn; Bericht LMJ Rh. -Pf. , S. 46
7 Dies verlangt Deutsch, NZA 1989, S. 661

Auch fragt sich, ob der Antragsteller verpflichtet werden kann, als Bedingung eines Vertragsabschlusses erstmalig eine Analyse erstellen zu lassen und welche Rolle dabei seine Einwilligung spielt.

3. Zur Personenidentifikation

a) Im Strafverfahren

Auch der "genetische Fingerabdruck" [1] ist eine Methode, die aus dem Ausland, insbesondere den USA und England [2], nach Deutschland kam [3]. Ihre Zuverlässigkeit und wissenschaftliche Erprobung wird indes teilweise bezweifelt [4]. Dennoch geht die Entwicklung in rasantem Tempo weiter. Mittlerweile werden Verfahren entwickelt, mit deren Hilfe die Bandenmuster der DNA-Fragmente auf dem Filter per Kamera erfaßt und per Computer ausgewertet werden können [5]. Inzwischen verfügen fast alle Institute der Polizei über die Möglichkeit zur Anwendung des DNA-Profiling, die Zahl der entsprechenden Analyseanträge wächst jährlich um fast 100 % [6]. Im

---

1 Der Begriff entspringt der vermeintlichen methodischen Ähnlichkeit mit der Daktyloskopie, siehe Bericht LMJ Rh. -Pf. , S. 38

2 In England wurde sie erstmals 1987 verwendet, siehe Dix, DuD 1989, S. 235; dort wuchs zwischenzeitlich die Skepsis gegenüber der Beweiskraft der Analysen, siehe dazu: David Dickson in: Nature, Vol. 367, S. 101 f.: ". . . as confusion leads to retrial in UK" zu einem Wiederaufnahme verfahren.

3 Böhm, DuD 1993, S. 267, der auch auf die Kritik am Verfahren hinweist: S. 266, Fn 6; Deutsch in: Ellermann/Opolka, S. 82, nennt zwei plastische Beispiele aus den USA mit dem Hinweis auf Analysefehler; Henke äußert sich detailliert zu den angewandten Verfahren im Prozeß gegen O.J. Simpson: Der Amtsvormund 1995, S. 788

4 So von Rademacher, S. 18 ff.; dies., ZRP 1990, S. 381 f. m.w.N., dies., Strafverteidiger 1989, S. 548 m.w.N.; siehe auch die beiden von Deutsch, VersR 1994, S. 3, genannten Fälle aus den USA, bei denen es zu schwerwiegenden Fehlauswertungen kam; auch in Deutschland wurden Fälle bekannt, bei denen es durch unsachgemäßen Umgang mit den Analysematerialien zu "Pfusch am Code" kam, siehe etwa Der Spiegel 31/1994, S. 41 ff., dort auch eine instruktive Graphik zur Technik des "genetischen Fingerabdrucks".

5 TAB 1993, S. 155

6 Siehe die Statistik bei: Kimmich/Spyra/Steinke, NStZ 1993, S. 23: danach lagen 85 Anträge im ersten Halbjahr 1992 vor; siehe auch die Kleine Anfrage der Abgeordneten Frau Schmidt-Bott
(Fortsetzung...)

Strafverfahren wird weitgehend mit SLS gearbeitet, die mit der Gefahr einer Gewinnung von Überschußinformationen behaftet sind [1]. Die Arbeit mit MLS wird wegen ihrer Nachteile zunehmend abgelehnt [2]. Die PCR-Technik breitet sich hingegen immer stärker aus [3]. Deren Systeme funktionieren zumindest im Bereich der Längenpolymorphismen außerhalb des codierenden DNA-Bereiches [4]. § 81 a I StPO gibt eine Eingriffsgrundlage zur Durchführung einer körperlichen Untersuchung am Beschuldigten auch ohne dessen Einwilligung. Fraglich ist, ob damit auch genetische Analysen zulässig sein können [5]. Die Bundesgerichtshof (BGH) und die Instanzgerichte haben dies bejaht [6].

Ein Argument ist der Hinweis darauf, daß zur Indentifikation ein Zugriff lediglich auf den nichtcodierenden Teil der DNA erforderlich ist [7]. Aber auch eine Anwendung im codierenden Bereich wird diskutiert und für die Zukunft befürchtet beziehungsweise nicht gänzlich ausgeschlossen [8].

§ 81 c StPO gibt eine Eingriffsgrundlage zur Durchführung von Untersuchungen anderer Personen, etwa des Opfers einer Straftat [9]. Auch hier ist fraglich, ob damit genetische

---

6 (...Fortsetzung)
und der Fraktion DIE GRÜNEN, Genetischer Fingerabdruck als Verfahren in der Kriminaltechnik, BT-Drs. 11/2798 vom 18. 8. 1988 und die Antwort der Bundesregierung, BT-Drs. 11/2869 vom 6. 9. 1988

1 Rademacher, S. 17; TAB 1993, S. 157; siehe auch schon die Darstellung oben, Teil A dieser Arbeit

2 Brinkmann/Wiegand, Kriminalistik 1993, S. 191; eingehend auch Gutachten Simon, S. 162 ff.

3 Brinkmann/Wiegand, Kriminalistik 1993, S. 192 ff. mit mehreren Beispielen aus der Praxis; Kimmich/Spara/Steinke, NStZ 1993, S. 25

4 Kimmich/Spyra/Steinke, NStZ 1993, S. 25

5 Dafür etwa Deutsch in: Ellermann/Opolka, S. 81 m. w. N.; Sternberg-Lieben, NJW 1987, S. 1243 f. m.w.N.; ablehnend Rademacher, Strafverteidiger 1989, S. 549; Jung, MschrKrim 1989, S. 105; Keller, NJW 1989, S. 2295 f., Gutachten Simon 1993, S. 147

6 BGH NJW 1990, S. 2328 und S. 2944; BGH NStZ 1991, S. 399; siehe auch LG Berlin NJW 1989, S. 787, LG Darmstadt NJW 1989 S. 2338, LG Heilbronn NJW 1990 S. 784

7 Siehe Deutsch in: Ellermann/Opolka, S. 81

8 Triffterer/Mitterauer, MedR 1994, S. 301, 304 ff. zur Feststellung der Schuldfähigkeit durch DNA-Analysen, Dix, DuD 1993, S. 281; BLAG, S. 137 ff., insbesondere S. 141 für Fahndungsmerkmale und S. 142 für die Beurteilung der Schuldfähigkeit oder das Stellen von Prognosen; Keller, NJW 1989, S. 2289; Rademacher, S. 13, 17

9 Dazu Oberlies, Strafverteidiger 1990, S. 469 ff.

Analysen erfaßt sein können [1]. Auch die genanalytische Behandlung von Tatortspuren ohne Personenbezug erscheint problematisch [2], insbesondere bezüglich denkbarer Rasterfahndungen und Reihenuntersuchungen [3].

Im übrigen wird die Befugnis der Polizei zu präventiver Verwendung der neuen Technik, etwa durch Anlegung von "Gen-Registern" diskutiert [4].

Jüngste gesetzgeberische Anregung in diesem Bereich ist ein Gesetzentwurf der Bundesregierung eines Strafverfahrensänderungsgesetzes (GenetischerFingerabdruck), der eine konkrete Eingriffsgrundlage für genomanalytische Methoden im Strafverfahren sowie datenschutzrechtliche Aspekte formuliert [5]. Alternativ hat die SPD-Bundestagsfraktion einen Gesetzentwurf eingebracht [6], der teilweise restriktiver gefaßt ist [7].

---

1 Ablehnend Oberlies, Strafverteidiger 1990, S. 470

2 Ablehnend, soweit keine Neuregelung erfolgt, Keller, NJW 1989, S. 2293 ff., der gerade in der Analyse von "Material, das ohne körperlichen Eingriff erlangt wurde, . . . eine gefährlichere und daher schwerere Beeinträchtigung der informationellen Selbstbestimmung" sieht (S. 2295); Chancen und Risiken, S. 177; Oberlies, Strafverteidiger 1990, S. 470 f.

3 Ein Beispiel für eine bereits in Deutschland durchgeführte Reihenuntersuchung an 92 Männern zur Aufklärung eines Doppelmordes wird beschrieben von Heitborn/Steinbild, Kriminalistik 1990, S. 185 ff.; dazu auch Rademacher, ZRP 1990, S. 383; keine Bedenken sieht Lührs, MDR 1992, S. 930

4 Zurückhaltend Jung, MschrKrim 1989, S. 107; dafür Steinke, NJW 1987, S. 2914; ablehnend Keller, NJW 1989, S. 2296; Sternberg-Lieben, NJW 1987, S. 1245; TAB 1993, S. 156, 159, 170; Rademacher, Strafverteidiger 1989, S. 547 m.w.N., weist darauf hin, daß Gendatenbanken auch in Deutschland erwogen würden. In den USA werde eine solche Datenbank eingerichtet, "in der die Erbmerkmale von Personen, die wegen schwerer Gewaltverbrechen verurteilt werden, gespeichert werden"; TAB 1993, S. 159 f., informiert darüber, daß die Organisationsstrukturen für entsprechende Datenbanken bestehen, insbesondere in Form der European DNA-Profiling-Group (EDNAP), einem Zusammenschluß aus Polizeilaboratorien und rechtsmedizinischen Instituten aus 14 europäischen Ländern; siehe auch Der Spiegel 40/1994, S. 284: "Spuren im Erbgut", wonach in England eine Gen-Datei eingerichtet werden soll und in den USA zum Jahresende 1994 eine landesweite Den-Datenbank des FBI bestehen wird, in der Täter schwerer Gewalttaten, Ausbrecher oder wegen Inzest Verurteilte erfaßt werden.

5 BT-Drs. 13/667, der Gesetzentwurf wurde neu eingebracht, nachdem der identische Entwurf BT-Drs. 12/7266 der Diskontinuität unterlag; Vorentwürfe abgedruckt bei: Schnittler, DuD 1993, S. 293, Anhang A; eine frühere Fassung des Entwurfs findet sich bei: Wächtler, Strafverteidiger 1990, S. 369 ff.

6 BT-Drucksache 12/3981

7 Diskussion beider Entwürfe bei Dix, DuD 1993, S. 283; Zusammengefaßte Darstellung beider

(Fortsetzung...)

b) Zur Vaterschaftsfeststellung im Zivilverfahren

Auch hier kamen die Impulse zunächst aus dem Ausland. In Deutschland kam es erstmals 1989 zu einem Prozeß, bei dem der Beklagte verurteilt wurde, nachdem eine DNA-Analyse seine Vaterschaft bestätigt hatte [1]. Einen Schutz gegen die Vorenthaltung von Informationen über die eigene Abstammung hat das Bundesverfasssungsgericht (BVerfG) mittlerweile anerkannt [2]. Im Unterschied zum Strafverfahren, wo bezogen auf den Täter die Identität einer Person festzustellen ist, gilt es beim Abstammungsgutachten, die Verwandtschaft durch Vergleiche mehrerer Analyseergebnisse herauszufinden [3]. Dies erschwert die Treffsicherheit der Analyse, die bisher in mehr als 95 % durch herkömmliche Verfahren wie etwa die Blutgruppenanalyse abgedeckt wurde [4]. Unter Naturwissenschaftlern ist streitig, ob DNA-Analysen überhaupt Vorteile gegenüber den bisherigen Methoden bieten [5]. Im Bereich der Vaterschaftsbegutachtung wird heute mit SLS und MLS gearbeitet [6]. Es besteht aber die Tendenz, den MLS ihren Nutzwert abzusprechen und SLS vorzuziehen. MLS werden aufgrund ihrer Mängel

---

7 (...Fortsetzung)
   Vorschläge in: TAB 1993, S. 178 ff.; einen eigenen Regelungsvorschlag bietet das Gutachten Simon 1993, S. 166, an.

1 BGH NJW 1991, S. 749; siehe auch BGH NJW 1991, S. 2961

2 BVerfGE 79, 256 (268)

3 BLAG, S. 146 f. ; ein entsprechendes Gutachten ist beispielsweise nachzulesen bei Mayer/Bender, ZfJ 1991, S. 129

4 BLAG, S. 146

5 Kritisch Ritter, FamRZ 1991, S. 646 ff. m.w.N., der meint, MLS seien "absolut abzulehnen", SLS dagegen als "zusätzliches Hilfsmittel" akzeptiert; siehe auch die Reaktion zu diesem Aufsatz in FamRZ 1992, S. 275 ff.; befürwortend bezüglich MLS Böhm/Krawczak/Schmidtke, Der Amtsvormund 1992, S. 907 ff. m.w.N., Böhm/Graf von Luxburg/Epplen, Der Amtvormund 1990, S. 1101 m.w.N.; siehe auch die Reaktion zu diesem Aufsatz in: Der Amtvormund 1991, S. 171 ff; siehe auch bezüglich der Nützlichkeit der DNA-Analyse bei Problemfällen: Hummel, NJW 1990, S. 753 f.; einen allgemeinen Überblick, auch für das Strafverfahren, geben Rittner/Schacker/Schneider, MedR 1989, S. 12 ff.; siehe auch sehr deutlich strukturiert: Reichelt, S. 49 ff.; instruktiv auch die Darstellung im Gutachten Simon 1993, S. 162 ff., das sich aufgrund der "überlegenen Genauigkeit" für eine ausschließliche Anwendung von SLS ausspricht, "solange die Sicherheit der MLS nicht wisenschaftlich ebenfalls unumstritten ist", (S. 164).

6 TAB 1993, S. 157

immer öfter für obsolet gehalten[1]. Sowohl nach den Richtlinien des Bundesgesundheits-
amtes für die Erstattung von DNA-Abstammungsgutachten[2] als auch nach den
Richtlinien für die Erstattung von Abstammungsgutachten der Arbeitsgemeinschaft
der Sachverständigen für Abstammungsgutachten in der Bundesrepublik Deutschland
e.V.[3] sind DNA-Untersuchungen nur in Verbindung mit herkömmlichen Systemen
statthaft. Bei der üblichen Verknüpfung von zwölf herkömmlichen Systemen mit drei
DNA-SLS-Systemen ergibt sich eine durchschnittliche Ausschließungschance für
Nichtväter von über 99,9 %. Bei Einsatz weiterer drei DNA-SLS kommt es zu einer
Ausschließungschance "sehr dicht an 100 %"[4]. Einfachgesetzlich stellt § 372 a I ZPO
eine mögliche Eingriffsgrundlage für solche Untersuchungen dar, die zur Feststellung
der Abstammung erforderlich sind[5].

c) Problemlage angesichts des ISR

Insgesamt ist strittig, inwieweit das Recht auf informationelle Selbstbestimmung durch
den "genetischen Fingerabdruck" mit Hilfe von Single-Locus-Sonden und Multi-Locus-
Sonden beeinträchtigt wird[6]. Fraglich ist zunächst, ob es im Straf- und Zivilverfahren

---

1 Martin/Kramer, Der Amtsvormund 1994, S. 15
2 Bundesgesundheitsblatt 11/92, 592 f.; siehe auch die Richtlinien des Bundesgesundheits-
   amtes für die Erstattung von Blutgruppengutachten: Bundesgesundheitsblatt 6/90, 264 ff.
3 Stand: 26.11.1993, abgedruckt in: Der Amtsvormund 1994, S. 21 ff.
4 Martin/Kramer, Der Amtsvormund 1994, S. 11 ff.; siehe zu Wahrscheinlichkeitsberechnungen
   bei DNA-Analysen außerdem: Keller, JZ 1993, S. 104; von Hippel, JR 1993, S. 124 f.; siehe
   zur Klärung einer serologisch festgestellten Mutter/Kind-Ausschlußkonstellation mit Hilfe einer
   SLS-Sonden-DNA-Analyse: Cremer/Schirp/Althoff, Rechtsmedizin 1994, S. 13 ff.: ". . . wertvolle
   Entscheidungshilfe bei der Klärung derartiger serologisch nicht aufklärbarer Befundkonstellationen".
5 § 372 a ZPO wird dabei weitgehend als ausreichende Eingriffsermächtigung angesehen, siehe
   etwa Gutachten Simon, S. 147 ff.m.w.N.
6 Kritisch Rademacher, NJW 1991, S. 736; Keller, NJW 1989, S. 2293 f. m.w.N. ; Dix, DuD
   1993, S. 282 m.w.N., Gutachten Simon 1993, S. 147; keine oder nur unwesentliche
   Beeinträchtigungen sehen: Lührs, MDR 1992, S. 929 f.; Sternberg-Lieben, NJW 1987, S. 1245
   f., der meint, der Gesetzgeber solle auf "die plakativ wirkende Regelung eines Science-Fiction-
   Szenarios verzichten", allerdings eine gesetzliche Grundlage für die Aufbewahrung der Befunde
   für notwendig hält; Henke/Schmitter, MDR 1989, S. 405, führen aus: "Bedenkt man, daß ein
   Untersucher tagein-tagaus vor Bergen schmutziger und stinkender Asservate sitzt, die daraufhin
   (Fortsetzung...)

einer konkreten Eingriffsgrundlage bedarf und welche Anforderungen an sie zu stellen sind, ob also die bestehenden Regelungen ausreichen. Falls auf entsprechenden Eingriffsgrundlagen basierende Genomanalysen zulässig sein könnten, fragt sich außerdem, welche speziellen Schutzvorkehrungen der Datenschutz zu fordern hätte. Der Umstand, daß die Personenidentifikation sich teilweise des nichtcodierenden Teils der DNA bedient, befreit sie nicht von der Gefahr eines Datenmißbrauchs. Wenn auch bei der Verwendung von Multi-Locus-Sonden der Datenschutz "eingebaut" ist [1], so gilt dies nicht gleichsam auch für die sensibleren Einzel-Locus-Sonden, die sogar andernorts bewußt zur Erkennung von Strukturgenen und zur Genkartierung eingesetzt werden [2].

Es könnte deshalb nötig sein, auch gesetzlich den Anfall von Überschußinformationen zu verhindern [3].

Fraglich ist auch, ob und wie die gewonnenen Daten gespeichert werden dürfen und wie selbst bei unterbleibender Speicherung eine Weitergabe von DNA-Filtern, möglicherweise durch deren Vernichtung, verhindert werden kann [4].

---

6 (...Fortsetzung)
   untersucht werden müssen, von wem ein Sekret- oder Blutfleck stammt, so muß die Furcht vor einer "genetischen Ausforschung" erst recht nicht nur unbegründet, sondern völlig absurd erscheinen". Sie empfinden "den Ruf nach gesetzlicher Regelung als Paradoxon".

1 Böhm, DuD 1993, S. 267

2 Böhm, DuD 1993, S. 267

3 Naturwissenschaftlich ist dies möglich durch verschiedene Verfahren wie insbesondere das "Multiplex-PCR", wodurch der Bezug zwischen Bande und Genlocus ausgeschaltet wird, siehe dazu TAB 1993, S. 167

4 Böhm, DuD 1993, S. 267; dabei ist auch zu erwägen, welche Stellen zur Anordnung, Durch-führung und Speicherung befugt sein sollen, siehe für den Strafprozeß: Wächtler, Strafverteidiger 1990, S. 372; BLAG, S. 132 mit Hinweis auf § 87 II StPO als Vorbildnorm

Teil C   Regelungsbedarf

Die bisherige Darstellung hat neben einer spezifischen Problemtopographie in den verschiedenen Lebens- und Rechtsbereichen, in denen die Genomanalyse eine Rolle spielen kann, gezeigt, daß diese Bereiche datenschutzrechtlich durch ein Konglomerat von ungeschriebenem Recht (etwa im Bereich der ärztlichen Schweigepflicht), von Richterrecht mit datenschutzrechtlichem Einschlag (etwa im Arbeitsrecht), von bereichsspezifischen Datenschutzregeln (etwa im Sozialversicherungsrecht) oder durch Teilregelungen in den Datenschutzgesetzen (etwa im Arbeitsrecht) geprägt wird.

Ob ein Bedarf besteht, aufgrund der Existenz naturwissenschaftlicher Methoden wie der DNA-Analyse weitere gesetzliche Regelungen zu schaffen, hängt davon ab, ob und inwieweit die bisher bestehenden Normierungen die rechtlichen Auswirkungen dieser Methoden bereits erfassen.

Dies kann letzlich nur anhand des Verhältnisses zu jenen Normen beurteilt werden, die den höchsten Rang haben. Damit ergibt sich die Relevanz des verfassungsrechtlichen informationellen Selbstbestimmungsrechts. Im Rahmen einer verfassungsrechtlichen Prüfung fragt sich, ob ein ungerechtfertigter Eingriff in das ISR vorläge, wenn man die bestehenden Regeln auf Daten aus DNA-Analysen anwenden würde.

Wäre dies so bejahen, so fragt sich weiter, welche Regelungen geschaffen werden könnten, um bestehenden Rechtfertigungsbedarf abzudecken.

Dabei könnte sich ergeben, daß einige der oben gestellten Fragen zur Zulässigkeit des technisch Machbaren schon aus grundrechtsdogmatischer Sicht zu verneinen sind oder der autonomen Entscheidung des Betroffenen anheimgestellt bleiben.

I. Der Schutzbereich des informationellen Selbstbestimmungsrechts

1. Persönlicher Schutzbereich

a) Vor der Geburt

Als gesetzliche Konkretisierung des ISR [1] gibt das Datenschutzrecht und als dessen grundsätzliche Auffangregelung [2] das BDSG [3] Auskunft darüber, wann ein Umgang mit Daten i.S.d. ISR vorliegt. Die Orientierung am BDSG kann indes nur ein, wenn auch wertvolles, Hilfsmittel sein, um Eingriffe in den Schutzbereich des ISR zu beurteilen. Geht man davon aus, daß das BDSG kein den Schutzbereich gestaltendes Gesetz ist, so bleibt auch nach der nun folgenden Prüfung ein Bereich offen, in dem eine Schutzbereichsverletzung theoretisch möglich ist, auch ohne daß das BDSG anwendbar wäre [4]. Im Schrifttum wird häufig mitgeteilt, genetische Informationen seien problemlos als personenbezogene Daten anzusehen, ohne daß der Begriff definiert oder das BDSG erwähnt wird [5].

Bei einer Beurteilung der DNA-Analyse und ihrer Eingriffsqualität aus datenschutzrechtlicher Sicht ist indes eine Definition und Subsumtion des Begriffs "personenbezogene Daten", wie er im Volkszählungsurteil angesprochen wird, unerläßlich.

Als eine Anwendungsvoraussetzung des BDSG definiert es in §§ 1 II, 3 I, was personenbezogene Daten sind, als "Einzelangaben über persönliche oder sachliche Verhältnisse einer bestimmten oder bestimmbaren natürlichen Person". Einzelangaben

---

1 So Tinnefeld/Ehmann, S. 32; siehe auch § 1 I BDSG
2 Tinnefeld/Ehmann, S. 39
3 Siehe dazu, daß die Definitionen in anderen Datenschutzgesetzen weitgehend gleichlautend sind: Ordemann/Schomerus, § 3, 17.
4 Siehe dazu BVerfGE 78, 77 (84): "Die Möglichkeiten und Gefahren der automatisierten Datenverarbeitung haben zwar die Notwendigkeit eines Schutzes persönlicher Daten deutlicher hervortreten lassen, sind aber nicht Grund und Ursache ihrer Schutzbedürftigkeit. Das Recht auf informationelle Selbstbestimmung schützt vielmehr wegen seiner persönlichkeitsrechtlichen Grundlagen generell vor staatlicher Erhebung und Verarbeitung personenbezogener Daten und ist nicht auf den jeweiligen Anwendungsbereich der Datenschutzgesetze des Bundes und der Länder oder datenschutzrelevanter gesetzlicher Sonderregelungen beschränkt"; siehe auch Vogelgesang, S. 54 f. m.w.N. ; Scholz/Pitschas, S. 145
5 Siehe etwa: Angela Schmidt, S. 120, Fn 234; anders Cramer, S. 184 f., der vor der Mitteilung des gleichen Ergebnisses kurz unter eine Definition subsumiert

sind Informationen, die sich auf eine bestimmte, einzelne, natürliche Person beziehen oder geeignet sind, einen Bezug zu ihr herzustellen [1]. Fraglich könnte sein, ob zu den natürlichen Personen i.S.d. § 3 I BDSG der Nasciturus gehört [2]. Dies hängt davon ab, ob ihm bereits die Schutzfunktion des ISR zur Seite steht. Damit könnte es um die Frage des zeitlichen Beginns einer Grundrechtsträgerschaft gehen. Sie kann frühestens dann einsetzen, wenn das menschliche Leben beginnt. Dies ist naturwissenschaftlich gesehen mit der Verschmelzung der beiden Vorkerne der Fall, die etwa 20 Stunden nach der Befruchtung erfolgt und die Zygote hervorbringt [3]. Anders kann jedoch die juristische Einordnung ausfallen, die lediglich nach der Schutzwürdigkeit des existenten Lebens fragt. So ist nach Ansicht des BVerfG vom 14. Tage nach der Empfängnis an eine Schutzpflicht des Staates gegenüber dem Embryo zu bejahen. "Jeder" i.S.d. Art. 2 II S. 1 GG sei folglich auch das ungeborene Leben [4].

Als vorgeburtliche Zeitpunkte diskutiert werden im Schrifttum die Verschmelzung der beiden Vorkerne [5], die Nidation, die als Einnistung der Zygote in die Gebärmutter am 13. bis 14. Tag abgeschlossen ist [6], oder die Individualisierung, bei der unmittelbar nach der Nidation die Möglichkeit der Mehrlingsbildung verlorengeht [7].

Sieht man von einer noch nicht anwendungsreifen Methode der Präimplantationsdiagnostik ab [8], so liegen die diskutierten Zeitpunkte vor dem frühestmöglichen Zeitpunkt einer erstmaligen DNA-Analyse, wie er durch die Chorionbiopsie ab der achten Woche nach der Empfängnis und durch die noch in der Erforschung befindliche Isolation fetaler Zellen aus dem mütterlichen Blut [9] ab der neunten Woche nach der Empfängnis definiert wird. Damit ist zum Zeitpunkt einer frühestmöglichen DNA-Analyse nach allen genannten Meinungen ein Grundrechsschutz für den Embryo denkbar. Dennoch ist nicht gleichzeitig gesagt, daß von diesem Zeitpunkt an eine Grundrecht-

---

1 Ordemann/Schomerus, § 3, 2.2
2 Bejahend, speziell in Bezug auf Genomanalysen, jedoch ohne Begründung: Bergmann/Möhrle/Herb, § 3, Rn 6; verneinend: Auernhammer, § 3, Rn 6
3 Siehe die Nachweise bei: Angela Schmidt, S. 85, Fn 67
4 BVerfGE 39, 1 (37)
5 Siehe Spiekerkötter, S. 39; Angela Schmidt, S. 85, Fn 67
6 Spiekerkötter, S. 41; Vollmer, S. 76; Angela Schmidt, S. 86, Fn 68
7 Coester-Waltjen, FamRZ 1984, S. 235; Hofmann, JZ 1986, S. 259
8 Siehe dazu die Darstellung in Teil B, I 1 c
9 Siehe dazu oben Teil A, III 2

strägerschaft im Sinne der Innehabung subjektiver Rechte vorliegt. Das BVerfG ließ in Bezug auf Art. 2 II S. 1 GG denn auch offen, ob sich der Grundrechtsschutz aus dieser Variante oder aus der objektivrechtlichen Komponente der Grundrechte ergibt [1]. Auch wenn dies einen Widerspruch zu seiner übrigen Rechtsprechung bedeuten mag [2], so erscheint es nicht notwendig, eine Entscheidung herbeizuführen, denn nur, wenn keine dieser Varianten nutzbar wäre, würde man den Nasciturus der Schutzfunktion des ISR als entzogen ansehen müssen [3].

Fraglich bleibt aber, ob und inwieweit dieser Schutz, der in Rechtsprechung und Literatur anhand des Art. 2 II S. 1 GG entwickelt wurde [4], auf andere Grundrechte, insbesondere das ISR, übertragbar ist. Dies könnte der Fall sein, wenn es zwischen Art. 2 II S. 1 GG und solchen Grundrechten Parallelen gäbe, deren gleichartige Struktur zu einer Übertragung berechtigten. Ein Element dieser Struktur könnte der staatliche Sicherungs- und Schutzauftrag sein, der in Rechtsprechung und Literatur vor allem aus der objektivrechtlichen Deutung der Grundrechte abgeleitet wird [5]. Diese Deutungstendenzen finden sich auch bezüglich anderer Grundrechte als Art. 2 II S. 1 GG, etwa in Art.

---

1 BVerfGE 39, 1 (41); 88, 203 (251)

2 So Vollmer, S. 84 f.; Angela Schmidt, S. 100

3 Außerdem ergeben sich für beide Varianten ähnliche Lösungsstrukturen, worauf Kluth, ZfP 1989, S. 120, und Angela Schmidt, S. 100, hinweisen. Schmidt entscheidet letztendlich für das Vorliegen eines subjektiven Rechts, denn "wenn der Ungeborene "jeder" im Sinne der Verfassung ist, dann ist es folgerichtig und logisch zwingend, dem Embryo das subjektive Recht auf Leben zu gewähren". Siehe auch bereits Vollmer, S. 84 f., die der Ansicht ist, daß sich eine subjektive Grundrechtsträgerschaft schon aus der Bejahung einer subjektbezogenen Schutzpflicht ableite: "Es mutet inkonseqent an, soll jeder einzelne Embryo durch den Staat vor Eingriffen Dritter geschützt werden, wenn der Embryo sich nicht gegen die gleichen Eingriffe, werden sie vom Staat begangen, aus eigenem subjektiven Recht zur Wehr setzen kann". Diese Auffassung verkennt aber wohl den großen Spielraum des Gesetzgebers bei der konkreten Ausgestaltung seiner Schutzpflicht, so daß der Syllogismus nicht ganz zulässig erscheint; siehe zu diesem Spielraum: BverfGE 52, 131 (168 f.), aber auch 88, 203 (254 ff.)

4 BVerfGE 39, 1 (41); 88, 203 (251); Hesse, Rn 350 m.w.N.

5 BVerfGE 7, 198 (205); 39, 1 (41 f.); 46, 160 (164 f.); 49, 89 (141 f.); 53, 30 (57); 56, 54 (73); 65, 1 (45 f.); 79, 174 (201 f.); 88, 203 (222, 254 f.); Hesse, Rn 290, 349 ff.; MDH, Art. 2 II, Rn 22; von Münch/Kunig, Art. 2, Rn 40; Pieroth/Schlink, Rn 93 f.; Stern, Staatsrecht III/1, S. 931 m.w.N.; v. Mangoldt/Klein/Starck, Art. 2 I, Rn 115; AK-Denninger, vor Art 1, Rn 33; MDH, Art. 1 I, Rn 3

5 III [1], Art. 6 I [2], Art. 7 IV [3] und Art. 12 I [4]. Den Gedanken einer Schutzpflicht formulierte das BverfG bereits früh in Anlehnung an Art. 1 I S. 2 GG als "Schutz gegen Angriffe auf die Menschenwürde" [5]. Auch wenn in jüngeren Entscheidungen häufig allgemein auf die objektivrechtliche Ausstrahlung der Grundrechte Bezug genommen wird [6], ist die Menschenwürde als Transformator von Schutzpflichten damit nicht obsolet geworden. Gerade bei den Entscheidungen zu Art. 2 II S. 1 GG und zum Persönlichkeitsrecht zeigt sich die Betonung dieser Ableitung [7]. Danach gebührt dem allgemeinen Persönlichkeitsrecht "Schutz von seiten aller staatlichen Gewalt" [8]. Insgesamt kann bezüglich der Annahme von Schutzpflichten mittlerweile von einem für alle Grundrechte geltenden Grundsatz gesprochen werden [9].

Damit müssen auch in Bezug auf das ISR Schutzpflichten existieren [10]. Die im Volkszählungsurteil dem Gesetzgeber auferlegten Organisations- und Verfahrens-vorkehrungen sind zugleich Beleg und Auswirkung des objektiven Gehalts des ISR. Folglich kann aus diesem Gehalt, wie bei anderen Grundrechten auch, eine Schutzwirkung erwachsen [11]. Dies gilt umso mehr, als der Menschenwürdegehalt beim ISR besonders deutlich zutage tritt. Daher könnte sich die Schutzwirkung des ISR grundsätzlich auch auf den Nasciturus erstrecken.

Andererseits könnte dem aber die Eigenart des ISR entgegenstehen. Im Gegensatz zur Qualität des Lebens, wie sie im Rahmen des Art. 2 II S. 1 GG als biologisch determiniert betrachtet wird, erscheint Selbstbestimmung als Teil der Persönlichkeit, von der sich behaupten ließe, daß sie vor der Geburt mangels sozialer Entfaltungs-

---

1 BVerfGE 55, 37 (68)
2 BVerfGE 6, 55 (76); 52, 357 (365)
3 BVerfGE 75, 40 (62 f.)
4 BVerfGE 81, 242 (255)
5 BVerfGE 1, 97 (104)
6 BVerfGE 49, 89 (142); 53, 30 (57); 56, 54 (73); 66, 39 (59)
7 Siehe zum Persönlichkeitsrecht: BVerfGE 7, 198 (205); 35, 202 (221); 63, 131 (142 f.); 73, 118 (201); siehe zu Art. 2 II S. 1: BVerfGE 39, 1 (41); 88, 203 (251 ff.); siehe speziell zum ISR auch Auernhammer, § 3, Rn 6
8 BVerfGE 34, 269 (281 f.); 65, 1 (44)
9 Stern, Staatsrecht III/1, S. 944
10 Siehe dazu BVerfGE 65, 1 (44)
11 AK-Podlech, Art. 2 I, Rn 84; Gallwas, Der Staat 1979, S. 513; zu den verschiedenen Kompo-nenten objektivrechtlicher Ausstrahlungswirkung siehe: Stern, Staatsrecht III/1, S. 922

möglichkeiten des Embryos nicht beachtlich sei [1]. Das gilt umso mehr, wenn man als Bedingung der Menschenwürde die Leistung des Individuums ansieht. Danach kann sich Würde erst durch die persönliche Teilhabe des einzelnen am sozialen Kommunikationsprozeß konstituieren [2].

Daraus würde aber auch folgen, daß zumindest für einen gewissen Zeitraum nach der Geburt der Grundrechtsschutz zweifelhaft wäre. Ein Unterschied zwischen einem einmonatigen Säugling und einem Embryo einen Monat vor seiner Geburt ist aber für diese Beurteilung kaum ersichtlich. Das allgemeine Persönlichkeitsrecht setzt lediglich "die Existenz einer potentiell oder zukünftig handlungsfähigen Person" voraus [3] und kann damit auch auf den Embryo Anwendung finden.

Maßgebend ist dabei der Menschenwürdegehalt des ISR. "Wo menschliches Leben existiert, kommt ihm Menschenwürde zu; es ist nicht entscheidend, ob der Träger sich seiner Würde bewußt ist oder sie selbst zu wahren weiß" [4]. Weil das Persönlichkeitsrecht seinen Menschenwürdegehalt nicht lediglich mit sich trägt, sondern um seinetwillen geboten ist [5], muß es schon beim geborenen Menschen den Schutz dort ansetzen lassen, wo Entfaltungsmöglichkeiten nur potentiell bestehen [6]. Sonst würde der Menschenwürdegedanke seiner Funktion als Gleichheitsgewährleistung von Selbstbestimmung [7] beraubt. Menschen, die es aufgrund biologischer oder sozialer Umstände nicht geschafft haben, sich differenziert zu entfalten, könnten sich andernfalls nicht in gleicher Weise auf Art. 1 I GG berufen [8]. Wenn daher beim geborenen Menschen die bloße Möglichkeit der Entfaltung ausreicht, dann muß dies auch für den Ungeborenen

---

1 Vitzthum in Klug/Kriele, S. 131; Angela Schmidt, S. 121. Schmidt will das allgemeine Persönlichkeitsrecht, in dessen Rahmen sie das ISR diskutiert, "gewissermaßen im Vorgriff zur Anwendung gelangen lassen, da Handlungen, die zunächst lediglich den ungeborenen Menschen betreffen, sich später als Verletzung des allgemeinen Persönlichkeitsrechts manifestieren können"; siehe auch AK-Podlech, Art. 1 I, Rn 57

2 Siehe dazu: Luhmann, S. 61 ff.

3 BVerfGE 30, 173 (194); 39, 1 (41 f.)

4 BVerfGE 39, 1 (41 f.), siehe auch Heuermann/Kröger, MedR 1989, S. 172 f. m.w.N.

5 Benda in: Benda/Maihofer/Vogel, S. 112; Schmidt-Glaeser in: Isensee/Kirchhof VI, § 129, Rn 23

6 Jarass, NJW 1989, S. 859

7 Dazu AK-Podlech, Art. 1, Rn 29 ff.

8 Vitzthum, JZ 1985, S. 207; ähnlich Benda in: Benda/Maihofer/Vogel, S. 114 m.w.N.; Häberle in: Isensee/Kirchhof I, § 20, Rn 44

gelten, sofern seine Entfaltungschancen bedroht sind [1]. Das läßt sich überdies aus der statusnegativen Seite des Persönlichkeitsrechts [2] ableiten. Um das Recht auszuüben, "in Ruhe gelassen zu werden" [3], bedarf es keiner aktiven Entfaltung. Dieser Grundsatz wird beim ISR umso deutlicher, als nicht nur die Datenerhebung und Verarbeitung gegen den Willen des Betroffenen, sondern auch diejenige ohne seinen Willen einen Eingriff darstellt [4]. Dies ist aber die Situation des ungeborenen Menschen. Genomanalytisch gewonnene personenbezogene Daten können bereits vor der Geburt erhoben und verarbeitet werden, so daß eine Rechtfertigung bereits zu diesem Zeitpunkt geboten ist [5].

Daher sind solche Daten auch dann als personenbezogen i.S.d. § 3 I BDSG anzusehen, wenn sie sich auf den Nasciturus beziehen.

b) Nach dem Tode

Auch die Daten Verstorbener sind grundsätzlich als geschützt anzusehen. Ob sich dieser Schutz einfachgesetzlich aus Datenschutzgesetzen ergibt, ist strittig [6]. Jedenfalls schützen andere Gesetze den Betroffenen auch nach dem Tode [7]. Das BVerfG geht zwar grundsätzlich von einem Erlöschen des grundrechtlichen Persönlichkeitsrechts

---

1 AK-Podlech, Art. 1 I GG, Rn 56, mit dem Hinweis, daß es auf bestimmte Eigenschaften des Menschen für die Trägerschaft der Menschenwürde nicht ankomme.

2 Siehe dazu: v. Münch/Kunig, Art. 2, Rn 17

3 Siehe dazu: BVerfGE 27, 1 (6); siehe auch BVerfGE 27, 344 (350 f.); 32, 373 (379); 33, 367 (376); 34, 238 (245); 34, 269 (281); 35, 35 (39); 44, 197 (203); 54, 148 (153); außerdem aus dem Schrifttum: Benda in: Benda/Maihofer/Vogel, S. 119 mit Hinweisen auf Ähnlichkeiten im amerikanischen Recht; Jarass, NJW 1989, S. 859; Schmitt Glaeser in: Isensee/Kirchhof VI, § 129, Rn 22

4 AK-Podlech, Art. 2 I, Rn 45, 83; BoKo-Zippelius, Art. 1 I u. II, Rn 89

5 Im Ergebnis ebenso, aber bezüglich der Trägerschaft von Menschenwürde einen Schutz aus der Frage ableitend, ob die Einwirkung auf den Nasciturus eine Mißachtung der Würde des *geborenen* Menschen darstellen würde: AK-Podlech, Art.1 I GG, Rn 57, 53 b, der auf diese Weise einen Teil des hiesigen Argumentationsaufwandes erspart.

6 Dagegen: Ordemann/Schomerus, § 3, 2.10; Dammann in Simitis, § 3, Rn 17; dafür: Bergmann/Möhrle/Herb, § 3, Rn 4 ff.; siehe zum Sozialdatenschutz Verstorbener seit 1.7. 1994: § 35 V SGB I

7 So § 22 KUrhG, siehe dazu auch OLG Frankfurt, RDV 1990, S. 191; § 203 IV StGB im Rahmen der Schweigepflicht; siehe zum entsprechenden Schutz des Arztgeheimnisses auch BGH NJW 1983, S. 2627; BayObLG NJW 1987, S. 1492; Barta, S. 42 f.

mit Todeseintritt aus [1]. Aber es ergibt sich ein Schutz aus dem Menschenwürdeprinzip, das mit zeitlich nachlassender Intensität auch nach dem Tode fortwirkt [2]. In diesem Rahmen kann auch das zivilrechtlich über § 823 BGB geschützte Persönlichkeitsrecht fortwirken. Das bezieht sich sowohl auf den Schutz des Lebensbildes [3], als auch auf die Integrität des Leichnams [4]. Da die Menschenwürde sich auch im ISR wiederfindet, erscheint es als schlüssig, insoweit auch einen nachwirkenden Schutz personenbezogener Daten anzunehmen. Das sollte zumindest dann gelten, wenn es um besonders sensible Daten geht, wie es bei DNA-Analysen regelmäßig der Fall ist [5]. Hinzu kommt die Tatsache, daß DNA-Daten Verstorbener zugleich Daten über die noch lebenden Angehörigen enthalten können, so daß schon aus diesem Grunde ein nachwirkender Schutz unentbehrlich ist [6].

c) Ergebnis

Aus DNA-Analysen gewonnene Daten des Nasciturus sind personenbezogen und unterfallen damit dem Schutzbereich des ISR. Auch nach dem Tode eines Menschen können dessen Daten grundsätzlich vom ISR geschützt sein, insbesondere, soweit sie Bezug zu den noch lebenden Angehörigen aufweisen.

2. Sachlicher Schutzbereich

In der Literatur wurde wohl zuerst durch Steinmüller [7] und Mallmann [8] definiert, welchen Schutzbereich das ISR haben kann: "Die Privatsphäre ist zu verstehen als das

---

1 BVerfGE 30, 173 (194); befürwortend: Ordemann/Schomerus, § 3, 2.10
2 AK-Podlech, Art. 1 I GG, Rn 59; BGH NJW 1990, S. 1986 f.; MDH, Art. 1, Rn 23, 26; Auernhammer, § 3, Rn 6
3 BGHZ 50, 133; BGH MDR 1984, S. 997
4 Palandt-Thomas, § 823, Rn 180
5 Bergmann/Möhrle/Herb, § 3, Rn 5, mit der Annahme, die Fortwirkung erstrecke sich auf eine Generation und laufe mithin über einen Zeitraum von 30 Jahren. Siehe auch § 4 I BlnDSG, der Daten Verstorbener einbezieht, "es sei denn, daß schutzwürdige Belange des Verstorbenen nicht mehr beeinträchtigt werden können".
6 Ähnlich AK-Podlech, Art. 1 I GG, Rn 57, 59
7 Gutachten Steinmüller, S. 85 ff., 139
8 Mallmann, S. 47 ff.

lebensnotwendige Recht des einzelnen, zu bestimmen, welche ihn betreffenden Angaben er an wen abgeben bzw. welche er zurückhalten will. Dieses Recht wird als informationelles Selbstbestimmungsrecht bezeichnet. Dies gilt für jede, auch scheinbar belanglose persönliche Angabe; eine inhaltlich orientierte Abgrenzung zwischen privaten und nicht privaten Informationen erfolgt nicht" [1].

Das BVerfG hat im Volkszählungsurteil [2] erstmals eine Beschreibung des Schutzbereiches des ISR gegeben [3], nachdem es zuvor bereits ein Recht auf Selbstdarstellung anerkannt hatte, wonach jeder selbst entscheiden dürfe, wie er sich in der Außenwelt darstellen will [4]. Bestrebungen, im Rahmen einer Verfassungsreform das ISR als Grundrecht in das Grundgesetz aufzunehmen, sind allerdings von der Verfassungskommission abgelehnt worden [5].

Das ISR bleibt damit zunächst eine ungeschriebene spezielle, "unbenannte" [6] durch das BVerfG in seiner Volkszählungsentscheidung anerkannte [7] Ausprägung des allgemeinen Persönlichkeitsrechts aus Art. 2 I i.V.m. Art. 1 I GG [8], das wiederum besondere, engere Tatbestandsvoraussetzungen aufweist, als die allgemeine Handlungsfreiheit aus Art. 2 I GG [9].

---

1 Mallmann, S. 22; siehe zu weiteren Ansätzen die Nachweise bei Vogelgesang, S. 24
2 BVerfGE 65, 1 ff.
3 Steinmüller, DuD 1984, S. 91 f., meinte dazu: "Manches im Urteil liest sich wie ein Destillat aus 15 Jahren zunächst unbeachteter Vorarbeiten".
4 BVerfGE 54, 148 (155); siehe zur Entwicklung der Rechtsprechung und zur Aufspaltung der allgemeinen Handlungsfreiheit durch die Entscheidungen des BverfG in eine "handlungsorientierte" und eine "informationsorientierte Teilsequenz: AK-Podlech, Art 2 I GG, Rn 17 ff.
5 BT-Drs. 12/6000, S. 60 ff. führt im Rahmen des Ablehnungsbeschlusses die verschiedenen Argumente auf; siehe auch DSB-Konferenz vom 28. April 1992, Entschließung zum Grundrecht auf Datenschutz, in: 15. Jahresbericht des LfD Bremen, S. 67; siehe zur bisherigen Situation des ISR als Grundrecht im Bereich der Landesverfassungen und zur Entwicklung auf europäischer Ebene auch Schrader, CR 1994, S. 427 ff.
6 Siehe zu diesem Begriff etwa: Schmidt-Glaeser in: Isensee/Kirchhof VI, § 129, Rn 29
7 BVerfGE 65, 1 ff.
8 So auch die Begründung zur BDSG-Novellierung, BT-Drs. 10/4737, S. 35; siehe die Rechtsprechung des BVerfG zum Persönlichkeitsrecht: BVerfGE 18, 146 (147); 27, 1 (6); 27, 344 (350 ff.); 34, 205 (208 ff.); 32, 373 (378 ff.); 33, 367 (376 ff.); 34, 238 (249 f.); 34, 269 (281); 35, 202 (220); 36, 174 (184 f.); 38, 105 (111); 42, 234 (236 f.); 57, 170 (188 ff.); 44, 353 (372); 54, 138 (153); 54, 208 (217 ff.); 56, 37 (52); 65, 1 (41 ff.); 80, 367 (373 ff.)
9 BVerfGE 54, 148 (153); v. Mangoldt/Klein/Starck, Art. 1 I, Rn 78; v. Münch/Kunig, Art. 2, Rn 32

Aus dem Gedanken der Selbstbestimmung folgt nach Ansicht des BVerfG "die Befugnis des einzelnen, gründsätzlich selbst zu entscheiden, wann und innerhalb welcher Grenzen persönliche Lebenssachverhalte offenbart werden". Aufgrund der technischen Entwicklung bestehe aber die Gefahr der Erstellung von vollständigen Persönlichkeitsbildern, die der Kontrolle des Betroffenen entzogen sein können.

Dieser Gefahr, die bis hin zu einem Grundrechtsverzicht aus Unsicherheit führen könne, stehe der Schutz des Staates gegen "unbegenzte Erhebung, Speicherung, Verwendung und Weitergabe seiner persönlichen Daten" gegenüber. Das durch Art. 2 I i.V.m. Art 1 I GG gewährleistete allgemeine Persönlichkeitsrecht wird aufgrund der der so erkannten Gefährdungslage als eine seiner mehreren Konkretisierungen zum informationellen Selbstbestimmungsrecht transformiert [1].

Das ISR gibt dem einzelnen damit das Recht, grundsätzlich selbst über die Preisgabe und Verwendung seiner Daten zu bestimmen [2].

Es "schützt ... generell vor staatlicher Erhebung und Verarbeitung personenbezogener Daten und ist nicht auf den jeweiligen Anwendungsbereich der Datenschutzgesetze des Bundes und der Länder oder datenschutzrelevanter gesetzlicher Sonderregelungen beschränkt" [3]. Es ist damit schon seiner grundrechtlichen Struktur nach statusnegativ [4] ein an den Staat adressiertes Verbot mit dem Vorbehalt, daß der Umgang mit Daten eines anderen durch dessen Einwilligung oder durch oder aufgrund eines Gesetzes erlaubt werden kann [5]. Dieses Verbot bezieht sich auf alle personenbezogenen Daten

---

1 Podlech entlehnt das Recht auf informationelle Selbstbestimmung aus dem Selbstbestimmungsgehalt des Art. 2 I GG, indem er formuliert: "Heißt Selbstbestimmung der sozialpsychologisch empirisch beschreibbare soziale Interaktionsvorgang, in dem Menschen selbstbewußte Individualität gewinnen, und schützt Art. 2 I die Selbstdarstellungsmöglichkeiten der Bürger, dann ist die wenigstens teilweise eigene Entscheidung darüber, welche Informationen über die eigene Person in die Umwelt, insbesondere darüber, in welche Sektoren der Umwelt gelangen, als Voraussetzung gelingender Selbstdarstellung durch Art. 2 I gewährleistet": AK-Podlech, Art. 2 I GG, Rn 14.

2 BVerfGE 65, 1 ff.; 78, 77 (84)

3 BVerfGE 78, 77 (84)

4 Zu den zwei Ausprägungen des ISR siehe: Geiger, NVwZ 1989, S. 36; siehe auch Degenhart, JuS 1992, S. 361, der auf die gleiche Struktur für das allgemeine Persönlichkeitsrecht hinweist; zur "aktiven Persönlichkeitsentfaltung" im allgemeinen Persönlichkeitsrecht: Brandner, JZ 1983, S. 691; siehe auch Schmidt-Glaeser in: Isensee/Kirchhof VI, § 129, Rn 18, 22

5 Pieroth/Schlink, Rn 438; Schmitt/Glaeser in: Isensee/Kirchhof VI, § 129, Rn 96; Eberle in: Schmidt, S. 94 f.; Gallwas, NJW 1992, S. 2787

und alle Verarbeitungsformen [1]. Daher gibt es "kein bangloses Datum mehr" [2]. Der Schutz beginnt bereits im Vorfeld der Verletzung im Sinne eines Gefährdungsschutzes [3].

3. Ergebnis

Das ISR schützt den einzelnen vor der Erhebung, Offenbarung und Verarbeitung genetischer Informationen, soweit es sich dabei um personenbezogene Daten handelt.

II. Die Zulässigkeit der Erhebung von Daten aus DNA-Analysen durch Grundrechtsverpflichtete i.S.d. Art. 1 III GG

1. Eingriff in das ISR

Jegliche Beschränkung der Verfügungsmacht des einzelnen, selbst über die Erhebung oder die Preisgabe und Verwendung seiner persönlichen Daten zu bestimmen, stellt einen Eingriff in das ISR dar [4], und zwar nicht nur bei der automatisierten Datenverarbeitung [5], sondern bei jeder Form der Verwendung personenbezogener Daten. Dies gilt zunächst für alle Grundrechtsverpflichteten i.S.d. Art 1 III GG. Daher ist in allen Normen, aber auch allen ungeschriebenen Regeln, die dem Staat oder Dritten die Erhebung [6] oder Verarbeitung [7] von persönlichen genetischen Daten erlauben, eine Eingriffsermächtigung in Bezug auf das ISR zu sehen [8]. Maßgebend ist daher, ob es sich bei den Informationen, die durch die DNA-Analyse erhoben oder verarbeitet werden, um personenbezogene Daten handelt.

---

1 BVerfGE 78, 77 (84); Denninger in: Hohmann, S. 133; Simitis in Simitis, § 1, Rn 183 f.
2 BVerfGE 65, 1 (45); Tinnefeld/Ehmann, S. 34
3 BVerfGE 65, 1 (41, 44); 78, 77 ff.; AK-Podlech, Art. 2 I GG, Rn 45; Gallwas, NJW 1992, S. 2787; Simitis, NJW 1984, S. 400, spricht von nicht intendiertem "Anpassungszwang"; Eberle in: Schmidt, S. 94 m.w.N.; Scholz/Pitschas, S. 82 ff.
4 BVerfGE 78, 77 (84); Tinnefeld/Ehmann, S. 34
5 BVerfGE 78, 77 (84)
6 Siehe dazu, daß es sich hierbei um eine Erhebung handelt: Dix, DuD 1993, S. 282
7 Diese Begriffe verwendet das BVerfG in der Entscheidung 78, 77 (84)
8 Zum Gesetzesvorbehalt im Rahmen der Genomanalyse: 14. Tätigkeitsbericht des BfD, S. 104f.

a) Personenbezogene Daten

aa) Der Begriff der "Angabe"

(1) Nur bei finalen Handlungen

Fraglich könnte sein, ob personenbezogene Daten erst dann vorliegen, wenn bestimmte Umstände durch menschliches Tätigwerden einen beurteilbaren, in der Außenwelt hervortretenden Gegenstand mit Informationsgehalt bilden, oder schon dann, wenn eine Grundkonstellation in der Natur existiert, die dies ermöglicht. Stellt also schon das menschliche Blut, die Zelle oder das Chromosom eine Ansammlung personenbezogener Daten dar oder ist erst das Analyseergebnis als Datum anzusehen ? Versteht man das Wort "Angabe" als Ausdruck menschlicher Transformation seiner Sinneseindrücke mit einem finalen Element [1], so wäre zum Beispiel erst der Fingerabdruck auf der Karteikarte oder dem elektronischen Datenträger ein personenbezogenes Datum. Ebenso verhielte es sich bei jenen Angaben, die einen noch stärkeren Einschlag menschlicher Vorarbeit aufweisen, wie bei Blut-, Chromosomen- oder DNA-Analysen. Erst die durch Menschenhand geschaffene Konkretisierung in Form von Aufzeichnungen, Filtern, Fotos usw nach bestimmten Kriterien würde die Definition erfüllen.

Demnach wären Blutspuren, Spermaflecken, Haare und irgendwo haftende Fingerabdrücke für sich gesehen keine persönlichen Daten, so daß auch das Blut an sich und die Zellen an sich diesen Begriff nicht tragen könnten. Mit dieser Sichtweise wäre es nicht vereinbar, die bloße Existenz von Außenweltfaktoren als personenbezogenes Datum einzuordnen, also etwa Größe, Gewicht [2] oder Augenfarbe. Diese Merkmale würden erst von der Definition erfaßt, wenn sie in einen Kreations- oder Kommunikationsakt [3] integriert würden, sei es durch Mitteilung, Aufbewahrung entsprechender Hinweise, Aufzeichnen, Messen, Analysieren oder ähnliches [4].

Versteht man unter Angabe dagegen lediglich ein bereits existentes Phänomen, dessen

---

1 So Dammann in Simitis, § 3, Rn 5
2 Dammann in Simitis, § 3, Rn 11
3 Auernhammer, § 3, Rn 3
4 Dammann in Simitis, § 3 Rn 5

Existenz unabhängig von menschlicher Kommunikation für sich spricht, so könnte man Fingerabdrücke, Blut, Zellen, Chromosomen und DNA als personenbezogene Datenbestände ansehen [1]. Dagegen spricht aber der Schutzzweck des BDSG und des ISR. Das Gesetz will den Umgang mit personenbezogenen Daten regeln, um die aus diesem Umgang für das informationelle Selbstbestimmungsrecht sich ergebenden Gefahren zu bewältigen [2]. Dieser Umgang geht aber stets auf menschliches Handeln zurück.

Demnach können erst durch menschliche Kreations- und Kommunikatiosakte wie Fingerabdrücke [3], Aufzeichnungen, Fotos [4], Fahrtenschreiber [5], Röntgenbilder [6] und ähnliches entstandene Daten als personenbezogen angesehen werden [7]. Damit gilt: die Beobachtung des Phänotyps kann Daten erzeugen, weil zwischen der Existenz des Merkmals: "braune Augen" bei A und dessen Wahrnehmung ein menschlicher, geistiger Prozeß liegt. Phänotypisch erkennbare Merkmale können also unproblematisch personenbezogene Daten werden [8].

Auf Chromosomenebene können mit Hilfe einer menschlichen Zelle und eines Mikroskops Aussagen über Anomalien oder umgekehrt über das Nichtvorliegen von Anomalien gemacht werden. Die Zelle als Informationsträger ist damit geeignet, nach menschlicher Wahrnehmung und ihrer intellektuellen Verarbeitung oder Dokumentation einen Bezug zum Gesundheitszustand [9], also über persönliche Verhältnisse eines einzelnen Menschen herzustellen.

Bei den Genprodukten im Blut verhält es sich ähnlich. Wird das Blut analysiert, so können je nach Analysemethode Aussagen über bestimmte Eigenschaften des individuellen Gen-Wirkprozesses gemacht werden (s.o.). Spätestens der Befund enthält dann personenbezogene Daten des Patienten.

---

1 Simon spricht bei Tatortspuren von "latent personenbezogenen" Daten, räumt aber ein, daß "spätestens" durch die Zuordnung ein "Eingriff in das Recht auf informationelle Selbst bestimmung"vorliege, MDR 1991, S. 11; Gutachten Simon, S. 143
2 Ordemann/Schomerus, § 1, 3.1; Simitis in Simitis, § 1, Rn 188 m.w.N.
3 VG Wiesbaden, DVBl 1981, S. 790
4 VG Hamburg, DuD 1981, S. 57
5 Siehe BAG, RDV 1988, S. 197
6 LG Göttingen, NJW 1979, S. 601
7 So auch Tinnefeld/Ehmann, S. 83
8 Dammann in Simitis, § 3, Rn 10 f.
9 Ordemann/Schomerus, § 3, 2.4; Bergmann/Möhrle/Herb, § 3, Rn 14 f.

(2) Bandenmuster der DNA-Analyse als "Angabe"

Daß DNA-analytisch gewonnene genetische Informationen personenbezogene Daten sind, wird im Schrifttum teilweise ohne [1], teilweise mit Begründung [2] angenommen. Demnach sei bezüglich des genetischen Fingerabdrucks, wie er für Individualisierungszwecke erstellt wird, das Bandenmuster "eine Form molekulargenetischer Darstellung einer Person" [3]. Diese Darstellung erfolgt bei DNA-Analysen durch Färbung oder radioaktive Markierung, die anschließend als Autoradiographie auf einem Röntgenfilm festgehalten werden kann [4]. Durch die Autoradiographie könne das Muster dauerhaft fixiert werden und wirke insoweit als Angabe in Bezug auf eine Person [5]. Die wichtigste Informationsquelle im DNA-Bandenmuster stellen einzelne Strukturen dar. Durch die Betrachtung von Einzelbanden im codierenden Bereich können bei direkter und indirekter DNA-Analyse Aussagen zu genetischen Dispositionen getroffen werden [6]. Beim genetischen Fingerabdruck ist dies denkbar, wenn im codierenden Bereich [7] oder im nicht-codierenden Bereich SL-Sonden eingesetzt werden [8]. Bei der Individualisierung mittels Satellitensonden ergeben sich Informationen durch Vergleich als Ja-Nein-Entscheidung bezüglich Täter- oder Vaterschaft [9].

Damit sind die Einzelstrukturen von DNA-Bandenmustern grundsätzlich als Daten i.S.d. § 3 I BDSG anzusehen.

(3) Bandenmuster als "Ganzes"

Reichelt hinterfragt aber, ob nicht mehr zu fordern wäre, nämlich, daß Informationen "über" eine Person gewonnen werden können. Dies sei bei Betrachtung des

---

1 Tinnefeld/Ehmann, S. 83, 8 ff.; Bergmann/Möhrle/Herb, § 3, Rn 15; Gretter, ZRP 1994, S. 25; Angela Schmidt. S. 120, Fn 234
2 TAB 1993, S. 163 f.; Gutachten Simon, S. 142 f.; Reichelt, S. 97
3 Siehe die vorhergehende Fn
4 Reichelt, S. 39
5 Reichelt, S. 97
6 Siehe die Darstellung oben, Teil A, III 4; Reichelt, S. 98 ff.
7 Dix, DuD 1993, S. 281; Keller, NJW 1987, S. 2289; BLAG, S. 137 ff.
8 Böhm, DuD 1993, S. 267; Reichelt, S. 100 f. m.w.N. und dem Hinweis, daß solche Überschußinformationen durch Einsatz "neutraler" Sonden ausgeschlossen werden können
9 Böhm, DuD 1993, S. 266; Reichelt, S. 46, 97, 102

Bandenmusters als Ganzem für den genetischen Fingerabdruck kaum möglich, weil es an einem Aussagegehalt fehle [1]. Ob sich mit dieser Sichtweise an der Beurteilung etwas ändert, erscheint zweifelhaft. Ihr liegt nicht die Beachtung des gesamten Wortlauts aus § 3 I BDSG zugrunde. Danach ist lediglich nötig, daß Angaben über Verhältnisse des Betroffenen vorliegen, nicht über den Betroffenen. Diese Verhältnisse können persönlicher oder sachlicher Natur sein. Eine solche Angabe liegt schon dann vor, wenn es um Daten geht, die Informationen in Bezug auf den Betroffenen, also persönliche Verhältnisse, oder einen auf ihn beziehbaren Sachverhalt, also sächliche Verhältnisse, enthalten [2]. Zu den sächlichen Verhältnissen gehören auch Angaben, die der Identifizierung einer Person dienen, "ohne im übrigen irgend etwas über sie auszusagen" [3].

So geben etwa Fingerabdrücke an, "welche unveränderlichen Kennzeichen eine bestimmte Person im Fingerspitzenbereich aufweist" und sind damit "personenbezogene Daten" [4]. Ähnlich wie bei graphischen Darstellungen, Fahrtenschreibern [5] oder Fotos [6] bedarf es keiner Detailbetrachtung, um in ihnen eine Sachverhaltsdarstellung mit eigenem Aussagegehalt zu erkennen, und sei es auch nur, daß die Darstellung der "Individualität einer Person" vorliegt [7]. Nichts anderes gilt für das Bandenmuster als "Ganzes", das folglich als Datum i.S.d. BDSG anzusehen ist. Ob es sich um ein Datum mit Personenbezug handelt, wenn der Urheber des Bandenmusters unbekannt ist, hängt von anderen, nun folgenden Erwägungen ab.

bb) Personenbezug

Ist ein Personenbezug nicht gegeben, so könnte man mangels Vorliegen der Daten-Definition des BDSG i.S.d. § 3 I an einem Eingriff in das ISR zweifeln. In der Praxis ist dieser Fall denkbar in all den Anwendungen, bei denen Spuren unbekannter Herkunft

---

1 Reichelt, S. 98
2 Auernhammer, § 3, Rn 5; Ordemann/Schomerus, § 3, 2.3
3 Dammann in Simitis, § 3, Rn 10
4 VG Wiesbaden, DVBl. 1981, S. 788 (792); ebenso Schaffland/Wiltfang, § 3,
   Rn 5; Ordemann/Schomerus, § 3, 2.4
5 Siehe dazu BAG, RDV 1988, S. 197 (198 f.)
6 Grundsätzlich bejahend: VG Hamburg, DuD 1981, S. 57
7 Daß sie in einem genetischen Bandenmuster als "Ganzem" vorliegt, räumt Reichelt selbst ein:
   S. 97

untersucht werden. Ein Eingriff wäre erst dann mit Sicherheit zu bejahen, wenn feststünde, daß eine bestimmte Person die untersuchten Spuren hinterlassen hat, wenn also ein Vergleich der Bandenmuster zwischen gefundener Spur und ermittelter Person Identität ergäbe.

Vorher fände an der Spur nur dann eine Datenerhebung, -verarbeitung oder -nutzung statt, wenn man die gesuchte Person als bestimmbar i.S.d. § 3 I BDSG bezeichnen könnte.

Wäre dies nicht der Fall, so wäre die Anfertigung genetischer Analysen aus Spurenmaterial bis zum Zeitpunkt des Identitätsnachweises materiell nicht rechtfertigungsbedürftig [1].

Sofern Bandenmuster, ob als "Ganzes" betrachtet oder im Detail, zunächst keiner Person zugeordnet werden können, ist dies kein Sonderproblem, sondern es verhält sich ebenso, wie bei allen anderen Verhältnissen, bei denen der Personenbezug fehlt. Er fehlt, wenn die Person, auf die sich das Datum bezieht, nicht bestimmbar ist. Das wiederum ist nur dann nicht mehr der Fall, wenn Unmöglichkeit vorliegt oder der dazu nötige Aufwand unverhältnismäßig wäre [2]. In der ersten Variante würde man nicht mehr von Einzelangaben sprechen können [3].

Zweifelhaft ist für die zweite Variante, ob das Merkmal der Verhältnismäßigkeit des Aufwands ein akzeptables Abgrenzungsmerkmal sein kann. Dies ergibt ein Vergleich mit dem Begriff des Anonymisierens, wie er in § 3 VII BDSG definiert ist. Dabei handelt es sich nicht um einen Komplementärbegriff zum personenbezogenen Datum [4]. Vielmehr wird in der Literatur darauf verwiesen, daß bei einer Anonymisierung nach § 3 VII, 2. Alternative BDSG der Personenbezug erhalten bleibt [5], obgleich eine Zuordnung dann nur noch mit unverhältnismäßig großem Aufwand möglich sein kann. Wenn aber bei solchen Daten der Personenbezug erhalten bleibt, dann erschiene es

---

1   Daran würde sich auch nichts dadurch ändern, daß es zum Vergleich nötig ist, beim jeweils Betroffenen eine weitere Analyse durchzuführen, die ihrerseits einen Eingriff in das ISR darstellen würde, denn dieser Eingriff läge zwar vor der Identifikationsmaßnahme selbst, aber ebenfalls nach der ersten Spurenanalyse.

2   Ordemann/Schomerus, § 3, 2.8; Bergmann/Möhrle/Herb, § 3, Rn 11; Schaffland/Wiltfang, § 3, Rn 17

3   Ordemann/Schomerus, § 3, 2.2

4   Dammann in Simitis, § 3, Rn 23

5   Auernhammer, § 3, Rn 47; Dammann in Simitis, § 3, Rn 202

merkwürdig, wenn bei Daten, die zuvor keinem künstlichen Anonymisierungprozeß unterworfen wurden, sondern bereits bei einem originären Zuordnungsversuch nur mit unverhältnismäßig großem Aufwand zugeordnet werden könnten, dieser Bezug als nicht gegeben angesehen werden müßte, mit der Folge, daß dies keine personenbezogenen Daten sein könnten.

Hier kann nur eine Abgrenzung helfen, die sich an der objektiven Möglichkeit orientiert [1]. Ist eine Identifizierung unmöglich, so muß auch der Personenbezug fehlen, ist sie möglich, so muß auch eine Bestimmbarkeit vorliegen. Der Begriff der Möglichkeit ist dabei angesichts des grundrechtlichen Schutzgutes, daß auch einem Gefährdungsschutz unterliegt, weit auszulegen. Er muß daher auch theoretische Möglichkeiten umfassen.

Genetische Bandenmuster von Spuren unbekannter Herkunft können aufgrund der heute bekannten Techniken problemlos identifiziert werden, wenn der Urheber der Spur bekannt ist [2] und die Spur in Quantität und Qualität ausreichend ist. Ist dies nicht gegeben, so hängt es im konkreten Fall davon ab, wie groß das Wissen über den in Betracht kommenden Personenkreis ist. Mängel im Spurenmaterial können zwar durch die PCR-Methode aufgefangen werden, dies wird aber von einer Abnahme der Verursacherwahrscheinlichkeitbegleitet[3], was die praktischen Chancen einer tatsächlich erfolgenden Bestimmung vermindert. Dies genügt indes häufig wenigstens dem Erfordernis, Tatverdächtige vom Verdacht zu befreien [4]. Unabhängig von einer Bewertung des Aufwands ist aber festzustellen, daß es zumindest theoretisch möglich ist, durch Vergleiche mit den in Betracht kommenden Personen, sei deren Zahl auch

---

1 Ähnlich Dammann in Simitis, § 3, Rn 38
2 Rademacher, S. 10 m.w.N., spricht von einer Wahrscheinlichkeit von 1: 300 Milliarden; Keller, JZ 1993, S. 104, weist darauf hin, daß "sich die Merkmale einer Spur statistisch unter der gesamten Erdbevölkerung nicht wiederholen"; Kimmich/Spyra/Steinke, NStZ 1990, S. 318 sprechen der DNA-Analyse die Möglichkeit des "sicheren Nachweis, daß eine Blutspur von einem ganz bestimmten Menschen stammt" zu; siehe auch Steinke, NJW 1987, S. 2914 bezüglich Spurenanalysen; ähnliches gilt im übrigen auch für den Anwendungsbereich der Vaterschaftsfeststellung, wo Wahrscheinlichkeitswerte von über 99 % zu erzielen sind: Reichelt, S. 71
3 Keller, JZ 1993, S. 104; Brinkmann/Wiegand, Kriminalistik 1993, S. 192; siehe auch BGH, JZ 1993, S. 102 f., wonach eine Verurteilung allein aufgrund einer PCR-Analyse nicht möglich ist; zur Meßpräzision vergleiche Bässler/Eperspächer/Linder/Pflug, AfK 1993, S. 89 f., wonach "hinsichtlich der Zuornung von Tatverdächtigen keinerlei Probleme" erkennbar seien, S. 95
4 Siehe hierzu die Beispiele bei Brinkman/Wiegand, Kriminalistik 1993, S. 193 ff.

noch so hoch, zu einer endgültigen Identifikation zu gelangen. Dies kann möglicherweise auch durch herkömmliche kriminalistische Methoden erfolgen, so daß sich die datenschutzrechtliche Bestimmbarkeit im Einzelfall noch nicht einmal aus einem Abgleich ergeben muß. Daher ist der Urheber unbekannter Spuren durch genetische Individualisierung bestimmbar insofern, als zumindest die theoretische Möglichkeit besteht, seine Identität festzustellen. Aus derlei Spuren erstellte Bandenmuster sind folglich personenbezogene Daten i.S.d. § 3 I BDSG [1].

(1) Fachwissen als Interpretationsgrundlage

Fraglich könnte sein, ob durch die notwendige fachliche Bewertung von Bandenmustern der Kreis der Interpreten nicht so eingeengt wird, daß es am Bezug zwischen Einzelangabe und Person fehlt.
Es reicht aber aus, wenn der Informationsgehalt durch bestimmte Personen erkannt und verwendet werden kann. So ändert etwa eine Codierung oder eine vereinbarte Zeichensprache nichts an der Natur der Daten als personenbezogene [2]. Ausreichend ist die Eignung der Information, einen Personenbezug herzustellen [3].

(2) Prognosedaten

Ein fehlender Bezug wäre aber denkbar, wenn es sich um Prognosedaten handelte. Das sind Informationen über in der Zukunft liegende Verhältnisse [4]. Bei DNA-Analysen kommt ihnen besondere soziale Brisanz zu [5]. Da sich Kenntnisse über künftige gesundheitliche Zustände eines Menschen auch in der Gegenwart auf ihn auswirken können, ändert die Zukunftsbezogenheit nichts an der Zuordnung solcher Daten zu

---

1 Siehe zur verfassungsrechtlichen Zulässigkeit von genetischen Fingerabdrücken an Spurenmaterial: Oberlies, Strafverteidiger 1990, S. 469 ff.; a.A. als hier, jedoch ohne Begründung: Steinke, NJW 1987, S. 2914: "Die Genformel, kein personenbezogenes, sondern anonymisiertes Formeldatum, würde den Datenschutzgesetzen als personenbezogenes Datum nicht unterliegen".
2 Schaffland/Wiltfang, § 3, Rn 13
3 Ordemann/Schomerus, § 3, 2.2
4 Ordemann/Schomerus, § 3, 2.7
5 Siehe oben, Teil A III 4

§ 3 I BDSG [1]. Nach alledem sind genetische Informationen, die aus genomanalytischen Verfahren gewonnen wurden, als personenbezogene Daten i.S.d. § 3 I BDSG anzusehen.

b) Ergebnis

Sowohl die Einzelstrukturen als auch die Bandenmuster als Ganzes, die durch die technischen Verfahren der DNA-Analyse optisch erkennbar werden, stellen personenbezogene Daten dar. Das gilt aufgrund des ihnen innewohnenden Gefahrenpotentials auch für DNA-Analysen von noch nicht identifiziertem, aber identifizierbarem Spurenmaterial.

Zu diesem Ergebnis gelangt man im übrigen ebenfalls, wenn man die Ansicht vertritt, daß ein Ausfüllen des durch das BVerfG verwendeten Begriffs des personenbezogenen Datums durch einfaches Recht wie das BDSG nicht statthaft oder zumindest nicht erforderlich ist, etwa, weil bereits die Begrifflichkeit des BDSG rechtstheoretisch nicht korrekt ist. So ließe sich sagen, daß das BDSG schon nicht zwischen Information im ontologischen Sinne eines Modells von Welt sowie Datum korrekt trennt [2]. Sieht man aber grundrechtlich durch das ISR alle Informationen als Elemente des Schutzbereichs an und sieht man ferner das der DNA-Analyse zugrundeliegende Substrat beziehungsweise das Genom selbst, als Modell seiner selbst, als Information an, so bedarf es keines Rückgriffs auf die Terminologie des BDSG. Interpretiert man im übrigen den Begriff der Daten, so, wie er in den Datenschutzgesetzen verwendet wird, in dem Sinne ,daß er auch Informationen beinhaltet, so gilt das gleiche [3].

c) Erhebung, Verarbeitung oder Nutzung von Daten bei der DNA-Analyse

Auch die im Volkszählungsurteil genannten Begriffe der Erhebung und Verarbeitung sowie der Begriff der Nutzung werden durch das BDSG legaldefiniert. Während § 1 I den Zweck des BDSG damit umschreibt, den einzelnen vor einer "Beeinträchtigung"

---

1 So allgemein zu Zukunftsdaten: Dammann in Simitis, § 3, Rn 51; Ordemann/schomerus, § 3, 2.7
2 Vergleiche dazu DIN 44300-1 Informationsverarbeitung, Allgemeine Begriffe, Nr. 1.1.1 (Information), 2.1.13 (Daten).
3 Siehe zur Unterscheidung zwischen Handlung und Information sowie den daraus resultierenden Zusammenhängen: AK-Podlech, Art. 2 I GG, Rn 41 ff. m.w.N.

seines Persönlichkeitsrechts durch den "Umgang" mit seinen personenbezogenen Daten zu schützen, definiert § 3 BDSG, was unter "Erheben" (§ 3 IV BDSG) und "Verarbeiten" (§ 3 V BDSG) sowie "Nutzen" (§ 3 VI BDSG) zu verstehen ist. "Erheben" ist danach das "Beschaffen von Daten über den Betroffenen". Vorausgesetzt wird dabei, daß es sich um zielgerichtetes Sammeln von Informationen handelt [1].

Durch ärztliche und andere Untersuchungen und Tests sowie durch Foto- oder Videoaufnahmen können Daten beschafft, also erhoben werden [2]. Auch DNA-analytische Verfahren stellen damit eine Datenerhebung dar. Dies gilt nach den obigen Ausführungen auch für Spuren unbekannter Herkunft, weil nicht gesagt werden kann, daß die "erhaltenen Angaben zu keinem Zeitpunkt einer bestimmbaren Person zugeordnet werden können", denn nur dann schiede ein Erheben mangels Bestimmbarkeit aus [3]. Die Erhebung kann auch mit der Speicherung als eine mehrerer Verarbeitungsphasen i.S.d. § 3 V BDSG zusammenfallen [4]. Eine Speicherung liegt vor, wenn Daten durch Erfassen, Aufnehmen oder Aufbewahren auf einen Datenträger zur weiteren Verwendung oder Nutzung abrufbar gemacht werden [5]. Datenträger ist jedes Medium, auf dem Daten lesbar festgehalten werden können. Dazu zählen selbst "markierte Stäbe oder Knotenschnüre" [6].

Damit genügt etwa die Herstellung eines Gelfilters, eine sichtbare enzymatische Reaktion auf einer Nylonfolie [7] oder einer Autoradiographie, um Daten i.S.d. § 3 V Nr. 1 BDSG zu speichern.

---

1 Ordemann/Schomerus, § 3, 6.2; Tinnefeld, NJW 1993, S. 1117, zählt hierzu auch das "Sammeln von Spuren und Körpergeweben (z.B. zur Herstellung eines >DNA-Fingerabdrucks<)" zählt. Dieses Beispiel paßt allerdings nicht exakt zur oben vorgenommenen Definition der "Angabe" i.S.d. § 3 I BDSG, wonach Spuren und Körpergewebe gerade noch nicht als personenbezogene Daten anzusehen sind. Geht man richtigerweise davon aus, daß eine Erhebung sich stets auf personenbezogene Daten bezieht, so kann sie in diesem Beispiel frühestens mit der Anfertigung des genetischen Fingerabdrucks vorliegen.

2 Bergmann/Möhrle/Herb, § 3, Rn 56; Dammann in Simitis, § 3, Rn 115

3 Dammann in Simitis, § 3, Rn 114

4 Tinnefeld, NJW 1993, S. 1117; Dammann in Simitis, § 3, Rn 122

5 Ordemann/Schmomerus, § 3, 8.1

6 Dammann in Simitis, § 3, Rn 124

7 Siehe zu diesem "Dot-Blot-Verfahren" bei Sequenzpolymorphismen im Rahmen der PCR-Methode: Kimmich/Spyra/Steinke, NStZ 1993, S. 25

Eine Übermittlung [1] liegt vor, wenn i.S.d. § 3 V Nr. 3 BDSG ein Dritter gespeicherte oder durch Datenverarbeitung gewonnene Daten von der speichernden Stelle erhält oder selbst besorgt oder einsieht. Unter den Begriff fällt nicht nur die Weitergabe eines Datenträgers selbst [2], sondern auch die schriftliche oder mündliche Wiedergabe seines Inhalts [3]. Eine Übermittlung liegt damit schon dann vor, wenn Analyseergebnisse mündlich oder schriftlich einem Dritten bekanntgegeben werden oder, bei DNA-Analysen, ein Dritter die Filter, Folien oder Autoradiographien erhält.

Denkbar ist auch, daß genetische personenbezogene Daten genutzt werden i.S.d. § 3 VI. Der Begriff der Nutzung ist neu in das BDSG integriert worden, um einen Auffangtatbestand für den Fall zu schaffen, daß die Verwendung personenbezogener Daten keiner Verarbeitungsphase zugeordnet werden kann [4]. Als Beispiele werden genannt die Veröffentlichung von Daten, deren Abgleich oder Bekanntgabe [5], deren Auswertung, Abruf oder Kenntnisnahme [6]. Außerdem gehört hierzu der Abgleich von Dateien oder Bändern [7]. Daher ist etwa der Vergleich von Bandenmustern als eine Form der Nutzung anzusehen.

Sowohl bei Speicherung und Übermittlung, als auch bei der Nutzung ist daran zu denken, daß vor dem Hintergrund des § 1 II Nr.3 BDSG die Erlaubnistatbestände des Gesetzes im nicht-öffentlichen Bereich erst anwendbar sind, wenn der jeweilige Vorgang in oder aus Dateien stattfindet. Dies ändert jedoch nichts an dem an dieser Stelle zu ziehenden Resümee, daß in der Erhebung, Verarbeitung oder Nutzung von genetischen Informationen, die durch DNA-Analysen gewonnen wurden, ein Eingriff in den Schutzbereich des ISR vorliegt [8]. Normen, die hierzu berechtigen, sind Eingriffsnormen, die sich an den besonderen Schranken des ISR messen lassen müssen.

---

1 Es werden hier nur exemplarisch die beiden Verarbeitungsphasen "Speichern" und "Übermitteln" erörtert, weil dies zur Veranschaulichung dafür ausreichen mag, daß die im Volkszählungsurteil angesprochene "Erhebung" und "Verarbeitung" von personenbezogenen Daten durch genomanalytische Verfahren vorliegen kann.
2 Ordemann/Schomerus, § 3, 10.1
3 Dammann in Simitis, § 3, Rn 151 f.
4 Auernhammer, § 3, Rn 44; Ordemann/Schomerus, § 3, Rn 13.2; Dammann in Simitis, § 3, Rn199
5 Auernhammer, § 3, Rn 44
6 Ordemann/Schomerus, § 3, Rn 13.2
7 Dammann in Simitis, § 3, Rn 198; Dörr/Schmidt, § 3, Rn 24; Ordemann/Schomerus, § 3, 13.2
8 Siehe zur Irrelevanz für das ISR, ob automatisiert verarbeitet wird oder nicht: Schlink, Der Staat 1986, S. 248 m.w.N.

2. Ergebnis

Daten aus DNA-Analysen sind personenbezogene Daten. Die Durchführung solcher Analysen bedeutet eine Erhebung solcher Daten, die ebenso wie ihre weitere Verarbeitung oder Nutzung einen Eingriff in das ISR darstellt.

3. Eingriffsverbot ?

Fraglich ist aber, ob es dennoch denkbar ist, daß das ISR teilweise absoluten Schutz insofern genießt, als für eine bestimmte Art von Daten oder für einen bestimmten Verarbeitungszusammenhang oder für eine Kombination aus beidem eine absolute Eingriffsschranke besteht. Dann wäre es denkbar, daß genetische Daten nicht unter den Gesetzesvorbehalt des ISR fallen. Entsprechende Eingriffsregelungen wären schon aus diesem Grunde unzulässig.

a) Sphärentheorie

Aus der Sicht der sogenannten "Sphärentheorie" wäre eine solche absolute Eingriffsschranke vorstellbar.

Das BVerfG hat das ISR als eine spezielle Gewährleistung des allgemeinen Persönlichkeitsrechts aus Art. 2 I GG geschaffen [1].

Es hat dabei den Gedanken verschiedener Intensitätsstufen des Persönlichkeitsrechts, so wie ihn der BGH entwickelt hatte [2], zunächst übernommen [3]. Schon der BGH selbst hatte sich im Rahmen seiner Rechtsprechung zu § 847 BGB direkt auf eine Ableitung des Persönlichkeitsschutzes aus der Verfassung berufen [4].

Nach der Rechtsprechung des BVerfG ist zwischen einem unantastbaren Bereich

---

1 Tinnefeld/Ehmann, S. 19
2 BGHZ 13, 334 (338); 24, 72 (76 ff.); 26, 349; 27, 284 (285 ff.); 30, 7 (11); 39, 124
3 BVerfGE 6, 41; 27, 1 (4 ff.); 27, 344 (350); 32, 373 (379); 33, 367 (378); 34, 205 (208); 34, 269; 35, 202 (220); 44, 353 (372); 54, 148, (153, 155); 54, 208 (217); 56, 37 (41 ff.); 63, 131 (142 f.)
4 BGHZ 35, 363; 39, 124

privater Lebensgestaltung [1] als "mit seinem Menschenwürdekern identischen Wesensgehalt des Grundrechts" [2] in den ein Eingriff auch nicht unter Heranziehung des Verhältnismäßigkeitsprinzips zulässig sein soll [3], und einem Bereich privater Lebensgestaltung, der im überwiegenden Allgemeininteresse einschränkbar ist [4], und einer Sozialsphäre, die Eingriffen gegenüber noch zugänglicher ist [5], zu unterscheiden. Aufgrund der Abgrenzungsproblematik war diese Lehre in der Literatur umstritten [6]. Zudem konnte sie als Grund dafür herangezogen werden, daß hoheitliche Dateneingriffe kaum regelungsbedürftig seien, sofern sie nicht in die Intimsphäre eingriffen [7].

b) Abschied von der Sphärentheorie

Andere Stimmen im Schrifttum meinen, im Rahmen seiner Rechtsprechung habe sich das BVerfG von der Sphärentheorie entfernt [8] und sie schließlich im Volkszählungsurteil vollends aufgegeben [9].

Das Gericht selbst erklärte hierzu: "Wieweit Daten sensibel sind, kann hiernach nicht allein davon abhängen, ob sie imtime Vorgänge betreffen. Vielmehr bedarf es zur

---

1 BVerfGE 6, 32 (41); 27, 1 (6); 27, 344 (350); 32, 373 (379); 33, 367 (376); 34, 238 (245); 35, 39 (232); 38, 312 (320); 54, 148 (153 f.); 80, 367 (373 f.)

2 BVerfGE 80, 367 (373 f.); zum Wesengehalt siehe: BVerfGE 27, 350 f.; 32, 379; 33, 376; 34, 245; 35, 39; siehe auch Degenhart, JuS 1992, S. 363; Brandner, JZ 1983, S. 690; siehe dazu, daß Kernbereich und Wesensgehalt "nicht zwingend deckungsgleich" sein müssen: Heuermann/Kröger, MedR 1989, S. 170, m.w.N.

3 BVerfGE 80, 367 (373); 34, 238 (245)

4 BVerfGE 27, 344 (351 f.); 34, 238 (248); 80, 367; siehe zu den Sphären auch Mangoldt/Klein/Starck, Art 2 I, Rn 65; Scholz, AöR 1975, S. 266 ff.

5 BVerfGE 10, 354 (371); 48, 227 (234)

6 Siehe die Nachweise bei Störmer, Jura 1991, S. 19, Fn 41

7 Darauf weist Eberle in: Schmidt, S. 92 f., hin

8 BVerfG NJW 1980, S. 2070; Vogelgesang, S. 47

9 So AK-Podlech, Art 2 I, Rn 40, der die vom BVerfG im Zusammenhang mit dem innersten Bereich der Sphären verwendete Formel vom "unantastbaren Bereich" für eine "ritual-ähnlich" wiederholte Wendung hält, bei der das BVerfG "niemals auch nur beispielhaft angegeben hat, welches menschliche Verhalten hierunter fallen könnte", so daß die Interpretation des Grundrechts neben anderen auch aus diesem Grunde nicht unmodifiziert übernommen werden könne: AK-Podlech, Art. 2 I GG, Rn 38; siehe auch v. Münch/Kunig, Art. 2, Rn 41; AK-Bull, Art. 35 I, Rn 34; Pieroth/Schlink, Rn 434 f.; Tinnefeld/Ehmann, S. 32; Denninger in: Hohmann, S. 133, spricht von "Relativierung"; siehe auch Tinnefeld, NJW 1993, S. 1118; Schlink, Der Staat 1986, S. 241

Feststellung der persönlichkeitsrechtlichen Bedeutung eines Datums der Kenntnis seines Verwendungszusammenhangs" [1]. Wenn auch Daten aus scheinbar weniger schutzwürdigen Sphären wie der Sozialsphäre schon aufgrund ihres Verwendungskontextes zur Gefahr für das ISR werden können, dann gibt es "kein belangloses Datum" [2] mehr, weil jedem Datum ein Gefährdungspotential in Bezug auf das ISR anhafte [3]. In diesem Zusammenhang fällt auf, daß die Stimmen in der Literatur [4], die überhaupt das ISR im thematischen Zusammenhang mit der Genomanalyse als spezielle Gewährleistung für einschlägig halten und diskutieren, diese Konsequenz zumeist unproblematisiert lassen. Stattdessen wird auch hier die Trennungslinie zwischen den Positionen durch die Existenz eines Sozialbezugs definiert [5].

c) Stellungnahme

Die These, das BVerfG habe sich durch sein Volkszählungsurteil von der Sphärentheorie abgewandt, erscheint schlüssig im Hinblick auf solche Daten, deren Gefährdungspotential für das ISR durch neue Verwendungszusammenhänge erhöht wird.
In Bezug auf Daten, die bereits entweder für sich genommen oder durch einen bestimmten Verwendungszusammenhang ein erhöhtes Gefährdungspotential aufweisen, bereitet diese Auffassung aber Schwierigkeiten. Mit ihr läßt sich nämlich nicht erklären, warum das BVerfG nach wie vor von einem Sozialbezug spricht [6] und damit gleichsam weiterhin Bereiche gelten läßt, in denen kein Sozialbezug bestehen soll. In diesen

---

1 BVerfGE 65, 1 (45)
2 BVerfG 65, 1 (45)
3 AK-Podlech, Art. 2 I, Rn 40; Tinnefeld/Ehmann, S. 34; Eberle in: Schmidt, S. 94
4 Teilweise wird das ISR unter Mißachtung seiner grundlegenden Bedeutung für den Bereich des Umgangs mit Daten und seiner Vorrangstellung aufgrund der Spezialität gegenüber dem allgemeinen Persönlichkeitsrecht gar nicht angesprochen
5 Sozialbezug halten vor diesem Hintergrund für möglich: Sternberg-Lieben, NJW 1987, S. 1245 f.(in Bezug auf § 81 a StPO); Wiese, DuD 1993, S. 278 (bei Gefährdung Dritter im Arbeitsverhältnis); Keller, NJW 1989, S. 2296 (in Bezug auf § 81 a StPO, sofern "präzise Regelungen im Rahmen der Verhältnismäßigkeit" geschaffen werden); Tinnefeld, DuD 1992, S. 63 ff.; Donner/Simon, DÖV 1990, S. 914 f.; Sozialbezug lehnen gänzlich ab: Rademacher, NJW 1991, S. 736; offenbar auch Oberlies, Strafverteidiger 1990, S. 474 f.; Menzel, NJW 1989, S. 2042 f. (für den Bereich des Arbeitsrechts)
6 BVerfGE 80, 367 (373)

Bereichen lebt folglich zumindest ein Rest der Sphärentheorie fort [1]. Insgesamt bedeutet aber dieses Vorgehen auch keinen Widerspruch, denn das Gericht hat sich die Option auf einen unantastbaren Kernbereich erhalten und gleichzeitig den Schutzstandard außerhalb dieses Bereichs drastisch erhöht [2].

Würden demnach durch genomanalytische Verfahren gewonnene persönliche Daten zum Kernbereich des ISR gehören, so wären sie vor jeglichem Zugriff geschützt. Würde ihnen indes ein Sozialbezug zukommen, so wären sie dieser "Sphäre" schon deshalb nicht mehr zuzuordnen und einem Eingriff gegenüber möglicherweise zu rechtfertigen.

d) Ergebnis

Der grundsätzliche Abschied von der Sphärentheorie bedeutet nicht, daß es einen Kernbereich innerhalb des ISR, der besonders sensible und gefährdete Daten vor einem Eingriff absolut schützen könnte, nicht mehr gibt.

e) Sozialbezug von Daten

Das überwiegende Allgemeininteresse, das zur Beschränkung des ISR berechtigen kann, liegt nach Ansicht des BVerfG dann vor, wenn Daten mit Sozialbezug erhoben oder verarbeitet werden [3].

Den Sozialbezug als Differenzierungsinstrument der Sphären hat das Gericht hergestellt, weil "das Menschenbild des Grundgesetzes" nicht das eines "isolierten souveränen Individuums" sei [4].

---

1 Ähnlich Degenhart, JuS 1992, S. 363, Fn 68 mit Hinweis auf BVerfGE 80, 367, wonach auch das höchste Deutsche Gericht die Vorstellung eines "Persönlichkeitskerns" nicht aufgegeben habe; Keller, NJW 1989, S. 2292, spricht davon, daß die Sphärentheorie "durch das Volkszähl ungsurteil des BVerfG nicht aufgegeben, sondern ergänzt wurde"; siehe auch Rose, S. 115, der lediglich eine "Relativierung" erkennt; Vogelgesang, S. 62 ff.

2 So auch Störmer, Jura 1991, S. 19, der vorschlägt, statt von "Sphärentheorie" künftig von "Kernbereichs-These" zu sprechen; siehe auch Donner/Simon, DÖV 1990, S. 914

3 BVerfGE 35, 39 (220); 80, 367 (373)

4 BVerfGE 4, 7 (15); 6, 389 (433); 45, 187 (227); weitere Nachweise bei: AK-Podlech, Art 2 I, Rn 38, der allerdings die Konzeption des BverfG stark kritisiert, weil das Gericht die Problemlage verfehle, deren Regelung das Grundrecht gerade diene. Zur Feststellung der Sozialgebundenheit

(Fortsetzung...)

Daher wird er etwa dann herbeigeführt, wenn der einzelne durch sein Sein oder Verhalten auf andere einwirkt und dadurch die persönliche Sphäre von Mitmenschen oder Belange des Gemeinschaftslebens berührt [1]. Dies gilt auch für ärztliche Karteikarten [2] und selbst bei psychologischen Tests [3]. Der "unantastbare seelische Intimbereich eines Menschen" werde verlassen, "sobald seine seelischen Eigenschaften in Beziehung zu anderen Menschen treten und dadurch aus dem Rahmen des schützenswerten Eigenbereichs herausfallen" [4]. Der BGH hat in Bezug auf die Verwertung für den Strafprozeß Tagebücher unter den Schutz des Persönlichkeitsrechts gestellt [5], ohne eine Kernbereichsverletzung anzunehmen. Das BVerfG konnte wegen Stimmengleichheit im Senat nicht feststellen, daß die strafprozessuale Verwertung von tagebuchartigen Aufzeichnungen gegen das Grundgesetz verstößt [6].

In der Literatur wird bezüglich der Genomanalyse ein entsprechender Sozialbezug bereits dann für denkbar gehalten, wenn durch sie gesundheitliche Gefahren für den Betroffenen oder Dritte, etwa dessen Arbeitskollegen, abgewendet werden können [7], oder die Einschätzung finanzieller Risiken von ihr abhängt [8].

Nur in seltensten Fällen hält es die Rechtsprechung überhaupt für möglich, daß der Sozialbezug fehlt, so bei der Nutzung von Tonbandaufnahmen [9]. Das BayObLG erklärte, Tagebücher gehörten dem absolut geschützten Kernbereich zu, weil "sie keinen

---

4 (...Fortsetzung)
   des Menschen benötige man, so Podlech, kein Menschenbild, sondern lediglich eine empirische Analyse. Gerade wegen der Gesellschaftsbezogenheit und Gesellschaftsgebundenheit des Menschen bedürfe Privatheit des rechtlichen Schutzes. Der Sozialbezug des Menschen sei "Grund des Grundrechtsschutzes aus Art. 2 I, nicht Grund der Eingriffsbefugnisse des Staates".

1 BVerfGE 35, 202 (220); 44, 372; 56, 48; 79, 268; siehe auch die weiteren Nachweise bei: BoKo-Zippelius, Art. 1 I u. II, Rn 87

2 BVerfGE 32, 373 (379); ähnlich zu den Klientenakten einer Siuchtberatungsstelle: BVerfGE 44, 353 (372 f.) und zu Ehescheidungakten: BVerfGE 27, 344 (350 f.)

3 BVerwGE 73, 146 (147)

4 BVerwGE 73, 146 (147)

5 BGHSt 14, S. 358 ff.; 19, S. 325 ff.

6 BVerfGE 80, 367 (376)

7 Deutsch, NZA 1989, S. 660, zu dieser Frage im Arbeitsrecht; ebenso Simon, MDR 1991, S. 13

8 Deutsch, ZRP 1986, S. 4, für die private Krankenversicherung; Alexander/-Fischer, Versicherungswirtschaft 1991, S. 499 f.

9 BVerfGE 34, 238 (245 f., 248) mit dem Hinweis, daß in einem Geschäftsgespräch höchstpersönliche Dinge der unantastbaren Intimsphäre zugerechnet werden könnten

Sozialbezug aufweisen" [1]. Eingriffsmöglichkeiten sind nach Ansicht des BVerfG dann nicht gegeben, wenn die erhobenen oder verarbeiteten Daten keinen Sozialbezug haben oder "unzumutbare intime Angaben" [2] oder "Selbstbezichtigungen" enthalten [3], wenn die Weitergabe von Informationen "wegen ihres streng persönlichen Charakters für die Betroffenen unzumutbar ist" [4].

Im Schrifttum werden auch "innerpsychische Tatsachen" und "Daten des Sexualverhaltens" als Beispiele genannt [5].

Die Kenntnis von Krankheitsdaten, insbesondere genetischer Daten, wird diesem Bereich zugeordnet [6]. Er beinhalte damit das Recht, "in Ruhe gelassen zu werden" [7] und "körperliche Mängel, Absonderheiten oder Gebrechen nicht ohne zwingenden Grund offenbaren zu müssen" [8].

In seiner "Tagebuchentscheidung" [9] erklärte das BVerfG, die intimen Aufzeichnungen des Verfassers erhielten einen Sozialbezug durch deren Bedeutung für die Aufklärung eines Gewaltverbrechens. Damit wird deutlich, daß Daten nicht von sich aus einer "Sphäre", hier also dem Persönlichkeitskern, zuzuordnen sind, sondern auch noch durch spätere Ereignisse transformiert werden können. Dies läßt an eine Methodik denken, bei der die Schutzbereichsdefinition nicht absolut, sondern durch den jeweiligen Eingriff erfolgt.

Soweit sich diese Methodik auf den Menschenwürdegehalt eines Grundrechts beschränkt, spiegelt dies die Auffassung wider, daß die Menschenwürde vom Verletzungsvorgang her zu definieren ist [10]. Damit stellt sich die Frage nach dem

---

1 BayObLG, NJW 1979, S. 2624 ff.
2 BVerfGE 34, 245
3 BVerfGE 65, 1 (44)
4 BVerfGE 67, 100 (144), BVerfGE 76, 363 (388); 77, 1 (47), 78, 77 (86)
5 Denninger in: Hohmann, S. 136 f., jedoch mit dem Hinweis, daß in beiden Fällen wiederum ein Sozialbezug in bestimmten Situationen denkbar ist; kritisch auch Donner/Simon, DÖV 1990, S. 913, mit dem Bedenken, es sei "kaum ein Bereich denkbar, der zum unantastbaren Kernbereich gehören kann"; ähnlich BoKo-Zippelius, Art. 1 I u.II, Rn 83
6 Donner/Simon, DÖV 1990, S. 912
7 BverfGE 27, 1 (6)
8 Benda in: Benda/Maihofer/Vogel, S. 118 f.
9 BVerfGE 80, 367
10 Vitzthum, JZ 1985, S. 203; diese Konstruktion des Sozialbezugs erinnert an das Eigentumsrecht aus Art. 14 GG, siehe dazu Brandner, JZ 1983, S. 690; Simitis, NJW 1984, S. 400, vergleicht

(Fortsetzung...)

Verhältnis zwischen Menschenwürde und "Kernbereich". Es wird darauf verwiesen, daß Einschränkungen nicht weiter gehen können, als dies die Menschenwürde zuläßt, auch dann nicht, wenn sie in anderen Grundrechten wiedererscheint [1]. Damit ist die Deckung des Menschenwürdegehalts im allgemeinen und besonderen Persönlichkeitsrechtsschutz angesprochen [2]. Wie dieses Deckungsverhältnis aussieht und wieweit der indisponible Teil des Persönlichkeitsrechts reicht, ist zwar bisher offengeblieben [3]. Dennoch liegt auf der Hand, daß die Menschenwürde mindestens teilidentisch mit dem Kernbereich des Persönlichkeitsrechts sein muß [4].

f) Menschenwürdeverstoß

Eine absolute Eingriffsschranke könnte sich deshalb auch aus einer Verletzung des Menschenwürdegehalts des ISR ableiten lassen.

Da die Menschenwürde vom BVerfG schon für sich genommen als subjektives öffentliches Recht eingestuft wird [5], bleibt es bei dieser Schutzrichtung auch, wenn sie ihre Wirkung im Zusammenhang mit spezielleren Grundrechten entfaltet [6]. Die Menschenwürde ist "tragendes Konstitutionsprinzip" des Grundgesetzes [7], die Verfassung "eine wertgebundene Ordnung, die den Schutz von Freiheit und Menschenwürde als den obersten Zweck allen Rechts erkennt" [8] und somit auch Ausgangspunkt einer

---

10 (...Fortsetzung)
   das "Recht am eigenen Datum" mit dem Eigentumsrecht.
1 Siehe Benda in: Benda/Maihofer/Vogel, S. 112 f.
2 Benda in: Benda/Maihofer/Vogel, S. 112 f.; Störmer, Jura 1991, S. 20
3 BoKo-Zippelius, Art. 1 I u.II, Rn 48, Rn 83; Donner/Simon, DÖV 1990, S. 913
4 Rose, S. 118
5 BVerfGE 1, 332 (343, 348); 12, 113 (123); 15, 283 (286); 62, 128 (137); AK-Podlech, Art. 1 I, Rn 61; so auch v. Mangoldt/Klein/Starck, Art. 1 I, Rn 18; Benda in: Benda/Maihofer/Vogel, S. 107, 111; ebenso Heuermann/Kröger, MedR 1989, S. 169 m.w.N., siehe dort auch zum Stand der Meinungen, wonach sie nur objektives Prinzip sei; siehe dazu auch Krawietz in: Gedächtnisschrift Klein, S. 245 ff.
6 Vitzthum, JZ 1985, S. 203
7 BVerfGE 7, 198 (205); 35, 79 (114); 50, 166 (175); Podlech erklärt dies damit, daß die Würde des Menschen der Inbegriff der Bedingungen sei, unter denen die Zustimmung von Menschen zu der ihre Gesellschaft regelnden Ordnung und insbesondere zur Ausübung staatlicher Gewalt allein gedacht werden kann:AK-Podlech, Art. 2 I GG, Rn 15.
8 BVerfGE 12, 45 (51)

Sicht der Grundrechte als objektivrechtliche [1] Wertentscheidungen [2]. Wegen dieses "Absolutheitsanspruchs" könne die Menschenwürde selbst nicht Gegenstand einer Güterabwägung sein [3]. Ein Eingriff stellt sich damit gleichzeitig als Verletzung dar. Soweit in der DNA-Analyse eine Verletzung der Menschenwürde erblickt werden kann, wäre demzufolge eine Eingriffssperre in das ISR denkbar [4]. Wann dies der Fall ist, läßt sich kaum positiv bestimmen. Daher wird darauf verwiesen, praktikabler sei eine negative Definition über einzelne Verletzungshandlungen [5]. Die Auslegung des Würdebegriffs wird zudem von so verschiedenen und zahlreichen Strömungen beeinflußt, daß eine "allgemein gültige Aussage unterhalb eines hohen Abstraktionsniveaus" bisher nicht gefunden werden konnte [6].

Die Beschreibung möglicher Menschenwürdeverletzungen erfolgt teilweise abstrakt, teilweise konkret kasuistisch.

Nach der vom BVerfG fortgeführten Objektformel Dürigs [7], wonach es der menschlichen Würde widerspricht, den Menschen zum bloßen Objekt, zum Mittel oder zur vertretbaren Größe im Staat zu machen, schützt die Menschenwürde den einzelnen davor, einer Behandlung ausgesetzt zu werden, die seine Subjektqualität prinzipiell in Frage stellt [8] oder Ausdruck der Verachtung des Wertes ist, der dem Menschen kraft seines Personseins zukommt [9]. Kein Mensch darf danach Zwecken außerhalb seiner selbst

---

1 Siehe etwa BVerfGE 49, 89 (141 f.); dazu im Zusammenhang zur Gentechnik: Künzler, S. 145 f.
2 Donner/Simon, DÖV 1990, S. 909
3 Vitzthum, MedR 1985, S. 253
4 Donner/Simon, DÖV 1990, S. 913, subsumieren dabei einen denkbaren Menschenwürdeverstoß unter den "unantastbaren Kernbereich privater Lebensgestaltung" i.S.d. allgemeinen Persönlichkeitsrechts
5 Donner/Simon, DÖV 1990, S. 910; Vitzthum erklärt, dies sei auch die "Regelungsabsicht" des Verfassungsgebers gewesen, um eine Definition des "unwürdigen" Lebens zu vermeiden, MedR 1985, S. 252; siehe auch Benda, Aus Politik und Zeitgeschichte 1985, S. 24; v. Münch/Kunig, Art. 1, Rn 22 m.w.N.; siehe auch BVerfGE 30, 1 (25); OVG Berlin, NJW 1980, S. 2484 f.
6 v. Münch/Kunig, Art. 1, Rn 19, 22; ähnlich Häberle in: Isensee/Kirchhof, § 20, Rn 46
7 Dürig, AöR 1956, S. 117, 127; MDH, Art. 1, Rn 28; BVerfGE 27, 1 (16); 30, 1 (26); 50, 166 (175); 64, 174; 72, 105 (116)
8 BVerfGE 27, 1 (16); 30, 1 (26); 50, 166 (175); 64, 274
9 BVerfGE 30, 1 (26)

unterworfen werden [1]. Die Menschenwürde kann nicht verlorengehen [2]. Sie ist nach Ansicht des BVerfG nicht an das Bewußtsein des Menschen gekoppelt, sondern angelegt im menschlichen Sein, das mit dem menschlichen Leben beginnt [3]. "Erniedrigung, Verfolgung, Brandmarkung, Ächtung" wären als Verletzung der Menschenwürde anzusehen [4]. Bezogen auf Informationsverarbeitungen sei es würdeverletzend, den einzelnen in seiner ganzen Persönlichkeit zu registrieren und zu katalogisieren [5] oder Persönlichkeitsprofile von ihm zu erstellen [6], womit der Menschenwürdebezug zum ISR erneut deutlich wird.

Wann eine Menschenwürdeverletzung im Bereich der Genomanalyse vorliegt, wird im Schrifttum mit unterschiedlich intensiver Gewichtung verschiedener Ausprägungen des Menschenwürdegedankens beurteilt. So wird sowohl auf den Kernbereich des Persönlichkeitsrechts [7], auf die Wesensgehaltsgarantie des Art. 19 II GG [8], als auch auf die Menschenwürde an sich [9] oder auf mehrere [10] beziehungsweise alle [11] diese Elemente Bezug genommen. Teilweise wird eingeschränkt, eine Verletzung sei lediglich bei "vollständiger Erfassung" der Erbanlagen [12], einer "Totalerhebung" [13] oder "Durchleuchtung" [14] anzunehmen.

---

1 Siehe zu dieser Ableitung aus der Lehre Kants: Fechner, JZ 1986, S. 655
2 BVerfGE 45, 228
3 BVerfGE 39, 41; siehe auch v. Mangoldt/Klein/Starck, Art. 1 I, Rn 14 m.w.N.
4 BVerfGE 1, 97 (104)
5 BVerfGE 27, 1 (6); 65, 1 (53)
6 BVerfGE 65, 1 (53)
7 Wiese in: Festschrift für Hubert Niederländer, S. 482 f.; Sternberg-Lieben, NJW 1987, S. 1245; Rademacher, NJW 1991, S. 736; BLAG, S. 16 ff.; Tünnesen-Harmes, JuS 1994, S. 145
8 Hofmann,JZ 1986, S. 256; Gutachten Simon, S. 90; Gallwas, Der Staat, 1979, S. 517
9 Keller, NJW 1989, S. 2292; Oberlies, Strafverteidiger 1990, S. 473; AK-Podlech, Art. 1 I, Rn 53 b
10 Wiese, RdA 1986, S. 125 f.
11 Diekgräf, BB 1991, S. 1858
12 Häberle in: Isensee/Kirchhof I, § 20, Rn 90; Benda in:Aus Politik und Zeitgeschichte, S. 33, mit dem Hinweis, daß bestimmte Anwendungen der Genomanalyse, die dem Schutz des Betroffenen und anderer dienen, keine Verletzung der Menschwürde darstellten
13 BoKo-Zippelius, Art. 1 I u.II, Rn 98; Sternberg-Lieben, NJW 1987, S. 1244
14 Gutachten Simon, S. 34, die dortige Aussage, im Bereich des Arbeitsrechts sei die Genomanalyse nicht als Verletzung der Menschenwürde anzusehen und "eine Einschränkung durch Gesetz daher möglich, soweit angeordnete Gesundheitsuntersuchungen dem Verhältnismäßigkeitsgrundsatz entsprechen", steht allerdings im Widerspruch zu der Feststellung

(Fortsetzung...)

Zur Lösung der Kontroverse fragt sich zunächst, ob hinsichtlich ihres Eingriffscharakters die verschiedenen Arten der Genomanalyse unterschiedlich zu behandeln sind. Das wäre zu bejahen, wenn etwa die DNA-Analyse etwas qualitativ anderes wäre, als die Chromosomen- oder Genproduktanalyse [1]. Dies könnte sich nach Sensibilität der gefundenen Daten und Methodik der Analyse beurteilen.

aa) Sensibilität oder Verarbeitungszusammenhang

Aus den gleichen Gründen, mit denen man von einem Ende der Sphärentheorie reden kann, könnte man Differenzierungen nach der Sensibilität von genetischen Daten für überflüssig halten.

Es fragt sich damit, ob es möglich oder gar nötig ist, Daten aufgrund ihrer Herkunft oder ihrer Art differenziert zu behandeln.

Die grundlegende Differenzierung der Datenschutzgesetze ist die nach Verarbeitungsphasen wie Erhebung, Speicherung, Übermittlung u.s.w.. Diese Phasenstruktur findet sich häufig auch in Spezialgesetzen zum Datenschutz, etwa im SGB, bei den Meldegesetzen, den Datenverarbeitungsgesetzen der Polizeibehörden oder den Krankenhausgesetzen der Länder.

Daneben wird aber auch nach der Qualität der Daten unterschieden, soweit sie die Natur der Daten oder deren rechtliche und tatsächliche Verarbeitungsumgebung betrifft. Diese Qualitätsdifferenz ist gerade der Grund für die Existenz bereichsspezifischer Regeln und für die anhaltenden Forderungen nach weiterer Schöpfung solcher Normen [2]. Denn diese Gesetze äußern sich vorwiegend begrenzt auf besondere Aussagen, die der besondere thematische Hintergrund erfordert.

So findet sich auch im BDSG selbst eine Differenzierung. Es gelten deutlich geringere Anforderungen etwa bei den "temporären" Daten i.S.d. § 1 III Nr. 1 BDSG, den "internen" Daten i.S.d. § 1 III Nr. 2 BDSG, bei nicht dateimäßig verarbeiteten Daten,

---

14 (...Fortsetzung)
    in der gleichen Quelle, wonach im Bereich des Versicherungsrechts "jedenfalls die staatliche Anordnung einer Genomanalyse gegen das Menschenwürdepostulat" verstoße, S. 83.
1 Die Phänotypanalyse kann hier außer acht bleiben, denn ihr Sozialbezug liegt auf der Hand
2 Dadurch ist bereits von einer "Aushöhlung" des BDSG die Rede: Bergmann/Möhrle/Herb, Ziff. 4.1.2.

§ 27 II BDSG, in § 36 I S. 2 BDSG sowie §§ 28 II S. 1 Nr. 1 b, 29 II S. 1 Nr. 1 b BDSG. Grund hierfür ist in allen Fällen die Beachtung der Verarbeitungsform und des Verarbeitungszusammenhangs [1].

Dahinter steht der Gedanke einer flexiblen Reaktion auf die jeweils bestehenden Gefährdungen [2] des ISR .

Daher könnte man vertreten, Individuen müßten auch besonders intensiv und folglich spezifisch davor geschützt werden, daß durch den Umgang mit ihren Daten ihr ISR intensiv verletzt wird [3]. Man könnte also nach der Sensitivität von Daten unterschieden, etwa nach "persönlichen" oder "höchstpersönlichen" Daten [4].

Entsprechend verfährt Art. 6 der Datenschutzkonvention des Europarates [5], wenn dort die Verarbeitung sensitiver Daten wie rassische Herkunft, Vorstrafen, Sexualleben und Gesundheit suspendiert wird, bis das jeweils nationale Recht "angemessene" Schutzvorkehrungen einführt. Dies reflektiert sich auch in § 28 II Nr. 1 S. 2 BDSG, wo Datensorten angegeben werden, die sich mit denen aus Art. 6 der Konvention teilweise decken. Allerdings findet die dortige Einschränkung der Datenverarbeitung in einem Kontext statt, der wiederum dem Verarbeitungszusammenhang, hier der listenmäßigen Weitergabe durch eine nichtöffentliche Stelle, unterliegt.

Mit dem Hinweis auf den Verarbeitungszusammenhang wird gegen eine Rangfolge sensitiver Daten argumentiert [6]. Angesichts der Vorgaben des BVerfG sei es nicht relevant, wie sensitiv ein Datum ursprünglich sei, wenn es durch bestehende Verarbeitungsformen erst zu einem sensitiven Datum gemacht werden könne [7].

---

1 Simitis in Simitis, § 1, Rn 32
2 Ordemann/Schomerus, § 1, 3.1; Gallwas, Der Staat 18 (1979), S. 510 f.; Simitis in Simitis, § 1, Rn 188
3 11. Tätigkeitsbericht des BfD, Anlage 7, S. 105, wonach die "im Falle eines Mißbrauchs eintretende Grundrechtsgefährdung stärker ist als bei herkömmlichen Untersuchungsmethoden"
4 BK-Zippelius, Art 1 I und II, Rn 89; Mangoldt/Klein/Starck, GG Art. 2 I, Rn 80; siehe auch BLAG, S. 23, wo unter Hinweis auf die Irrelevanz der Erhebungsmethode die besondere Sensibilität von Daten über "eine HIV-Infektion, Geschelchtskrankheiten, Krebs oder psychische Krankheiten" betont wird.
5 Siehe bei Simitis, Dok. D 3.3
6 Tinnefeld, NJW 1993, S. 1118; Simitis bezeichnet im Zusammenhang mit der Konvention deren Sondervorschriften für sensitive Daten als ein Manöver, daß in die "Sackgasse" führe: Simitis in Simitis, § 1, Rn 127
7 Müller/Wächter, Der Datenschutzbeauftragte, 13; Simitis, NJW 1984, S. 402

Entscheidend sei stets der konkrete Verwendungszusammenhang [1]. Bei Gesundheitsdaten etwa sei es ein Unterschied, ob sie in einem Krankenhaus oder in einer Auskunftei verarbeitet würden [2]. Auch sei es kaum möglich, festzulegen, welche Daten sensitiv sein sollten und welche nicht [3]. Diese beiden Ansätze schließen sich aber nicht aus. Mit dem Hinweis auf die übergeordnete Bedeutung des Verarbeitungszusammenhangs wird dem Zweck nach nur eine negative Selektion insofern verhindert, als auch scheinbar nicht-sensitive Daten dem vollen Schutz des ISR unterliegen sollen [4]. Dies schließt nicht aus, daß dennoch solche Daten, die bereits originär als besonders sensitiv erkannt werden, eine zusätzliche Sicherung genießen sollen, wenn auch unter Beachtung des jeweiligen Verarbeitungskontextes [5]. Daß sich der Sensitivitätsgrad von Daten durch ihren faktischen Verarbeitungskontext erhöhen oder erniedrigen läßt [6], liegt auf der Hand. Dieser Umstand ändert aber nichts daran, daß bestimmte Daten ihrer Natur nach sensibler sind als andere und daher in intensiverer Weise nach besonders reglementierten Verarbeitungskontexten verlangen, weil schon ihr typisches Verarbeitungsumfeld für das ISR gefahrbringender ist, als das anderer Daten [7]. So ist einsehbar, daß die Verarbeitung von Gesundheitsdaten ein höheres Potential der Gefährdung in sich trägt, als die von Adreßlisten, auch, wenn im Einzelfall gleich starke Verletzungen des ISR denkbar sind. Auch das BVerfG hat diesen Aspekt nicht negiert. Indem es erklärt, die Beurteilung der Sensibilität von Daten könne "nicht allein davon abhängen", ob sie intime Vorgänge betreffen [8], hat es bestätigt, daß die Sensibilität weiterhin eine

---

1 Tinnefeld/Ehmann, S. 34; Denninger in: Hohmann, S. 133
2 Simitis in Simitis, § 1 Rn 127, 181
3 Simitis in Simitis, § 1, Rn 127
4 Simitis in Simitis, § 1, Rn 181, führt dazu aus, es dürfe "weder frei zugängliche Verarbeitungs-reservate geben, noch geht es an", das "Entscheidungsvorrecht" des einzelnen "auf die Nutzung scheinbar wesenbedingt sensitiver Daten zu beschränken".
5 Siehe auch Denninger in: Hohmann, S. 133; sowie Tinnefeld, NJW 1993, S. 1118, mit dem Hinweis, bei einer Abwägung sei das persönlichkeitsschützende Interesse vorrangig, "wenn es sich um Daten mit streng persönlichem Charakter handelt"; siehe auch Schmidt-Glaeser in: Isensee/Kirchhof VI, § 129, Rn 45; Rogall, S. 38, 48
6 Simitis in Simitis, § 1, Rn 181
7 Das räumt auch Simitis ein in: Simitis, § 1, Rn 127, 200, mit dem Hinweis auf die höhere Eingriffstiefe von medizinischen und polizeilichen Daten
8 BVerfGE 65, 1 (45)

wichtige Rolle spielt [1]. Warum sollten aber Daten aus DNA-Analysen sensibler sein als solche aus Genprodukt-oder Chromosomenanalysen ? Unabhängig davon, wie diese Frage im Rahmen des ISR insgesamt zu beurteilen ist, könnte hierzu im Rahmen des Menschenwürdegehalts des ISR die Analysemethode relevant werden. Handelte es sich nämlich bei der DNA-Analyse um eine neuartige Methode, die den bisherigen Methoden gegenüber einen Quantensprung darstellte, so könnte dies bereits einen höheren Sensibilitätsgrad der mit ihr gewonnenen Daten herbeiführen.

bb) Quantensprung ?

Teilweise wird vertreten, die DNA-Analyse sei nichts eigentlich Neues, durch sie würden keine neuen Erkenntnisse vermittelt [2]. Neu sei vor allem die Methode [3]. Dies ändere aber kaum etwas daran, daß mit ihr Befunde erhoben werden könnten, die auch durch andere, bisher schon praktizierte Verfahren erhoben würden [4]. So wird sogar umgekehrt darauf verwiesen, daß durch die bisher praktizierten Methoden ein höheres Potential an Überschußinformationen anfiele, als durch DNA-Analysen. Dies gelte etwa für die klassischen Blutgruppenanalysen im Vergleich zum genetischen Fingerabdruck [5]. Entscheidend sei daher, vor allem auf die Qualität der Befunde abzu-

---

1 Ähnlich auch Rogall, S. 48; Vogelgesang, S. 62 ff.
2 Gutachten Simon 1993, S. 28
3 Baltzer in: Baltzer, S. 206 f.; Gutachten Simon 1993, S. 62
4 BÄK, Deutsches Ärzteblatt 1992, S. B-1598; Baltzer in: Baltzer, S. 207; das Gutachten Simon 1993, S. 63, wendet sich unter Verweis auf die Bund-Länder- Arbeitsgruppe "Genomanalyse" (BLAG) deutlich gegen Bestrebungen, die Zulässigkeit von Erhebungen an die Analysemethode zu koppeln. Es sei nicht einzusehen, daß "die gleichen Befunde mit der einen Methode erhoben werden dürfen, mit der anderen dagegen nicht". Als Beispiel dient der Alpha-1-Antitrypsin-Mangel, der vor allem im Arbeitsleben beim Umgang mit bestimmten Stoffen zu Lungenfunktionsstörungen führen kann und auch mit proteinchemischen Methoden nachweisbar ist. Die BLAG spricht sich im Bereich des Arbeitsrechts für ein Verbot von DNA-Analysen aus, will aber proteinchemische Analysen begrenzt zulassen (siehe BLAG, S. 90, 93).
5 Rademacher, Strafverteidiger 1989, S. 548; Reichelt, S. 100, der darauf verweist, daß Menschen mit dem Blutgruppenmerkmal HLA-B27 ein "deutlich erhöhtes Risiko tragen, an "Morbus Bechterew" zu erkranken", eines entzündlichen Wirbelsäulenprozesses, der zu deren völliger Versteifung führt; LG Heilbronn, NJW 1990, S. 784; siehe auch die Darstellung bei
(Fortsetzung...)

stellen [1]. Nach dieser Meinung dürfte man keinen Unterschied zwischen den Verfahren der Genomanalyse machen, sondern ausschließlich auf die gewonnene Information selbst blicken.

Andererseits wird aber gesagt, durch Genomanalysen werde eine neue Qualität der Diagnostik und der Analyse erreicht, weil die Erkenntnismöglichkeiten über bisher mögliche Verfahren hinausgingen [2]. So ermögliche insbesondere die DNA-Analyse einen Gesamteinblick in die genetische Konstitution eines Menschen [3], bei dem sich der Betreiber der Analyse auch wahlweise einzelne Aspekte zur Betrachtung herausgreifen kann. Zwar sei die DNA-Analyse vielfach noch nicht soweit vorangeschritten, daß bereits heute eine akute Gefahr für alle Lebensbereiche bestünde. Dennoch sei absehbar, -und dies wird auch von Vertretern einer gelasseneren Position bestätigt - daß schon bald auch im Bereich der multifaktoriellen Ausprägungen zumindest einzelne, bestimmende Gene gefunden werden können [4]. Darüber hinaus liege ein Unterschied zu bisher bekannten Methoden darin, daß auch künftige Entwicklungen durch die DNA-Analyse definierbar werden [5]. Hinzu komme noch, daß alle diese Erkenntnisse sich stets auch auf Dritte, soweit sie verwandt mit dem Betroffenen sind

5 (...Fortsetzung)
   Henke/Schmitter, MDR 1989, S. 404
1 Wiese, S. 37; BLAG, S. 23; Gutachten Simon, S. 63; Baltzer in: Baltzer, S. 207; Sahmer,
   Versicherungsmedizin 1995, S. 7, meint, es sei für den Bereich des Versicherungsrechts "kein
   Grund ersichtlich, die Genomanalyse anders zu behandeln, als sonstige risikoerhebliche
   Erkenntnisse".
2 11. Tätigkeitsbericht des BfD, Anlage 7, S. 105 f.: "qualitativer Sprung im Methodenbereich"
   selbst bei der DNA-Analyse im Strafverfahren; Bericht LMJ Rh./Pf., S. 17; Gutachten Simon
   1993, S. 28, enthält insofern eine widersprüchliche Bewertung, vergleiche die vorhergehenden
   Ausführungen; TAB 1993, S. 109; Tinnefeld/Böhm, DuD 1992, S. 62; Krahnen in: Schroeder-Kurth,
   S. 68 f.; Diekgräf, BB 1991, S. 1856; Wiese in: Festschrift für Hubert Niederländer, S. 481;
   ders., DuD 1993, S. 277; ders., RdA 1986, S. 126; Steinke, NJW 1987, S. 2914 in Bezug auf
   die Individualisierungquote bei Spurenverursachern; Reichelt, S. 71, erläutert, daß der Beweiswert
   des genetischen Fingerabdrucks gegenüber dem HLA-System höher ist. Beim HLA-System
   liege die Ausschlußchance bei über 90 %, beim genetischen Fingerabdruck bei über 99 %.
3 Wiese, RdA 1986, S. 125
4 TAB 1993, S. 122
5 Künzler, S. 58; Angela Schmidt, S. 62 f.; Rose, S. 21, sieht hierin allerdings das einzige Element
   eines "qualitativen Sprungs"

oder werden, auswirken könnten [1]. Nach dieser Meinung müßte man die DNA-Analyse anders behandeln, als die weiteren Verfahren der Genomanalyse, weil durch sie besondere, zusätzliche Risiken für die Betroffenen entstehen könnten.

Insgesamt erscheint die letztgenannte Auffassung überzeugender. Wenn mit "konservativen" Verfahren teilweise die gleichen Erkenntnisse gewonnen werden können, wie mit DNA-Analysen, folgt aus dieser Kongruenz zweierlei: auf der einen Seite wird damit nicht bestritten, daß die DNA-Analyse in anderen Bereichen eben doch ausschließlich mit ihr zu gewinnende Informationen hervorbringt; gleichzeitig wird damit auf der anderen Seite eine Stellungnahme zur methodischen Qualität der DNA-Analyse vermieden.

Der Umstand, daß ein Ergebnis mit zweierlei Methoden gefunden werden kann, sagt noch nichts darüber aus, ob beide Methoden Anwendung finden müssen. Die Legitimität der einen, herkömmlichen Methode greift nicht auf die zweite über, nur weil sie ebenfalls zum Ergebnis führt. Im Gegenteil: erweist sich eine Methode als milderes, weniger mit unwägbaren Mißbrauchsgefahren behaftetes Mittel, so ist sie gegenüber der anderen vorzuziehen [2]. So verhält es sich aber bei den ins Feld geführten herkömmlichen Analysetechniken. Daß mit ihnen punktuell ähnliche Erkenntnisse, insbesondere teilweise ähnliche Überschußinformationen gewonnen werden können, negiert noch nicht die mitunter noch ungeklärten und unabsehbaren Mißbrauchsmöglichkeiten der DNA-Analyse, die eine neue Qualität darstellen.

g) Stellungnahme

Gerade angesichts dieser Qualität könnte aber die Menschenwürde angetastet sein. Dabei sind zwei Aspekte zu beachten: die Naturgegebenheit des Menschen und die Selbstbestimmung des Individuums als Konstitutionselemente der Menschenwürde. Bestimmte Formen der Disposition über und der Modifikation der menschlichen Natur

---

1 Diekgräf, BB 1991, S. 1859
2 Das ist Ausdruck des Verhältnismäßigkeitsprinzips und hat auch Eingang in den Gesetzentwurf zum Arbeitsschutzrahmengesetz, BT-Drs. 12/6752, § 22 III S. 4, gefunden, wo es heißt: "Es ist stes den Verfahren der Vorzug zu geben, bei denen keine oder möglichst wenig Informationen anfallen, die für die Feststellung der Gefährdung der untersuchten Person nicht erforderlich sind".

werden im Schrifttum als Menschenwürdeverstoß angesehen [1]. Das BVerfG hat den Schutz einer Eigensphäre als Menschenwürdeelement im Zusammenhang mit dem allgemeinen Persönlichkeitsrecht und dem ISR mehrfach betont [2]. Beide Aspekte vermögen ineinander zu fließen, wenn es um genetische Analysen geht. Eingriffe in den menschlichen Körper stellen an sich noch keine Würdeverletzung dar. Das gilt auch für das Persönlichkeitsrecht. Werden Informationen aus der Analyse von Genprodukten oder Chromosomen gewonnen, so mag dies angesichts der Schrankensystematik der speziellen Grundrechte im Einzelfall unzulässig sein, ein Würdeverstoß ist darin nicht zu sehen.

Bei einer Subsumtion unter den Würdebegriff ist insbesondere der Versuchung zu widerstehen, nicht widerlegbare Wertungsaspekte zu implizieren [3]. Andererseits ist zu bedenken, daß die bisherigen Fallgruppen nicht als enumerativ zu verstehen sind, sondern daß eine Fortentwicklung angesichts sich wandelnder gesellschaftlicher Verhältnisse und neuer Risiken durch die Technik geboten erscheint [4].

Aus der negativen Definition des Menschenwürdebegriffs vom Verletzungsvorgang her ergibt sich die Möglichkeit einer Ergebnisfindung durch die Methode des Fallvergleichs [5]. Dabei sind mit dem zu beurteilenden Problem möglichst ähnliche Fälle daraufhin zu überprüfen, ob Gleichheit besteht und ob Gleiches ungleich oder gleich behandelt wird.

Bei der DNA-Analyse wird ein menschlicher Geheimbereich erforscht, der ihm sogar selbst insofern verschlossen ist, als die darin verborgenen Informationen seinen Sinnesorganen nicht zugänglich sind. Ähnlichkeiten weisen zunächst all jene Fälle auf, bei denen ebenfalls in einen Geheimbereich eingegriffen wird und die Menschenwürde zumindest bedroht erscheint. Zu nennen sind die Narkoanalyse, der Lügendetektortest und die Nutzung von Tagebüchern durch den Staat.

Bei der Narkoanalyse wird der Betroffene durch das Spritzen von Narkotika psychisch

---

1 Zur Selektion: Vollmer, S. 177 f. m.w.N.; Angela Schmidt, S. 141 f. m.w.N.; zur Genmanipulation: Flämig, S. 57
2 Siehe dazu bereits die Darstellung oben
3 Siehe dazu: BoKo-Zippelius, Art. 1 I u.II, Rn 15, der auch vor dem Risiko warnt, "rechts dogmatische Aussagen und rechtspolitische Forderungen unlösbar" zu verknüpfen; siehe auch Benda in: Benda/Maihofer/Vogel, S. 113
4 Heuermann/Kröger, MedR 1989, S. 168/172; Spiekerkötter, S. 75; Vitzthum, JZ 1985, S. 202
5 Siehe dazu Zippelius, § 12 I

enthemmt und dadurch sein Unterbewußtsein zugänglich gemacht [1]. Diese Methode wird einhellig abgelehnt mit dem Hinweis, sie entkleide den Menschen seiner Menschenwürde und mache ihn zu einer Aussagemaschine [2]. Der Lügendetektor vermag durch Registrierung "sonst nicht wahrnehmbarer, unwillkürlicher körperlicher Reaktionen" [3] eine Grundlage zu geben, um Schlüsse auf die subjektive Richtigkeit des Ausgesagten zu ziehen. Der BGH betrachtet diese Methode als Eingriff in die Menschenwürde, weil es der Betroffene selbst in der Hand haben soll, "über das Ob und Wie der Beantwortung jeder Frage zu entscheiden", was ihm hier nicht mehr freistehe [4]. Das BVerfG sieht einen Eingriff in das Persönlichkeitsrecht aus Art. 2 I i.V.m. Art. 1 I GG und läßt es "auf sich beruhen, ob der Eingriff den absolut geschützten Kernbereich der Persönlichkeit berührt" [5].

In der Tagebuchentscheidung des BVerfG kommt es erstmals in dessen Rechtsprechung zu einer etwas deutlicheren Aufklärung darüber, welche Maßstäbe für den Sozialbezug anzulegen sind, aufgrund der Stimmengleichheit im Senat auch zu kontroversen Beurteilungen.

Demnach hängt der Sozialbezug nicht "davon ab, ob eine soziale Bedeutung oder Beziehung überhaupt besteht, sondern welcher Art und wie intensiv sie ist" [6].

Es komme überdies darauf an, ob der Betroffene einen Sachverhalt geheimhalten will oder nicht.

Wer seine Gedanken schriftlich niederlege, habe sie "damit aus dem von ihm beherrschbaren Innenbereich entlassen und der Gefahr eines Zugriffs preisgegeben" [7].

Die vier die Entscheidung nicht tragenden Richter wenden sich vor allem gegen diese Entäußerungsidee und gegen die mangelnde Beachtung der Verfügungsfreiheit des

---

1 Dalakouras, S. 188
2 Siehe die zahlreichen Nachweise bei: Dalakouras, S. 192
3 BVerfG, NJW 1982, S. 375
4 BGHSt 5, S. 334 f.
5 BVerfG, NJW 1982, S. 375
6 BVerfGE 80, 367 (374)
7 BVerfGE 80, 367 (376); siehe auch die Entscheidung des BGH NJW 1995, S. 269, wonach der Abschiedsbrief eines später wegen Mordes an seiner früheren Partnerin verurteilten Angeklagten nach einem Selbsttötungsversuch ein zulässiges Beweismittel in dem Prozeß darstelle. Der Brief sei nicht dem absolut geschützten Bereich des Art. 2 I i.V.m. Art. 1 I GG zuzurechnen. Er weise "über die Rechtssphäre des Verfassers hinaus", so daß der durch seine Verwertung erfolgte Eingriff abwägungsfähig sei.

einzelnen über sein "eigenes Ich" [1]. Danach verliert die "Einsamkeit des Selbstgesprächs . . . ihren höchstpersönlichen Charakter nicht deshalb, weil sie dem Papier anvertraut wird". Die Annahme eines Sozialbezugs durch in der Außenwelt später sich manifestierende Umstände, etwa in Form einer Straftat des Betroffenen, bedeute eine "von dem Betroffenen weder vorhersehbare noch steuerbare Verfügbarkeit über sein eigenes Ich" [2], die seine Würde mit ausmache.

Wendet man diese Maßstäbe auf die DNA-Analyse an, so ergibt sich folgendes: die oben genannte Entäußerungsidee führt nach der Konstruktion der vier die Tagebuchentscheidung tragenden Richter dazu, daß nur noch die Gedanken einem Sozialbezug entzogen bleiben [3]. Damit erweist sich jedoch spätestens an dieser Stelle das Instrument des Sozialbezuges als Mittel zur Eingriffsrechtfertigung als nicht haltbar. Podlech weist zutreffend darauf hin, daß es vor dem Hintergrund der bundesverfassungs-gerichtlichen Konzeption kaum denkbar sei, daß es ein Verhalten oder eine Information über ein Verhalten gebe, für das nicht im Einzelfall Situationen angebbar seien, die einen hoheitlichen Eingriff legitim erscheinen ließen [4]. Die Verwendung des Sozialbezuges als Abgrenzungskriterium zwischen unantastbarem und übrigem Bereich muß mithin als Leerformel erscheinen. Dies gilt umso mehr, wenn man mit Podlech der Ansicht ist, daß der Sozialbezug nicht Grund der Eingriffsbefugnisse des Staates, sondern Grund des Grundrechtsschutzes aus Art. 2 I ist [5].

Unabhängig davon, ob man diese letztgenannte Auffassung teilt oder nicht [6], erscheint

---

1 BVerfGE 80, 367 (381 ff.)
2 BVerfGE 80, 367 (382 f.)
3 Ebenso Störmer, Jura 1991, S. 23; Gössel, GA 1991, S. 503
4 AK-Podlech, Art. 2 I GG, Rn 37
5 AK-Podlech, Art. 2 I GG, Rn 38: "Privatheit ist keine Sache des isoliert gedachten Individuums, die durch Kommunikation mit anderen, die durch einen Sozialbezug verlorengeht". Am Beispiel der Sexualität, die in der Regel einen Sozialbezug voraussetze, werde die Ironie deutlich, daß gerade ein Gegenstand, der nach dem Konzept des BVerfG unter den intensivsten Schutz des Grundrechts fallen soll, diesem Schutzstandard entzogen werde.
6 Ob man die Kategorie des Sozialbezuges im Zusammenhang mit Eingriffsrechtfertigungen schon deshalb ganz allgemein ablehnt, weil sie sich in der vom BVerfG verwendeten Form systematisch am falschen Platz befindet, oder speziell nur deshalb, weil sie nicht geeignet ist, zwischen Kernbereich und noch verbleibenden Bereichen abzugrenzen, ist im Ergebnis nicht relevant. Insoweit ist es auch kein Widerspruch, sie aus dem letztgenannten Grunde abzulehnen, jedoch trotzdem davon auszugehen, daß es Daten gibt, die originär sensibel und damit besonders
(Fortsetzung...)

es schon aufgrund der mangelnden Tauglichkeit des Begriffs vom Sozialbezug als nicht akzeptabel, dem Kriterium des Sozialbezuges einen Vorrang gegenüber dem Kriterium der Selbstbestimmung einzuräumen. Selbst, wenn man den "Kernbereich" als nur negativ definierbare Restmenge betrachtet, die nach Abzug aller Fälle mit Sozialbezug verbleibt, wie dies das BVerfG tut, müßte sich der Begriff des Sozialbezugs seinerseits i.S. einer Wechselwirkung von der Idee dessen begrenzen lassen, was den so verbleibenden Kernbereich noch ausmacht. Wenn sich dies auch nicht konkret fassen läßt, so läßt sich wohl sagen, daß dazu die Selbstbestimmung des Menschen über seine geheimsten und ureigensten Vorgänge gehören muß [1].

Unter den hier verwendeten Begriff des Vorgangs sind dabei nicht allein Gedanken, Schriftstücke oder willkürliche Handlungen zu fassen. Vielmehr sind auch unwillkürliche, reflexhafte Reaktionen wie diejenigen, die beim Lügendetektortest entstehen, dazuzuzählen, selbst, wenn sie äußerlich erkennbar sind.

Damit wird aber deutlich, daß auch physiologische Gegebenheiten im Innern des Menschen, wie der genetische Code, über die der Betroffene noch nicht einmal selbst verfügen kann, dazugehören [2].

Das, was das Individuum biologisch und persönlich ist und was in beiderlei Hinsicht aus ihm wird, hängt von zwei Faktoren ab, nämlich den Umwelteinflüssen, denen er ausgesetzt ist, und seinen Erbanlagen. Das genetische Programm ist damit nicht

---

6 (...Fortsetzung)
  schutzwürdig sind, wie dies in dieser Arbeit geschieht. Denn die Verknüpfung zwischen Sozialbezug, Sphärentheorie und Sensibilität von Daten ist ein Abbild des Gedankengebäudes, welches dem Konzept des BVerfG zugrundeliegt. Lehnt man einen Ausschnitt dieses Konzeptes - hier den Begriff des Sozialbezuges - ab, so führt dies nicht zwingend dazu, daß die übrigen Ausschnitte unverwendbar werden. Denn auch, wenn es kein belangloses Datum gibt und nahezu jedem Datum Sozialbezug im Sinne Podlechs zukommt, gibt es Daten, die einem staatlichen Zugriff überhaupt nicht anheimgestellt werden können, weil der betroffene Bürger ansonsten im Kern seiner Selbstbestimmung getroffen wäre. Mit dieser Auffassung wird das Problem auch nicht lediglich umgekehrt, denn die Selbstbestimmung ist nicht lediglich das negative Abbild des Sozialbezuges, sondern gibt unter anderem deshalb einen anderen Maßstab, weil sie die Verfügungsfreiheit des Betroffenen und damit seine von ihm selbst vorgenommene Definition der Bedeutung seiner Daten einschließt.

1 Diesen Aspekt betonen denn auch der BGH in seiner Entscheidung zum Lügendetektor (BGHSt 5, S. 334 ff.) und die vier Richter, welche die Tagebuchentscheidung kritisch betrachten.

2 Rose, S. 120, hält die genetische Veranlagung für einen "Kernbestandteil des Menschen und seiner Persönlichkeit", subsumiert sie aber unter ein "gen-informationelles Selbstbestimmungsrecht"

Funktion, sondern Ursache menschlicher Eigenschaften. Es stellt die entscheidende Determinante seiner Natur dar und beinhaltet damit auch potentiell Prognostizierbarkeit seines biologischen und persönlichen Seins gegenüber der naturgegebenen Ungewißheit über die eigene Zukunft. Eine freie Entfaltung in Selbstbestimmung und die Sicherung eines autonomen Bereiches privater Lebensgestaltung wäre nicht möglich, wenn sich Dritte gewiß wären, welchem Schicksal der einzelne entgegengeht oder wo seine effektivsten Verwendungsmöglichkeiten liegen, vielleicht sogar dann nicht, wenn dies dem Betroffenen selbst gewiß wäre. Die in diesem Sinne verstandene Ungewißheit anderer über die Angelegenheiten seines Menschseins, über die er nicht selbst disponiert hat, ist damit Grundlage menschlicher Freiheit und einer Würde, die ihn als unwissend und unzureichend, als "Entwurf der Natur", akzeptiert und schützt [1].

Alle anderen Gegenstände des Einblicks in den Menschen, wie Chromosomen oder Genprodukte, sind, wie es ihrem Begriff schon innewohnt, "Produkte" des insoweit ursächlichen genetischen Programms. Ihre Analyse kann stets nur ausschnitthaft Auskunft und Rückschluß über den Gesamtplan zulassen. Damit kommt dem genetischen Code bereits systematisch eine grundlegend andere, eigene Bedeutung zu. Diese Bedeutung vermag sich auch im Selbstwertgefühl des Indiviuums widerzuspiegeln. Auch wenn man nicht der Ansicht ist, daß die Menschenwürde das Maß der vom einzelnen tatsächlich vollbrachten Identitätsbildung und Entfaltung schützt [2], so schützt sie doch die Möglichkeiten hierzu.

Die menschliche Würde ist gerade deswegen Teil des informationellen Selbstbestimmungsrechts, weil sie die Autonomie des Individuums nicht nur in körperlicher, sondern auch in informationeller Hinsicht schützt.

Das genetische Programm ist der biologische Grundstein menschlicher Identitätsbildung [3]. Die aus dieser Quelle stattfindende zwangsweise Erhebung und Verwertung von Informationen über den einzelnen, die ihm selbst nicht bekannt sind, zu Zwecken, die er selbst nicht gesetzt hat, bedeutet eine der stärksten Mißachtungen menschlicher Autonomie, eine Behandlung als Mittel und Objekt der Fremdbestimmung, weil dadurch sowohl die körperliche als auch die seelisch-geistige Identität in ihrem

---

1 Siehe dazu: Vitzthum, JZ 1885, S. 208
2 Siehe dazu bereits die Darstellung oben, Teil C, I 1 a
3 Siehe dazu auch: Püttner/Brühl, JZ 1987, S. 532

Kern angetastet werden und verletzt grundsätzlich die menschliche Würde [1].

Ein solcher Eingriff in die menschliche Selbstbestimmung, der das Individuum im engsten Innenbereich zum Objekt der Informationserhebung macht, liegt damit unter folgenden kumulativen Voraussetzungen vor: die Analyse muß gegen oder ohne den Willen des Betroffenen erfolgen. Dies ist anzunehmen, wenn sie durch oder aufgrund Gesetzes erfolgt und soweit das Gesetz ohne Bindung an eine ausreichende Absicherung freiwilliger Einwilligung die Analyse zuläßt. Gegenstand der Analyse muß die menschliche DNA sein und die Analyse muß so durchgeführt werden, daß sie im Ergebnis einen Informationsgehalt aufweist. Das trifft grundsätzlich für Analysen im codierenden Bereich der DNA zu. Der Informationsgehalt bezieht sich dabei auf gegenwärtige oder künftige Zustände des menschlichen Körpers oder Geistes.

Damit ist es auch unerheblich, ob die Analyse überhaupt zu irgendeinem Zweck erfolgt, oder nur "auf Vorrat" für spätere Nutzungen. Umgekehrt könnte es aber an einem Menschenwürdeverstoß fehlen, wenn lediglich Ergebnisse solcher Analysen abgefragt würden, die der Betroffene in autonomer Entscheidung selbst veranlaßt hat.

Bei Befunden, die nicht erst durch einen angeordneten Aufwand zustandekommen, sondern dem Betroffenen durch eigenes Tätigwerden bekannt geworden sind, fehlt es an der Verletzung der autonomen Entscheidung, Informationen gar nicht erst aus dem persönlichen biologischen Innenbereich zu fördern.

Hat der Betroffene die Entschlüsselung biologischer Gegebenheiten zur Information selbst frei veranlaßt, dann fehlt es an dem die Menschenwürde tangierenden finalen Element, das ihn und seine DNA zum Mittel und Objekt der Informationserhebung macht. Die Erhebung solcher Informationen kann dann lediglich den Schranken des ISR unterliegen.

Nach alledem kann es nicht auf die Quantität der mit einer DNA-Analyse gewonnenen Informationen ankommen. Bereits die Informationserhebung in einer einzigen Richtung,

---

1 Ähnlich Rademacher, S. 122 ff., die aber bereits in der Extraktion der DNA einen Menschenwürde verstoß sieht, unabhängig davon, ob durch den Einsatz von Sonden gar keine oder Informationen verschiedenen Umfangs erschlossen werden; dies., Strafverteidiger 1989, S. 549; dies. NJW 1991, S. 736; Keller, NJW 1989, S. 2296; Angela Schmidt, S. 43; Donner/Simon, DÖV 1990, S. 917, die "nur eine auf freiwilliger Basis vorgenommene Genomanalyse als mit der Menschenwürde vereinbar" ansehen; Püttner/Brühl, JZ 1987, S. 530; siehe auch Vitzthum, MedR 1985, S. 255; zum Autonomieargument auch Amelung, S. 50; Krahnen in: Schroeder-Kurth, S. 70 f.

etwa in Bezug auf eine einzige Disposition, genügt zur Würdeverletzung. Eine erst vollständige Erfassung oder ein Gesamteinblick sind dafür nicht Voraussetzung.

h) Die "gute" Absicht

Aus der Rechtsprechung des BVerfG ist durch Stimmen im Schrifttum abgeleitet worden, maßgebend für Abgrenzungen im Bereich der Menschenwürde könne die hinter dem Eingriff stehende Absicht sein [1]. Das BVerfG hatte angesichts der Objektformel ausgedrückt, die unwürdige Behandlung müsse Ausdruck einer Mißachtung des Wertes, der dem Menschen kraft seines Personseins zukomme, folglich eine verächtliche Behandlung sein [2]. Bereits das Minderheitsvotum in derselben Entscheidung hielt dem entgegen, der Staat habe stets den Eigenwert des Menschen zu achten, er dürfe auch dann nicht wie ein Gegenstand behandelt werden, wenn dies nicht aus Mißachtung, sondern in guter Absicht geschehe [3].

Auf den ersten Blick erscheint der Maßstab der guten Absicht überzeugend. Schließlich dürfte es konsensfähig sein, daß Genomanalysen etwa zur Heilung schwerer Krankheiten erstrebenswert sind, weil sie gerade den Schutz und Fortbestand der Gesundheit des Individuums zum Ziel haben. "Gute Absicht" ist aber ein Begriff, der von reinen Wertungen abhängt. Unter ihn könnte man auch subsumieren, Krankheit und Abweichung generell zu verhindern. Was aus solchen Tendenzen werden kann, muß angesichts der Entwicklungen während des NS-Regimes nicht erst dargelegt werden. Auch und gerade in guter Absicht ist die Menschenwürde verletzbar [4].

Sie kann daher kein taugliches Kriterium für Differenzierungen von Menschenwürdeverletzungen bereitstellen.

---

1 Benda, Aus Politik und Zeitgeschichte 1985, S. 33 ff.; Angela Schmidt, S. 141
2 BVerfGE 30, 1 (27)
3 BVerfGE 30, 1 (40)
4 v. Mangoldt/Klein/Starck, Art. 1 I, Rn 10; Jarass/Pieroth, Art. 1, Rn 6; ablehnend auch Vitzthum, JZ 1985, S. 204; Vollmer, S. 97; Künzler, S. 139; Spiekerkötter, S. 96 f.; Donner/Simon, DÖV 1990, S. 913

i) Nicht menschenwürdeverletzende ISR-Eingriffe

aa) Individualisierungen

Soweit DNA-Analysen zur Individualisierung eingesetzt werden, geschieht dies mit Hilfe von Verfahren, bei denen gar nicht oder nur bedingt Überschußinformationen anfallen. Außerdem gibt es Möglichkeiten, den Erhalt von Überschußinformationen zu verhindern [1]. In diesem Fall wird durch die Analyse keine Aussage über die Konstitution des Betroffenen in Gegenwart oder Zukunft ermöglicht. Stattdessen wird "nur" eine Aussage über seine Identität ermöglicht. Damit wird zwar der genetische Code zum Zugriffsobjekt der Analyse gemacht, was nach den obigen Überlegungen als nicht ganz unbedenklich erscheint. Dennoch fehlt es an einer Menschenwürdeverletzung, solange sichergestellt ist, daß über die Identitätsfeststellung hinaus keine Informationen über die Person abgeleitet werden können.
Zwar können aus der Feststellung der Identität weitere Informationen als Folgewirkung erwachsen. So ist mit der Identität zwischen dem Bandenmuster des Betroffenen und dem von Tatortspuren beziehungsweise dem eines Kindes gleichzeitig eine Aussage über Täterschaft beziehungsweise Vaterschaft verbunden. Diese Folgeinformation steht aber nicht im Zusammenhang mit der genetischen Konstitution des Betroffenen. Mit ihr sind keine Aufschlüsse über bestehende oder künftige Eigenschaften des menschlichen Körpers oder Geistes verbunden, solange sich das Verfahren auf die nicht-codierenden DNA-Teile beschränkt.

bb) Einwilligungen

Außerdem könnte eine rechtfertigende Wirkung von der durch den Betroffenen freiwillig erklärten Einwilligung in die Vornahme von DNA-Analysen oder die Offenbarung daraus resultierender Ergebnisse ausgehen. Diese Wirkung könnte sich sowohl auf Eingriffe beziehen, die menschenwürdeverletzender Art sind, als auch auf alle übrigen Eingriffe in das ISR.

---

1   Siehe zu diesen Problemen bereits oben, Teil A, III 4 c

cc) Offenbarungspflichten

Die Inanspruchnahme von Offenbarungspflichten gegenüber dem Betroffenen ist bereits insoweit menschenwürdeverletzend, als der Betroffene durch oder aufgrund gesetzlicher Anordnung dazu verpflichtet wird, seine DNA-Daten erheben zu lassen. Das muß erst recht gelten, wenn die Erhebung nur zum Zwecke der anschließenden Offenbarung ihrer Ergebnisse erfolgt. Eine Menschenwürdeverletzung wäre daher aber auch zu vermeiden, wenn die DNA-Analyse nicht zum Zwecke der anschließenden Offenbarung, sondern durch den Betroffenen in autonomer Entscheidung zu eigenen Zwecken durchgeführt wurde. Es fehlt dann an der zur Menschenwürdeverletzung führenden Finalität, die den Analyseanlaß und die Informationsauswertung miteinander verknüpft, und an dem die Autonomie durchbrechenden Zwang.

Wurden die Analysedaten durch den Betroffenen selbst rechtmäßig erhoben, dann könnte deren gesetzlich angeordnete Weitergabe lediglich einen Eingriff in das ISR darstellen, der gesetzlich oder vertraglich gerechtfertigt werden könnte.

Offenbarungspflichten, die nicht an den Betroffenen selbst, sondern an den Arzt gerichtet sind, der die Analysen durchführt, könnten dementsprechend ebenfalls zulässig sein.

dd) Anonymisierungen

Der Umgang mit anonymisierten Daten führt zu geringeren Eingriffstiefen als übliche Datenverarbeitungsvorgänge und kann daher leichter gerechtfertigt sein. Er bietet sich vor allem zu Forschungszwecken im Gesundheitswesen an.

Eine Erhebung von Daten, die keinen Personenbezug aufweisen, wäre nicht als Eingriff in das ISR zu betrachten. Mangels Informationsgehalt der so erhaltenen Daten wäre auch ein Menschenwürdeeingriff zu verneinen, soweit man ihn aus dem Kernbereich des ISR ableitet [1]. Ein völliges Fehlen des Personenbezugs ist aber nur anzunehmen, wenn eine "echte" Anonymisierung in dem Sinne vorliegt, daß die Einzelangaben überhaupt nicht mehr einer bestimmten oder bestimmbaren natürlichen Person zugeordnet

---

1 Freilich bliebe die Möglichkeit offen, eine Verletzung des Art. 2 II S. 1 GG sowie des dort angesiedelten Menschenwürdegehalts anzunehmen.

werden können [1]. Solche Anonymisierungen stehen jedoch dem Zweck wissenschaftlicher Forschung und präventiver Gesundheitspolitik weitgehend entgegen [2]. Daher ist dort die nachträgliche Anonymisierung der Regelfall [3], bei der der Personenbezug nicht gänzlich entfällt, sondern nur erschwert wird und Datenschutzgesetze folglich anwendbar bleiben. Weil eine entsprechende nachträgliche Anonymisierung nur rechtmäßig sein kann, soweit sie rechtmäßig erhobene Daten betrifft, kann sie nur für jene Bereiche diskutabel sein, in denen Daten aus DNA-Analysen ohne Menschenwürdeverstoß erhoben werden können. Dabei ist insbesondere an Anonymisierungen nach Einwilligung des Betroffenen zur Erhebung von genetischen Daten zu denken.

j) Ergebnis

Staatlich initiierte DNA-Analysen gegen den Willen des Betroffenen zu einem staatlich festgelegten Zweck greifen so intensiv in den innersten Kernbereich des ISR ein, daß sie nicht mehr zu rechtfertigen sind [4]. Sie stellen damit einen Menschenwürdeverstoß dar, weil die potentielle und tatsächliche Identität des Menschen als Wesen, daß sich in seinen seelischen und biologischen Gegebenheiten auch für die Zukunft selbst zu bestimmen trachtet, selbst dann verletzt wird, wenn die Analyse in guter Absicht durchgeführt wird.

Daraus folgt, daß grundsätzlich weder Gesetzgebung, Rechtsprechung noch vollziehende Gewalt i.S.d. Art 1 III GG DNA-Analysen an Bürgern gegen oder ohne deren Willen durchführen, anordnen oder gestatten dürfen. Der Rechtsprechung ist es verwehrt, bestehende Gesetze oder richterrechtliche Institute, die körperliche Untersuchungen oder Untersuchungsverfahren an bereits gewonnenen Körpersubstanzen an sich erlauben, so anzuwenden oder auszulegen, daß damit DNA-Analysen durchgeführt werden. Es ist eine teleologische Reduktion aller Regeln, die eine Erhebung medizinischer

---

1   Auernhammer, § 3, Rn 47; Dammann in Simitis, § 3, Rn 202; Bergmann/Möhrle/Herb, § 3, Rn 111
2   Einwag, ArztuR 5/1992, S. 8; Schrage, RDV 1990, S. 117; Ordemann/Schomerus, § 40, 2.3; Dammann in Simitis, § 3, Rn 216
3   Dammann in Simitis, § 3, Rn 204, 211 f.
4   Siehe auch DSB-Konferenz vom 26./27. Okt. 1989, Genomanalyse und informationelle Selbstbestimmung, in: Simitis-Doku., F 51

Daten anordnen oder zulassen, insoweit nötig, als Untersuchungen der DNA nicht darunter fallen [1]. Eine analoge Anwendung der bestehenden Vorschriften scheidet aus [2]. Die Gesetzgebung, die sich auch auf privatrechtliche Gesetze erstreckt [3], hat die grundsätzliche Unzulässigkeit der DNA-Analyse auch für das Privatrecht zu beachten.

Eine Zulässigkeit der Erhebung genetischer Daten mittels DNA-Analysen kann sich lediglich aus den genannten Ausnahmen, also dann ergeben, wenn kein Menschenwürdeverstoß feststellbar ist. Dann hängt die Zulässigkeit indes immer noch von der Schrankensystematik des ISR ab.

k) Recht auf Nichtwissen

aa) Ableitung in der Literatur

Durch die Genomanalyse ergibt sich erstmals das praktische Problem, daß Dritte über Daten verfügen könnten, die noch nicht einmal dem Betroffenen selbst bekannt sind. Neben der aus medizinischer Sicht erstrebenswerten Hoffnung, durch Kenntnis genetischer Daten Heilung herbeizuführen, steht die Gefahr, daß der Betroffene mit dem Wissen über seine genetische Konstitution nicht fertig wird. Die Kenntnis über die prozentuale Wahrscheinlichkeit, ob eine Krankheit bei ihm ausbrechen wird, welche es und wie schwerwiegend sie sein kann, bedeutet für manchen eine unerträgliche Belastung, die "sein Selbstverständnis und Selbstwertgefühl verändern und seine Lebensplanung und Lebensführung nachhaltig beeinflussen, belastend und lähmend wirken und das Gefühl der Ausweglosigkeit vermitteln" kann [4].

---

1 Wiese, S. 71, ders., RdA 1986, S. 126; ders., DuD 1993, S. 277; ähnlich Keller, NJW 1989, S. 2295 in Bezug auf § 81 a StPO; TAB 1993, S. 108 für den Bereich des Arbeitsrechts
2 Schierbaum/Kiper, AiB 1992, S. 631; Simon, MDR 1991, S. 13; Diekgräf, BB 1991, S. 1858, mit der Bemerkung (in Fn 70), die jüngste Rechtsprechung zu § 81 a StPO könne nicht fruchtbar gemacht werden, weil es dort um die nicht-codierenden DNA-Teile gehe
3 Canaris, JuS 1989, S. 161; Stern III/1, S. 1565 f.; 1578 f.; v. Mangoldt/Klein/Starck, Art. 1 III, Rn 141; Jarass/Pieroth, Art. 1, Rn 23; BVerfGE 31, 58 (72 f.); 63, 181 (195)
4 Wiese in: Festschrift für Niederländer, S. 481; ähnlich Krahnen in: Schroder-Kurth, S. 69 f.; siehe auch zu den praktischen sozialen Auswirkungen: Der Spiegel 3/1993, S. 186 ff.: "Schicksalsspruch vom Gen-Orakel"; 51/1993, S. 168 ff.: "Alle Macht den Genen ?"

Im Schrifttum wird daher diskutiert, ob es ein "Recht auf Nichtwissen" geben könne [1]. Erstmalig hat wohl Hans Jonas diesen Begriff geprägt [2], der dann von Benda übernommen wurde [3]. Danach müsse der Mensch einen "Anspruch darauf (haben), über sich selbst nicht mehr wissen zu müssen, als man selbst will. (. . .) Es gehört zur Eigenverantwortung jedes Menschen, daß nur er selbst hierüber entscheidet. Genom-Analyse darf daher nicht zwangsweise durchgeführt werden" [4]. Diesem Gedanken schlossen sich zahlreiche Autoren an [5].

Dabei wird darauf hingewiesen, dieses Recht sei auch deshalb notwendig, weil es einen Handlungsbereich gäbe, der vor dem Zeitpunkt der Datenverarbeitung liege. Der Kernbereich der Persönlichkeit werde bereits berührt, bevor es durch die Erhebung [6] oder die Sammlung [7] von genetischen Daten zu einer Verletzung des Persönlichkeitsrechts kommen könne. Dieser Handlungsbereich beinhalte die Entscheidungsfreiheit des Betroffenen, über die Möglichkeit der Datenerhebung selbst zu entscheiden [8]. Eine Abgrenzung zwischen dem ISR, so, wie es bisher bekannt ist, und dem Recht auf Nichtwissen wird darin gesehen, daß beim ISR in der bisherigen Interpretation der einzelne bestimmen dürfe, ob Dritte Daten über ihn sammeln und verarbeiten, während das Recht auf Nichtwissen ihm erlaube, zu entscheiden, ob er selbst seine

---

1 Vitzthum spricht von einem "Recht auf Unkenntnis" in: Das akzeptierte Grundgesetz, S. 188; Simon spricht von einem "Recht auf Unwissenheit", MDR 1991, S. 13
2 Jonas, Scheidewege 1982, S. 483 ff.; ders. Technik, Medizin und Ethik, S. 189 ff.
3 Benda, Aus Politik und Zeitgeschichte 1985, S. 34; NJW 1985, S. 1734; siehe aber auch die Aufnahme dieses Rechts in die Richtlinien der Internationalen Huntington-Gesellschaft im Jahre 1987, dazu Krahnen in: Schroeder-Kurth, S. 87 f.
4 Siehe die vorhergehende Fn
5 Siehe etwa: Wellbrock, CR 1989, S. 209; Tinnefeld, NJW 1993, S. 1118; dies., Computerwoche 1993, S. 38 f.; dies., DuD 1993, S. 262; Tinnefeld/Böhm, DuD 1992, S. 63; Steinmüller, DuD 1993, S. 9; Donner/Simon, DÖV 1990, S. 913; BLAG, S. 17; Daele, S. 83 ff.; Hirsch/Eberbach, S. 349; Menzel, NJW 1989, S. 2042; Wiese in: Festschrift für Hubert Niederländer, S. 475 ff.; ders., DuD 1993, S. 276; Präve, Versicherungswirtschaft 1992, S. 660; ders., ZfV 1991, S. 83; ders., VersR 1992, S. 280; Rüdiger/Vogel, Dt. Ärztebl. 1992, S. B-1017; Schierbaum/Kiper, AiB 1992, S. 631; Simon, MDR 1991, S. 13; Vitzthum in: Das akzeptierte Grundgesetz, S. 188; Gutachten Simon, S. 82 ff., 200; Angela Schmidt, S. 120 f.
6 Zu dieser zeitlichen Einordnung: Tinnefeld, NJW 1993, S. 118
7 Zu dieser zeitlichen Einordnung: Donner/Simon, DÖV 1990, S. 113
8 Donner/Simon, DÖV 1990, S. 913; Tinnefeld, NJW 1993, S. 1118

eigenen Daten kennen will oder nicht [1]. Niemand dürfe gegen oder ohne den Willen des Betroffenen von den Möglichkeiten der Genomanalyse Gebrauch machen [2]. Teilweise wird gefolgert, "vor unfreiwilliger Selbsterkenntnis durch die Information über bereits erhobene genetische Daten" [3] schütze nicht das ISR, sondern es sei das allgemeine Persönlichkeitsrecht einschlägig [4]. Auf der anderen Seite wird aber auch angedeutet, das Recht auf Nichtwissen sei direkt aus dem ISR entlehnbar [5]. Es handle sich nicht um ein Aliud gegenüber dem ISR, sondern es sei "lediglich weiter als dieses, insofern, als daß es sich nicht auf den datenschutzrechtlichen Aspekt beschränkt" [6]. Insgesamt erscheint der juristische Gehalt des Rechts auf Nichtwissen bisher wenig präzisiert [7].

bb) Stellungnahme

Der Schutz der Selbstbestimmung als Ausprägung des allgemeinen Persönlichkeitsrechts aus Art. 2 I i.V.m. Art. 1 I GG ist zwar "im Blick auf moderne Entwicklungen und die mit ihnen verbundenen neuen Gefährdungen. . . nicht abschließend" [8]. Ein Recht auf Nichtwissen könnte daher durchaus eine neue Konkretisierung des Persönlichkeitsrechts bilden.

Es kann aber nicht für jeden neuen Inhalt eine eigene Grundrechtsgewährleistung kreiert werden. Solange die Konstruktionselemente bestehender Schutzbereichsdefinitionen ausreichen, muß es bei deren Anwendung bleiben. Bei der Frage, ob sie ausreichen, fällt zunächst ins Auge, daß die herkömmliche juristische Konstruktion

---

1 Wiese in: Festschrift für Hubert Niederländer, S. 484; Tinnefeld/Böhm, DuD 1992, S. 63; Angela Schmidt, S. 121
2 Gutachten Simon, S. 200
3 Cramer, S. 253
4 Cramer, S. 253 ff., der dabei auf die aus dem Menschenwürdegehalt des allgemeinen Persönlichkeitsrechts fließende Selbstbestimmung abhebt
5 Wiese in: Festschrift für Hubert Niederländer, S. 484, der allerdings offenläßt, ob im Rahmen des § 823 BGB eine Zuordnung zu "einem der bereits bekannten Schutzbereiche des allgemeinen Persönlichkeitsrechts", einem "Persönlichkeitsrecht am Genbereich als Ausschnitt des Persönlich keitsrechts an der Eigensphäre" oder "einer Erscheinungsform des informationellen Selbstbestimmungsrechts" geboten ist. Siehe auch Tinnefeld, DuD 1992, S. 63 f.
6 Angela Schmidt, S. 121
7 Wiese in: Festschrift für Hubert Niederländer, S. 477 f.
8 BVerfGE 65, 1 (41)

mit den faktischen Auswirkungen der neuen naturwissenchaftlichen Technik nicht kongruent zu sein scheint.

Mangelnde Kongruenz könnte sich in drei verschiedenen Bereichen ergeben, nämlich einer temporalen, einer voluntativen und einer intellektuellen Komponente.

(1) Intellektuelle Komponente

Zur intellektuellen Komponente, nämlich der der Datenkenntnis:

Bisher bezieht sich der Schutz des ISR in der Phase der Erhebung typischerweise auf die Informationsrichtung vom Betroffenen auf einen Dritten [1], soweit die "Befugnis des einzelnen, grundsätzlich selbst zu entscheiden, wann und innerhalb welcher Grenzen persönliche Sachverhalte offenbart werden" [2] oder "die Befugnis des einzelnen, grundsätzlich selbst über die Preisgabe und Verwendung seiner persönlichen Daten zu bestimmen" [3] geschützt war.

Mit der dabei stattfindenden Entäußerung der Daten des Betroffenen ist grundsätzlich auch die Kenntnisnahme oder zumindest die Möglichkeit der Kenntnisnahme durch die erhebende oder speichernde Stelle verbunden. Typischerweise bezieht sich dieser grundrechtliche Schutz des ISR auf Daten des Betroffenen, deren Informationsgehalt ihm selbst bereits bekannt ist. Anders könnte dies bei der DNA-Analyse sein, weil es durch deren Technik zu einem Auseinanderfallen von personenbezogenen Daten mit ihrem objektiven, potentiellen Informationsgehalt, den eine Fachperson herauslesen kann, und deren subjektiven, also für den Betroffenen bewertbaren Informationsgehalt kommt. Die Daten sind zwar potentiell interpretierbar, die Interpretationsfähigkeit liegt aber in aller Regel nicht beim Betroffenen, sondern bei einem anderen. Das ändert zwar nichts an der Personenbezogenheit der durch die Analyse entstehenden Daten [4], es ermöglicht aber erst, daß Daten die Sphäre des Betroffenen verlassen, deren Informationsgehalt er selbst nicht kennt.

Das führt zu einer "Versetzung" im Informationsfluß: erst nachdem ein Dritter Kenntnis genommen hat, besteht überhaupt die Möglichkeit, daß der Betroffene selbst Kenntnis

---

1   Der Begriff des "Dritten" wird hier nicht im datenschutzrechtlichen Sinne, wie etwa in § 3 IX BDSG, verwendet, sondern parallel zum Begriff der "speichernden Stelle" gem. § 3 VIII BDSG

2   BVerfGE 65, 1 (42)

3   BVerfGE 65, 1 (43)

4   Siehe dazu bereits oben Teil C, II. 1. bb) (1)

erhält[1]. Dabei erscheint es sinnvoll, zwischen Kenntnis und Erkenntnis zu unterscheiden. Der Betroffene mag zwar wissen, daß ein anderer über seine persönlichen Daten verfügt[2], es mangelt ihm aber trotzdem an dem Wissenszuwachs, der durch die Kenntnis des Dateninhalts zustandekommt [3]. Der mangelnden Dateninhaltskenntnis des Betroffenen auf dem Informationsweg zwischen ihm und dem Dritten steht dabei sein mögliches Interesse gegenüber, diese Kenntnis auch nicht auf umgekehrtem Wege zu erhalten [4]. Damit ist bei der DNA-Analyse die Kenntnis des Informationsgehalts eigener Daten nur über eine andere, nämlich die datenerhebende Stelle möglich [5]. Das muß aber nicht bedeuten, daß sich der grundrechtliche Schutz des ISR nicht mehr auf diese Daten erstreckt. Eine Beschränkung des grundrechtlichen Schutzes auf dem Betroffenen bekannte Informationen wäre beachtlich, wenn der Kenntnisstand beim Betroffenen derart im Zusammenhang mit der Schutzrichtung und dem Schutzumfang des ISR stehen würde, daß das Fehlen der Dateninhaltskenntnis eine Minderung des Schutzes bedingen könnte. Das wäre der Fall, wenn der Schutz auch um der Dateninhaltskenntnis des Betroffenen willen gewährt würde. Dann müßte derjenige, der seine Dateninhalte selbst nicht kennt, damit rechnen, daß diese Daten dem freien Zugriff anderer unterliegen. Das ist aber schon bisher nicht der Fall, denn beim ISR geht es nicht um eine Sanktionierung von Nachlässigkeiten in eigenen Angelegenheiten, in Selbstbeobachtung oder in Selbstverwaltung. Dies belegt einfachgesetzlich der in den Datenschutzgesetzen zu findende Begriff der Datenveränderung, der unter

---

1 Eine Ausnahme läge wohl nur dann vor, wenn sich eine entsprechende qualifizierte Person, etwa ein Humangenetiker, selbst analysieren würde.

2 Dies soll im folgenden mit dem Begriff der "Datenkenntnis" gemeint sein

3 Dies soll im folgenden mit dem Begriff der "Dateninhaltskenntnis" gemeint sein

4 Das gilt nicht nur zwischen dem Betroffenen und der Fachperson, die die Analyse durchführt, sondern auch in Verwandtschaftsbeziehungen. Betrachtet man die erhobenen Daten auch als personenbezogene Daten des Verwandten, so ist auch er Betroffener. Aus seiner Sicht können vor ihm die Fachperson und der ratsuchende Verwandte Kenntnis "seiner" Daten erhalten. Diese Möglichkeit besteht weiterhin während und nach allen zusätzlichen Verarbeitungs- und Nutzungsvarianten.

5 Als Ausnahme hierzu kämen Test-Kits in Betracht, mit deren Hilfe der Betroffene allein zuhause eine Analyse durchführen und gleichzeitig bewerten kann, siehe dazu bereits oben Teil A, IV.; der Umstand, daß der Betroffene nur durch eine andere Person Kenntnis seiner eigenen Daten erhalten kann, ist im übrigen auch schon in anderen Zusammenhängen praktisch geworden, etwa bei der Analyse von Körperflüssigkeiten oder bei Röntgenverfahren.

anderem das Verknüpfen oder Hinzufügen von Datenbestandteilen umfaßt [1] und Schutz gegen Sinnentstellung oder Verfälschung bezweckt [2]. Die Datenverknüpfung führt bei der speichernden Stelle zum Gewinn neuer Erkenntnisse beziehungsweise zu einer neuen Qualität der Daten mit einem neuen Informationsgehalt [3]. Die Datenveränderung ist gem. § 4 I i.V.m. § 3 V Nr. 2 BDSG Teil des datenschutzrechtlichen Verbots mit Erlaubnisvorbehalt und eine unbefugte Veränderung gem. § 43 I Nr. 1 BDSG strafbewehrt. Daraus folgt, daß gerade aufgrund der Tatsache, daß mit moderner Technik Daten über Betroffene ohne deren Wissen aus vorhandenen Beständen erst verknüpft werden können [4], was auch der Aufmerksamste nicht verhindern kann, die Art des Schutzes eigener Daten durch eigene Unkenntnis des Inhalts [5] grundsätzlich nicht modifiziert wird. Der Umstand, daß der Betroffene seine eigenen genetischen Daten nicht kennt, ändert also bezüglich dieser Daten nichts an der Schutzfunktion des ISR.

(2) Voluntative Komponente

Zur voluntativen Komponente, nämlich der des "Nichtwissen-wollens":
Die Entwicklung moderner Gentechnologie hat, indem der Empfänger der Daten erst im Nachhinein dem Betroffenen dessen eigene Daten bekannt machen kann, nicht nur zu einer "Versetzung" des Informationsweges geführt, sondern den Rückweg der Information derart verändert, daß ein "Schutz vor sich selbst" [6] notwendig erscheint. Lag bisher ein möglicher Eingriff in das ISR darin, Daten des Betroffenen zu erheben oder zu verarbeiten, so könnte die mit drohendem Erkenntniszuwachs einhergehende Rückgabe der in den Daten enthaltenen Information nun ebenfalls einen Eingriff darstellen. Fraglich bleibt dabei, ob es sich dann noch um einen Eingriff in das ISR handeln kann.

---

1 Auernhammer, § 3, Rn 31; Ordemann/Schomerus, § 3, 9.1
2 Auernhammer, § 28 Rn 14, § 29 Rn 9; Ordemann/Schomerus, § 3, 9.1; teilweise wird hierfür auch der Begriff der Nutzung verwendet
3 Tinnefeld/Ehmann, S. 93; Mallmann in: Simitis, § 29, Rn 72; Auernhammer, § 29, Rn 5; Ordemann/Schomerus, § 3, 9.1, § 14, 1.2
4 Siehe etwa für den Bereich des Arbeitsrechts Wohlgemuth, Rn 478 ff.; weitere Beispiele bei Dammann in: Simitis, § 3, Rn 134 ff.
5 Dabei fehlt nicht nur die Kenntnis darüber, daß ein anderer über persönliche Daten verfügt, sondern auch die Kenntnis des Informationsgehalts der Daten.
6 Siehe dazu von Münch in: Festschrift Ipsen, S. 113 ff., der diese Figur im Ergebnis ablehnt

Eine Antwort könnte sich aus der Stellung des datenschutzrechtlichen Auskunftsanspruchs ergeben. Gibt dieser Anspruch ein Recht auf Datenkenntnis und auf Dateninhaltskenntnis, soweit sie bei Dritten gespeichert sind, so ist das Interesse, keine Dateninhaltskenntnis zu erlangen, dessen negatives Komplement [1]. Wäre der Auskunftsanspruch innerhalb des ISR-Schutzbereichs anzusiedeln, dann könnte dies auch für den Anspruch auf Nichtwissen gelten. Ob es einen direkten grundrechtlichen Anspruch auf Auskunft aus dem ISR gibt, ist umstritten. Einerseits wird vertreten, das Auskunftsrecht sei nicht unmittelbar aus dem ISR entlehnbar, weil der Bürger daneben noch weitere Kontroll- und Mitwirkungsmöglichkeiten habe [2], weil es kein absolutes Recht am eigenen Datum gebe [3] oder weil die Auskunftserteilung eine staatliche Leistungsgewährung sei, deren Verweigerung keinen Eingriff darstellen könne [4]. Andererseits wird auf die große Bedeutung des Anspruchs als verfahrensrechtliche Sicherung des ISR und zentrales Gegenrecht des Betroffenen hingewiesen [5] und daraus abgeleitet, er entspringe diesem Grundrecht insoweit, als seine Nichterfüllung einen Eingriff in das ISR darstellen könne [6].

---

1 Insofern kommt es praktisch zu einer doppelten Umkehrung. Hat der Betroffene in der Regel keine Kenntnis von der Speicherung seiner Daten, wohl aber eine Dateninhaltskenntnis, aufgrund derer er die ihm im Rahmen des Auskunftsanspruchs mitgeteilten Daten auf ihre Korrektheit abgleichen kann, so verhält es sich bei genetischen Daten genau umgekehrt: der Betroffene wird zwar zumeist wissen, daß ein anderer nach einer Analyse über seine genetischen Daten verfügt, kennt aber nicht ihren Inhalt.

2 Ordemann/Schomerus, § 19, 1.1

3 BVerwGE 89, 14 (17, 21 f.); 84, 375 (378 f.), siehe dort aber auch S. 381, 387; differenzierend Vogelgesang, S. 244 ff.; siehe auch Dammann in: Simitis 1977, § 13 Rn 4 m.w.N. zu dem Streit, inwieweit ein absolutes Recht am eigenen Datum besteht; siehe dazu auch den Vorschlag der Internationalen Huntington-Gesellschaft, Testergebnis und DNA-Material als rechtliches Eigentum des Testteilnehmers zu betrachten, bei: Krahnen in: Schroeder-Kurth, S. 82

4 Ehmann, CR 1988, S. 575

5 Vahle, DuD 1987, S. 438; Scholz/Pitschas, S. 180 f.; Bergmann/Möhrle/Herb, § 34, Rn 4; Auernhammer, § 19, Rn 1; ders., DuD 1990, S. 8; Müller/Wächter, S. 38 f.; OVG Bremen, RDV 1987, S. 196

6 Bäumler, NVwZ 1988, S. 199; Knemeyer, JZ 1992, S. 348; Schwan, S. 40 f.; VG Schleswig-Holstein, RDV 1986, S. 95, 97, wonach eine "Datenauskunftsverweigerung einen schweren Eingriff in das informationelle Selbstbestimmungsrecht darstellt"; OVG Bremen, RDV 1987, S. 196 f., 200; VGH München, NVwZ 1990, S. 777; zusätzlich wird von einigen die Ableitung aus Art. 19 IV GG vorgenommen: Schwan, S. 39 f.; Bäumler, NVwZ 1988, S. 199 f.; differenziert bezüglich eines Anspruchs gegenüber Sicherheitsbehörden Vahle, DuD 1987, S. 438; OVG

(Fortsetzung...)

Weil der Betroffene rein tatsächlich hinsichtlich der Existenz und des Umfangs eines möglichen Eingriffs im Ungewissen schweben kann, stellt das Auskunftsrecht eine Hilfskonstruktion dar, durch die er überhaupt erst in den Stand gesetzt wird, seine Abwehransprüche prozessual geltend zu machen.

Damit ist das Auskunftsrecht einerseits ein nachwirkender Teil der abwehrrechtlichen Komponente des ISR der die mangelnde Kenntnis eines unzulässigen Grundrechtseingriffs beim Betroffenen kompensieren soll und damit im Falle unzulässiger Datenverarbeitung die Voraussetzung für die Wiederherstellung eines rechtmäßigen Zustandes darstellt. Ist damit der Auskunftsanspruch zumindest einfachgesetzliche, verfahrensrechtliche Notwendigkeit, um dem Bürger die Frage zu beantworten, "wer was wann und bei welcher Gelegenheit über ihn weiß" [1], so könnte er aus dem ISR direkt folgen, soweit seine Nichterfüllung einen Eingriff darstellen würde [2]. Das könnte insbesondere für den positiven Handlungsaspekt des ISR gelten, wonach der Betroffene selbst über die Preisgabe und Verwendung seiner Daten bestimmen kann [3]. Damit rückt der Autonomiegehalt des Grundrechts in den Vordergrund, der durch den freiwilligen Entschluß des Betroffenen zu einer DNA-Analyse aktualisiert wird. Gäbe es keinen Auskunftsanspruch, so würde der Bürger aus Furcht vor Rechtsverlusten möglicherweise seine aktive Grundrechtsausübung einstellen. Zu dieser Grundrechtsbetätigung zählt aber auch der Entschluß, Daten an Dritte weiterzugeben. Das BVerfG hat diese Problematik nicht nur beim ISR gesehen, sondern auch bei anderen Grundrechten, wie etwa der Versammlungsfreiheit, wenn es feststellt: "Wer unsicher ist, ob abweichende Verhaltensweisen jederzeit notiert und als Information dauerhaft gespeichert, verwendet oder weitergegeben werden, wird versuchen, nicht durch solche Verhaltensweisen aufzufallen. Wer damit rechnet, daß etwa die Teilnahme an einer Versammlung oder einer Bürgerinitiative behördlich registriert wird und daß ihm dadurch Risiken entstehen können, wird möglicherweise auf eine Ausübung seiner entsprechenden

---

6 (...Fortsetzung)
  Berlin, NVwZ 1987, S. 819; siehe dazu, daß der Auskunftsanspruch wiederum einschränkbar ist und zu den Grenzen dieser Einschränkungen: VG Freiburg, DuD 1990, S. 270 f.; VG Hamburg, Strafverteidiger 1989, S. 524 f.
1 BVerfGE 65, 1 (43)
2 Ähnlich Angela Schmidt, S. 121; siehe auch Wiese, S. 22
3 BVerfGE 65, 1 (43); siehe auch Geiger, NVwZ 1989, S. 36

Grundrechte (Art. 8. 9 GG) verzichten" [1]. Damit schützt das Grundrecht auch gegen Handlungen, die vor- oder nachwirkend seine Ausübung beeinträchtigen können. Eine solche Beeinträchtigung liegt aber in der Furcht, keine Auskunft über die gespeicherten Daten erhalten zu können [2] und dem daraus folgenden Entschluß, das Grundrecht nicht ausüben zu wollen.

Daraus könnte man schließen, daß umgekehrt auch der Anspruch, keine Auskunft zu erhalten, also der Anspruch auf Nichtwissen, in den Schutzbereich des ISR fallen müßte. Darauf, daß die genetischen Daten dem Betroffenen von Anfang nicht bekannt sind, würde es ebensowenig ankommen, wie dies beim Auskunftsanspruch der Fall ist. Die Zulässigkeit eines solchen Umkehrschlusses ließe sich vielleicht bestreiten mit dem Hinweis, daß eine Umkehrung der Schutzrichtung erfolgt, wodurch ein "Recht auf Schutz gegen sich selbst" kreiert würde, das gegenüber dem bisherigen Schutz gegen Informationseingriffe Dritter, gegen den das Auskunftsrecht nachwirkend schützen soll, etwas anderes sein könnte.

Diese Umkehrung ändert aber nichts daran, daß der Schutz nach wie vor gegen Dritte gerichtet ist, denn sie haben es in der Hand, den Betroffenen über seine genetische Konstitution zu informieren. Der Umstand, daß die Mißachtung des Rechts auf Nichtwissen beim Betroffenen psychische Probleme auslösen kann, ändert schließlich ebenfalls nichts am Drittbezug [3].

Das ISR definiert sich auch nicht allein durch den personalen Aspekt, sondern durch dessen Kombination mit Wissenszuwachs und der Gefahr der Multiplikation beider

---

1 BVerfGE 65, 1 (43); 69, 315 (349); siehe auch Pieroth/Schlink, Rn 792; MDH, Art. 8, Rn 87; Bäumler, JZ 86, S. 471 f.

2 Die Auskunft an den Betroffenen durch einen Hoheitsträger kann daher als Teil des grundrechtlichen Abwehrrechts aus dem ISR, bezogen auf eine unbeeinträchtigte Ausübung des Grundrechts, gesehen werden; siehe grundsätzlich zu dieser Struktur bei zusätzlichem Drittbezug: Murswiek, S. 123. Dann ist aber unerheblich, ob der Adressat des Abwehrrechts sein Eingriffsverbot durch ein Unterlassen, nämlich zum Beispiel die Nichterhebung von Daten während einer Versammlung, oder durch ein Leisten, nämlich die Erteilung einer Auskunft, erfüllt. Die Natur der Auskunft als faktische Leistung ist daher kein Argument gegen ihre Ableitung aus dem ISR; so aber Ehmann, CR 1988, S. 575

3 Ein Schutz vor sich selbst als Schutz vor den Folgen eigenen Handelns wäre wohl allenfalls zu gewähren, wenn der Betroffene in die Analyse nicht wirklich frei eingewilligt hätte. Siehe allgemein zum "Schutz vor sich selbst": von Münch in: Festschrift Ipsen, S. 123 ff., 127; Dietlein, S. 220 f., 227 ff.

Faktoren. Ist dieser Wissenszuwachs über Daten des Betroffenen auf Seiten Dritter eingetreten, so könnte die thematische Einschlägigkeit des ISR zunächst "verbraucht" sein, sobald Wissenszuwachs und Drittbezug nicht mehr parallel auftreten, sondern die Vermittlung der Dateninhaltskenntnis von Eigendaten des Betroffenen an ihn selbst erfolgt. Dann wäre an einen subsidiären Schutz des Rechts auf Nichtwissen durch das allgemeine Persönlichkeitsrecht zu denken.

Dem steht aber die Überlegung entgegen, daß die Gefahr der Selbsterkenntnis auf Seiten des Betroffenen die Folge eines typisch datenschutzrelevanten Vorgangs, nämlich der Entäußerung seiner Daten, ist. Soweit der Grundrechtseingriff durch die freiwillige Einwilligung in die Entäußerung gedeckt ist, hat der Betroffene die Gefahr zwar selbst verursacht, er hat aber weder Einfluß auf ihre Verwirklichung noch ist ihm die Verursachung, die ja Grundrechtsgebrauch ist, anzulasten [1]. Der Anspruch darauf, die Realisierung dieser Folgewirkung zu unterlassen, erwächst daher aus dem gleichen Recht, aus dem auch der Anspruch entspringt, die verursachende Handlung ohne Einwilligung oder gesetzliche Grundlage nicht vorzunehmen. Dieses Recht ist aber das ISR.

Dieses Ergebnis entspricht auch der obigen Feststellung, wonach der Schutz des ISR vorwirkende Funktion aufweist. Der Umkehrschluß vom Auskunftsrecht auf das Recht auf Nichtwissen wird auch inwoweit unterstützt, als Zweck des grundrechtlichen Auskunftsanspruchs die Sicherung nachfolgenden Rechtsschutzes gegen Grundrechtsbeeinträchtigungen sein soll, um die Grundrechtsausübung zu gewährleisten. Den gleichen Zweck erfüllt das Recht auf Nichtwissen, indem es dem Betroffenen erst ermöglicht, eine DNA-Analyse als Inanspruchnahme der positiven Gewährleistung des ISR an sich durchführen zu lassen, ohne befürchten zu müssen, daß diese Grundrechtsbetätigung von Anfang an eine Beeinträchtigung in sich birgt, weil die spätere Kenntnisnahme des Dateninhalts nicht abwendbar wäre.

Dem positiven Anspruch auf Auskunft nach einem Eingriff in das ISR steht damit der Abwehranspruch gegen die unfreiwillige Information nach deren grundsätzlich nur im Rahmen der Freiwilligkeit zulässigen Erhebung gegenüber und bildet mit ihm gemeinsam eine Absicherung des ISR gegen Zweiteingriffe.

Das Verfügungsrecht über die eigene Unkenntnis ist deshalb für den Bereich der

---

1 Siehe den ähnlichen Gedankengang in: BVerwG, DVBl. 1989, S. 881

Humangenetik ein durch die moderne Technik aktualisierter Unterfall des Rechts, über die Preisgabe und Verwendung seiner persönlichen Daten zu bestimmen. Es handelt sich um eine spezielle Ausprägung, die man deshalb als "Recht auf Nichtwissen" bezeichnen kann, die aber als Funktion informationeller Selbstbestimmung nicht über das ISR hinausgeht und ihm gegenüber kein Aliud darstellt [1].

(3) Temporale Komponente

Zur temporalen Komponente, nämlich dem Beginn der Wirkung eines Rechts auf Nichtwissen:
Der Schutz durch das ISR beginnt nicht erst mit der Erhebung, sondern bereits in deren Vorfeld im Rahmen eines Gefährdungsschutzes. Nimmt man mit dem bisher Gesagten an, daß sich der Schutz des ISR auch auf Daten bezieht, die dem Betroffenen selbst noch unbekannt sind, so erhöht sich auf der Eingriffsseite die Belastung durch den potentiellen Zweiteingriff, der in der irgendwann in der Zukunft liegenden Kenntnisgabe jener Daten liegt, von denen der Betroffene nichts wissen will.

Das könnte dazu veranlassen, bereits bei der Erhebung die Notwendigkeit zusätzlichen Schutzes zu sehen und in Form eines Rechts auf Nichtwissen anzusiedeln [2], das folglich dann auch zu höheren Anforderungen an die Eingriffsschranken führen müßte.

Das Recht auf Nichtwissen wäre dann spätestens mit der Erhebung von Daten verletzt, die dem Betroffenen selbst unbekannt sind und würde als Spezialität das ISR von diesem Zeitpunkt an verdrängen.

Damit würde aber ein verschärfter Schutz zu einem Zeitpunkt ansetzen, zu dem er möglicherweise noch nicht erforderlich ist.

Differenziert man erst dann zwischen dem Betroffenen bekannten und unbekannten Daten, wenn aus der Sphäre des Dritten die Information des Betroffenen erfolgt oder bevorsteht, so wäre das Recht auf Nichtwissen erst dann verletzbar, wenn der Betroffene nach der Erhebung, möglicherweise erst nach der Verarbeitung gegen seinen Willen in seine Daten eingeweiht würde.

---

1 Zumindest insofern ist Vitzthum Recht zu geben, wenn er sagt, die Genomanalyse "wirft keine grundlegend neuen verfassungsrechtlichen Fragestellungen auf", in: Das akzeptierte Grundgesetz, S. 187
2 Tinnefeld, NJW 1993, S. 118; Donner/Simon, DÖV 1990, S. 113; Cramer, S. 253 ff.

Da die Erhebung persönlicher Daten jedenfalls bereits vom Schutzbereich des ISR umfaßt ist, erscheint ein frühzeitiges Ansetzen des Rechts auf Nichtwissen und damit eine Erhöhung der Eingriffsschranken zu diesem Zeitpunkt nicht erforderlich. Da schon in das ISR nur aufgrund einer Erlaubnisnorm oder einer Einwilligung eingegriffen werden darf, Erlaubnisnormen zur Analyse der menschlichen DNA jedoch grundsätzlich [1] gegen das Menschenwürdegebot verstoßen, ist bereits hier der Zulässigkeitsrahmen im wesentlichen auf die Autonomie des einzelnen reduziert und damit ausreichend Schutz geboten.

Zwar schützt das ISR auch gegen Gefährdungen [2], bloßer Gefährdungsschutz ist indes wie bei allen Verarbeitungs- und Zwecksetzungsgestaltungen erreichbar, indem die Zulässigkeit einer Information des Unwissenden an konkrete Erlaubnissätze oder dessen Einwilligung gebunden wird. Zu einem tatsächlichen Eingriff kommt es beim Recht auf Nichtwissen erst durch die von beiden nicht oder nicht mehr gedeckte Informationsvermittlung an den Nichtwissenden.

Konsequenterweise kann nach einer grundsätzlich nur aufgrund der Einwilligung des Betroffenen zulässigen Erhebung ihm unbekannter Daten auch seine Inkenntnissetzung nur durch seine Einwilligung, nicht aber durch oder aufgrund Gesetzes ohne Menschenwürdeverstoß zulässig sein, was den tatsächlichen Gefährdungsgrad erneut senkt. Hinzu kommt, daß es merkwürdig wäre, wenn man ein Recht auf Nichtwissen bereits bei der Erhebung genetischer Daten ansetzen lassen würde, während es dessen Pendant, der Auskunftsanspruch, nach allgemeiner Meinung nicht erfordert, schon zu diesem Zeitpunkt von einem "Recht auf Wissen" beziehungsweise einem Recht auf Auskunft zu sprechen, welches etwa wegen der Gefahr seiner Verwehrung das ISR verdrängen und zugleich höhere Eingriffsschranken hinsichtlich der Erhebung von Daten errichten müßte [3]. Das Recht auf Nichtwissen schützt daher nicht gegen die Erhebung und Verarbeitung von Daten durch DNA-Analysen schlechthin, sondern es schützt das Recht des Betroffenen, die bei ihm durch Dritte erhobenen und/oder verarbeiteten personenbezogenen genetischen Daten nicht zu erfahren.

---

1 Zu den in Betracht kommenden Ausnahmen siehe oben Teil C, II. 3. i)

2 BVerfGE 65, 1 (44)

3 Daher ist es auch kein Widerspruch, wenn oben zwar das Recht auf Nichtwissen aus dem Gefährdungspotential des ISR abgeleitet wurde, seine konkrete Verletzbarkeit aber nicht an diesen Ursprung gebunden, sondern ihm nachgelagert ist.

Allerdings gilt die oben [1] dargestellte Herleitung eines Menschenwürdeverstoßes damit in gleichem Umfang auch für ein "Recht auf Nichtwissen". Wenn schon Dritte, insbesondere der Staat, sich nicht zwangsweise Kenntnis über den Betroffenen verschaffen dürfen, dann darf ihm selbst erst recht nicht zwangsweise diese Kenntnis vermittelt werden. Ansonsten würde der einzelne zum Funktionselement im Staat gemacht, dem Betrachtungen über seine Wertigkeit im Vergleich zur Gesellschaft und im Vergleich zu den selbst definierten Zielen und Ansprüchen aufgedrängt würden. Damit wäre eine Vorstufe zum staatlich definierten Menschen nach Maß eingeleitet, die allen Grundsätzen des Rechtsstaates widerspräche.

cc) Ergebnis

Als spezielle Ausprägung des ISR existiert ein Recht auf Nichtwissen. Dieses Recht ist als negatives Gegenstück des datenschutzrechtlichen Auskunftsanspruchs anzusehen und schützt den einzelnen davor, Kenntnis insbesondere über genetische Daten mit Aussagekraft über seine persönliche Zukunft durch Dritte zu erlangen, ohne dies selbst zu wollen.

Dieses Recht setzt als spezielles Recht nicht bereits bei der Erhebung genetischer Daten an, die durch das ISR geschützt bleibt, sondern dann, wenn unmittelbar die Gefahr einer Inkenntnissetzung droht oder diese gegen den Willen des Betroffenen erfolgt.

l) Der Entwurf eines Arbeitschutzrahmengesetzes

Der hier vertretenen Konzeption eines Eingriffsverbotes bezüglich des ISR durch die Technik der DNA-Analyse folgt bedingt ein Entwurf für ein Arbeitsschutzrahmengesetz (ArbSchRG) der Bundesregierung der 12. Legislaturperiode. Durch das ArbSchRG soll neben zahlreichen Einzelrichtlinien insbesondere die Arbeitsschutzrahmenrichtlinie 89/391/EWG umgesetzt sowie das bestehende Arbeitssicherheitsgesetz in eine Neuregelung mit umfassendem Geltungsbereich aufgenommen werden,

---

1 Teil C, II. 3. g)

die auch den öffentlichen Dienst erfaßt. Der Gesetzentwurf der Bundesregierung [1] äußert sich zum Problem der Genomanalyse lediglich begrenzt auf den Teilbereich des Arbeitsschutzes, gilt also nicht für Einstellungs- oder Tauglichkeitsuntersuchungen [2]. Die bereits bestehenden Regelungen zu arbeitsmedizinischen Vorsorgeuntersuchungen in speziellen Rechtsbereichen [3] sollen zwar durch die vorgeschlagenen Vorschriften unberührt bleiben. Soweit diese Vorschriften aber Regelungslücken enthalten, sollen sie durch die Regelungen des vierten Abschnitts ergänzt werden. In diesem Abschnitt sind Regelungen enthalten, die einem gekreuzten Vorrang von Ergebnis- und Methodenorientierung innerhalb der Genomanalyse folgen [4]. In der Begründung heißt es, man verstehe die genetische Analyse als Ermittlung nur eines bestimmten Erbmerkmals, und zwar unabhängig von der eingesetzten Methode [5]. So wird denn auch ein völliges Verbot genetischer Analysen zur Feststellung von Krankheitsdispositionen als mit den Zielen des Arbeitsschutzes nicht in Einklang zu bringen bezeichnet. Dementsprechend schränkt der Entwurf im Gesetzestext zwar ein, daß im Rahmen der Vorsorgeuntersuchungen keine Untersuchungen durchgeführt werden dürfen, die der bloßen Aufdeckung von Erbanlagen der untersuchten Person dient, gestattet aber unter gewissen Bedingungen Untersuchungen, durch die bestimmte ererbte Veranlagungen für Erkrankungen, die durch die Beschäftigung an einem bestimmten Arbeitsplatz oder mit einer bestimmten Tätigkeit entstehen können, zu ermitteln sind [6]. Gleichwohl schließt der Entwurf die Methode der DNA-Analyse als Untersuchungsmethode insofern aus, als er ein Verbot mit dem Vorbehalt

---

1 Der Entwurf ist der Diskontinuität angeheimgefallen, BT-Drs. 12/6752 mit Stellungnahme des Bundesrates und Gegenäußerung der Bundesregierung; siehe zu den alternativen Vorschlägen des Bundesrates und der SPD-Fraktion BR-Drs. 440/92 beziehungsweise BT-Drs. 12/2412, die jedoch keine konkreten Aussagen zur DNA-Analyse machen; siehe zum Regierungsentwurf auch Oetker, ZRP 1994, S. 219 ff. m.w.N.
2 Das bedauert Wiese, BB 1994, S. 1209
3 Etwa der Gefahrstoffverordnung, Röntgenverordnung, Strahlenschutzverordnung, Druckluftverordnung oder dem Seemannsgesetz
4 Hier findet sich insofern der Streit zwischen denjenigen, die bereits die Analysemethoden für unterschiedlich gefährlich halten und denjenigen, die ausschließlich auf das Ergebnis abstellen, wieder; siehe dazu für den Arbeitsschutzrahmengesetzentwurf Wiese, BB 1994, S. 1212, der sich auch hier wieder für die ergebnisorientierte Meinung ausspricht und lediglich wegen der "Befürchtungen in der Bevölkerung" eine andere Gestaltung für "vernünftig" hält.
5 BT-Drs. 12/6752, S. 45
6 Dazu zustimmend Wiese, BB 1994, S. 1209

ausdrücklicher gesetzlicher Zulassung errichtet, das sich auf alle Vorsorgeuntersuchungen erstrecken soll. Grund hierfür ist die Sorge, daß Beschäftigte lediglich aufgrund einer Disposition von bestimmten Tätigkeiten ausgeschlossen werden, wie in der Begründung zum Ausdruck kommt [1]. Zusätzlich wird verboten, daß Erkenntnisse aus genetischen Analysen, die außerhalb der gesetzlich geregelten arbeitsmedizinischen Vorsorge oder unter Mißachtung der dafür geltenden Vorschriften gewonnen wurden, verwertet werden. Danach dürfen Ergebnisse aus DNA-Analysen, die nicht für Zwecke der arbeitsmedizinischen Vorsorge erstellt wurden, nicht erhoben, verarbeitet oder genutzt werden. Damit wird auch eine freiwillige Weitergabe durch den Betroffenen aus derartigen anderen Untersuchungen ausgeschlossen [2].

Was die DNA-Analyse anbelangt, entspricht die Konzeption des Entwurfs grundsätzlich den Schlußfolgerungen, die in dieser Arbeit gezogen werden. Dazu im Widerspruch steht allein der Erlaubnisvorbehalt des Gesetzentwurfs hinsichtlich dieses Verbotes. Mit der hier vertretenen Auffassung ist auch ein solcher Vorbehalt grundsätzlich nicht zu vereinbaren [3]. Soweit die politische Bereitschaft zur Umsetzung der Entwürfe in geltendes Recht nicht mehr vorhanden ist [4],

---

1 BT-Drs. 12/6752, S. 46
2 Dagegen wendet sich Wiese, BB 1994, S. 1212 f., der das Verbot freiwilliger Offenbarungen für unverständlich und überzogen hält, dabei aber wohl nicht die Gefahr würdigt, die gerade in der bloß vermeintlichen Freiwilligkeit solcher das gesetzliche Schutzsystem durchbrechenden Informationen liegen kann.
3 So auch 12. Tätigkeitsbericht des LfD Hamburg, S. 195; a. A. Wiese, S. 61, der sich der Begründung des Entwurfs anschließt, wonach ein totales Verbot mit dem Ziel des Arbeitsschutzes nicht in Einklang stünde.
   Inwieweit die Einwilligung des Betroffenen in die Analyse, so wie sie im Gesetzentwurf neben dem genannten Rechtssatzvorbehalt sowie der Zweckbindung und weiteren konkreten Einzelanforderungen wie der Aufklärung, dem Schriftformerfordernis und dem Verbot der personellen Identität von Ärzten, die Eignungsuntersuchungen und DNA-Analysen am Betroffenen durchführen, zur Zulässigkeitsvoraussetzung der DNA-Analyse gemacht wird, dennoch zur Zulässigkeit der Eingriffsnorm führen kann, soll im weiteren Verlauf dieser Arbeit noch untersucht werden.
4 Siehe NJW 1994, Heft 27, S. XXIX: "Kein Arbeitsschutzrahmengesetz mehr in dieser Legislaturperiode" unter Berufung auf die FAZ vom 10. 6. 1994. Danach hatten sich bereits die Spitzenpolitiker der Koalitionsparteien des 12. Deutschen Bundestages darauf verständigt, den Entwurf nicht mehr weiter zu verfolgen; siehe jedoch zur möglichen direkten Wirkung der zugrundeliegenden EG-Richtlinie: Faber, AiB 1995, S. 31 ff.; siehe auch Maschmann, BB 1995,

(Fortsetzung...)

sollte der Problembereich der DNA-Analysen im Arbeitsschutzrecht anderweitig eine baldige gesetzliche Umsetzung erfahren.

4. Rechtfertigung

a) Grundrechtstypische Mindestanforderungen

Nach der soeben entwickelten Auffassung sind angesichts des aus dem ISR abzuleitenden absoluten Eingriffsverbots für staatlich angeordnete DNA-Analysen im codierenden Bereich des menschlichen Erbguts Eingriffe durch oder nach DNA-Analysen nur in folgenden Fällen einer Rechtfertigung möglicherweise zuführbar: bei freiwilligen DNA-Analysen, bei Annahme von Offenbarungspflichten bekannter Analyseergebnisse, bei Anonymisierung von Befunden sowie bei DNA-Analysen, die nicht im codierenden Bereich stattfinden beziehungsweise deren Bezug zum codierenden Bereich durch entsprechende Sicherungsmaßnahmen ausgeschlossen werden kann.

Bevor diese Einzelfragen erörtert werden, sollen die allgemeinen Anforderungen dargestellt werden, die an rechtfertigende Eingriffe in das ISR zu stellen sind. Einschränkungen des ISR bedürfen einer gesetzlichen Grundlage [1]. Wurde früher zur Beschränkung des allgemeinen Persönlichkeitsrechts noch Art. 2 II S. 3 GG herangezogen [2], so wendet das BVerfG seit dem Volkszählungsurteil die Schranken des Art. 2 I an [3]. Dabei besteht die Tendenz zu einem in Einzelbereichen, wie beim ISR, höheren Anforderungsniveau [4]. Ob und inwieweit das Recht auf Nichtwissen einschränkbar ist, wird von seinen Verfechtern nicht einheitlich beurteilt. Einerseits wird erklärt, vor seinem Hintergrund verstoße jedenfalls die staatliche Anordnung einer Genomanalyse gegen das Menschen-

---

4 (...Fortsetzung)
  S. 146 ff. zur Zukunft des Arbeitsschutzrechts, auch vor dem europarechtlichen Hintergrund
1 BVerfGE 78, 77 (85); AK-Podlech, Art. 2 I, Rn 79; Denninger in: Hohmann, S. 135; Tinnefeld/Ehmann, S. 34; Simitis in Simitis, § 1, Rn 193
2 Siehe BVerfGE 32, 373 (379); 34, 238 (246)
3 BVerfGE 78, 77 (85); siehe dazu auch Jarass, NJW 1989, S. 861 m.w.N.
4 AK-Podlech, Art. 2 I GG, Rn 75, 77 ff.; Eberle in: Schmidt, S. 95

würdepostulat [1]. Andererseits wird gesagt, dieses Recht sei unter bestimmten Voraussetzungen, insbesondere bei Sozialbezug, einschränkbar [2]. Mit der hier vertretenen Ansicht, daß das Recht auf Nichtwissen eine spezielle Ausprägung des ISR ist, ist zunächst davon auszugehen, daß es dergleichen Schrankensystematik unterliegt. Aufgrund der Gefahren für das ISR, die der Datenverarbeitung immanent sind, trifft den Gesetzgeber die Pflicht, das jeweilige Eingriffsgesetz in ganz bestimmter Form auszugestalten. Die Anforderungen, die das BVerfG hierzu stellt, beziehen sich auf

-das auch bereits aus dem Rechtsstaatsprinzip sprechende [3] Gebot der Normenklarheit, aus dem eine bereichsspezifische und präzise Zweckbindung bei den Verarbeitungs- vorgängen [4] jedenfalls dann hervorgehen muß, wenn die Daten zwangsweise erhoben werden.

-die Einrichtung unabhängiger Kontrollinstanzen wie Datenschutzbeauftragten [5]

-Verfahrensrechtliche und organisatorische Regelungen [6], die Sicherungsmaßnahmen, wie etwa i.S.d. § 9 BDSG, ebenso einschließen wie weitere Abschottungsmaßnahmen [7]

-die Verhältnismäßigkeit [8], in deren Rahmen ebenfalls wieder die Zweckbindung relevant wird [9].

In der Literatur herrschen unterschiedliche Auffassungen über Art und Reichweite des für das ISR zu fordernden Gesetzesvorbehalts.

Einerseits ist schon nicht klar, wieweit Gesetzesvorbehalt und Parlamentsvorbehalt [10], wie letzterer in Anlehnung an die Wesentlichkeitstheorie des BVerfG [11] ausgelegt

---

1 Gutachten Simon, S. 83; Wiese in: Festschrift für Niederländer, spricht bezüglich des Arbeitnehmers vom "Kernbereich seiner einmaligen Persönlichkeit" (S. 481), dem "persönlichsten Lebensbereich" (S. 482), dem "letzten unantastbaren Bereich menschlicher Freiheit" (S. 483) und einem Persönlichkeitsrecht an "der Eigen-(Gen-)Sphäre" (S. 487)

2 Simon führt an, dies sei etwa denkbar, wenn "Belange Dritter ein erhebliches Gewicht oder einen bedeutenden Sozialbezug aufweisen", MDR 1991, S. 13;

3 BVerfGE 45, 400 (420)

4 BVerfGE 65, 1 (45, 62); Denninger in: Hohmann, S. 137

5 BVerfGE 65, 1 (46); 67, 157 (185)

6 BVerfGE 65, 1 (44, 49)

7 BVerfGE 65, 1 (49)

8 BVerfGE 65, 1 (44, 46, 57); 85, 219 (224)

9 BVerfGE 78, 77 (85); Denninger in: Hohmann, S. 138

10 Siehe dazu Ossenbühl in: Isensee/Kirchhof, § 62, Rn 9 ff.

11 BVerfGE 33, 1 ff.; 33, 125 (158, 163); 33, 303 (337 ff.); 34, 52 (60); 34, 165 (192 f.); 41,251 (259 f.); 45, 400 (417); 47, 46 (78 f.); 49, 89 (126 f.); 57, 295 (320 f.); 58, 257 (268)

wird, kongruent sind[1]. Andererseits herrscht Uneinigkeit[2] darüber, welche Anforderungen an Regelungen zu stellen sind, selbst, wenn sie dem Parlamentsvorbehalt unterfallen[3]. Einigkeit besteht jedoch weitgehend darüber, daß besonders intensive Eingriffe, deren Objekt sensible Daten oder Daten mit engen Menschenwürdebezug sind, eine hohe Regelungsdichte verlangen[4]. Dadurch ergeben sich hinsichtlich einer Anwendung der Meinungen auf die Genomanalyse im wesentlichen keine besonderen Differenzen zum Anforderungsprofil des BVerfG.

aa) Das überwiegende Allgemeininteresse

Einschränkungen des ISR sind im "überwiegenden Allgemeininteresse"[5] möglich, denn der einzelne hat "nicht ein Recht im Sinne einer absoluten, uneinschränkbaren Herrschaft über "seine" Daten; er ist vielmehr eine sich innerhalb der sozialen Gemeinschaft entfaltende, auf Kommunikation angewiesene Persönlichkeit"[6]. Daher könne Information, auch soweit sie personenbezogen ist, nicht ausschließlich dem Betroffenen allein zugeordnet werden, da sie ein Abbild sozialer Realität darstelle.

---

1   Die Grundrechtsrelevanz als Maßstab der Wesentlichkeit wird für das Datenschutzrecht als problematisch angesehen, weil angesichts der Weite des Schutzbereichs kaum Differenzierungen nach der Intensität des Eingriffs zu machen sein: siehe etwa Eberle in: Schmidt, S. 96; Rogall, S. 24 f.

2   Siehe zum Ganzen die Nachweise bei: Rogall, S. 49 ff.

3   Das Spektrum reicht innerhalb der datenschutzrechtlichen Literatur von der Ansicht, auch Generalklauseln und Kompetenznormen könnten Vorbehaltsnormen sein: Schwan, VerwArch. 1979, S. 111 ff., 116 ff.; Vogelgesang, S. 206 ff. (siehe dazu auch BVerwGE NJW 1990, S. 2761 ff.; NJW 1991, S. 2765 ff.), über die Meinung, angesichts einer Pflicht des Staates zur "Informationsvorsorge" müsse es geringere Anforderungen insbesondere bei Übermittlungstatbeständen geben: Scholz/Pitschas, S. 116 ff., und den Versuch, den Schutzbereich des ISR auf bestimmte Informationsvorgänge nicht anzuwenden, um dadurch die Schranken zu verlagern: Schmidt-Glaeser in: Isensee/Kirchhof, § 129, Rn 97, bis zur Annahme, es gebe gar kein informationelles Selbstbestimmungsrecht, weshalb man vor dem Hintergrund des allgemeinen Persönlichkeitsrechts nicht bei einer nur angenommenen Gefährdung, sondern nur bei tatsächlichen Verletzungen, die allerdings bei automatischer Datenverarbeitung zumeist vorliegen dürften, abgestufte Vorbehaltsregelungen anwenden könne: Vogelgesang, S. 154 ff., 162 ff., 197 ff, 209 ff.; Rogall, S. 44, 56 ff.

4   Das fordern selbst Vogelgesang, S. 162 ff., 174 ff., 182, 202, 206 ff. und Rogall, S. 63

5   BVerfGE 65, 1 (43 f.); 78, 77 (85); 71, 183 (196 f.)

6   BVerfGE 65, 1 (44)

Das Grundgesetz habe, so das BVerfG [1], die Spannung Individuum -Gemeinschaft im Sinne der Gemeinschaftsbezogenheit und Gemeinschaftsgebundenheit der Person entschieden. Der einzelne müsse sich dabei diejenigen Schranken seiner Handlungsfreiheit gefallen lassen, die der Gesetzgeber zur Pflege und Förderung des sozialen Zusammenlebens in den Grenzen des allgemein Zumutbaren vorsieht, vorausgesetzt, daß dabei die Eigenständigkeit der Person gewahrt bleibe. Vor diesem Hintergrund verlange das Prinzip der Verhältnismäßigkeit, das neben dem Erfordernis einer gesetzlichen Grundlage für Eingriffe in das ISR zu beachten sei, "daß eine Grundrechtsbeschränkung von hinreichenden Gründen des Gemeinwohls gerechtfertigt wird, das gewählte Mittel zur Erreichung des Zwecks geeignet und erforderlich ist und bei einer Gesamtabwägung zwischen der Schwere des Eingriffs und dem Gewicht der ihn rechtfertigenden Gründe die Grenze des Zumutbaren noch gewahrt ist" [2].

bb) Normenklarheit und Zweckbindung

Das Gebot der Normenklarheit [3] verlangt, daß der Bürger aus der gesetzlichen Regelung klar erkennen können muß, "für welche konkreten Zwecke des Verwaltungsvollzuges seine personenbezogenen Daten bestimmt und erforderlich sind" [4]. Ein Instrument zur Erfüllung des Anspruchs auf Normenklarheit sind bereichsspezifische Regeln [5]. Dabei steigt die Pflicht des Gesetzgebers zum Erlaß solcher Spezialgesetze proportional zur Eingriffstiefe der zu regelnden Verarbeitungsvorgänge [6].
Das BVerfG hat bereits vor dem Volkszählungsurteil in anderen Zusammenhängen mehrfach auf den Grundsatz der Normenklarheit verwiesen [7], wonach der Bürger den vom Gesetzgeber beabsichtigten Zweck einer Maßnahme aus dem Gesetzestext

---

1 BVerfGE 56, 37 (49)
2 BVerfGE 78, 77 (85)
3 Zu den allgemeinen Hintergründen: Schmidt-Bleibtreu/Klein, Art 2, Rn 15 ff.
4 BVerfGE 65, 1 (62); die Beurteilung, wann ein Gesetz dies erreicht, vermag indes "unlösbare Schwierigkeiten" zu bereiten, wie Denninger in: Hohmann, S. 138, meint
5 BVerfGE 65, 1 (44, 46) unter Hinweis auf §§ 30, 31 AO und § 35 SGB I i.V.m. §§ 67, 68 SGB X, die "in die verfassungsrechtlich gebotene Richtung weisen".
6 BVerfGE 65, 1 (44 ff.)
7 BVerfGE 8, 274 (325); 9, 137 (147); 20, 150 (158 f.); 31, 255 (264); 45, 400 (420); 56, 1 (12)

und den Materialien ableiten können muß [1]. Es genüge allerdings, wenn sich dieser Zweck aus dem Gesamtzusammenhang zwischen Gesetzestext und Sachverhalt ergebe [2]. Das Gericht hat in seinem Urteil mehrere Fälle genannt, bei denen es an der nötigen Klarheit fehlte, weil die entsprechenden Regelungen teilweise weder überhaupt auf die Möglichkeit einer auf die Erhebung folgenden Übermittlung noch auf die damit verfolgten jeweiligen Zwecke hinwiesen und damit der Bürger die "Auswirkungen dieser Bestimmung nicht mehr zu übersehen vermag" [3]. Damit ist die Anforderung an Normenklarheit als formale Bedingung verknüpft und ausgefüllt mit dem eher materiellen Erfordernis der zweckgebundenen Verarbeitung. Wenn der Bürger selbst bestimmen darf, ob seine persönlichen Daten preisgegeben und wie sie verwendet werden, dann folgt daraus, daß er bei einem rechtsstaatlichen Eingriff in diese Selbstbestimmung nicht nur erkennen können muß, daß ihm die Entscheidung abgenommen wurde, sondern auch, in welchem Umfang. Daß diese Pflicht den Gesetzgeber überfordert [4] kann zumindest für solche Eingriffe nicht angenommen werden, die menschenwürdetangierenden Gehalt aufweisen, wie dies auch bei der genetischen Individualisierung aufgrund der Problematik der Gewinnung von Überschußinformationen der Fall ist.

Die Kritik an der Forderung nach präzisen bereichsspezifischen Regeln, wonach der Bürger "die spröde Materie des Datenschutzes. . . nicht kennen und auch nicht kennenlernen wollen wird" [5] erscheint konstruiert, denn Zweck dieser Regeln ist es nicht, den desinteressierten Bürger anzusprechen oder gar zu erziehen, sondern dem Interessierten soweit wie möglich entgegenzukommen, auch, wenn er letztendlich noch zusätzlicher Hilfe, etwa in Form eines juristisch Kundigen, bedarf.

cc) Grundrechtssicherung durch Verfahren

Offenbar geht das BVerfG davon aus, daß Konstellationen denkbar sind, die "den Gesetzgeber von Verfassungs wegen zwingen", einer "Pflicht zu verfahrensrechtlichen Vorkehrungen" nachzukommen, wiewohl es zugleich sagt, dies hänge "von Art, Umfang

---

1 BVerfGE 65, 1 (54)
2 BVerfGE 65, 1 (54)
3 BVerfGE 65, 1 (64 ff.)
4 Siehe dazu Vogelgesang, S. 72 m.w.N.; Denninger in: Hohmann, S. 138
5 Vogelgesang, S. 152

und denkbaren Verwendungen der erhobenen Daten sowie der Gefahr ihres Mißbrauchs ab" [1]. Die Forderung nach organisatorischen und verfahrensrechtlichen Regelungen zur Sicherung eines Grundrechts ist in der Rechtsprechung des BVerfG nicht neu. Wie bereits dargelegt [2], entspringt die Idee einer Schutzpflicht der objektivrechtlichen Deutung der Grundrechte unter teilweiser Heranziehung des Menschenwürdegedankens aus Art. 1 I GG. Diese Ableitung beschränkt sich nicht mehr nur auf Art. 2 II S. 1 GG [3], sondern auch auf andere Grundrechte [4], deren subjektivrechtliche Geltungskraft auf diese Weise verstärkt werde [5].

Zu den vom BVerfG verlangten Regelungen gehören Aufklärungs-, Auskunfts- und Löschungspflichten [6], die der Durchsetzung des Gebots der Normenklarheit und der Verhältnismäßigkeit dienen sollen. Außerdem ist "wegen der für den Bürger bestehenden Undurchsichtigkeiten bei der Speicherung und Verwendung von Daten unter den Bedingungen der automatischen Datenverarbeitung und auch im Interesse eines vorgezogenen Rechtschutzes durch rechtzeitige Vorkehrungen . . . die Beteiligung unabhängiger Datenschutzbeauftragter von erheblicher Bedeutung für einen effektiven Schutz des Rechts auf informationelle Selbstbestimmung" [7].

Die Pflicht des Gesetzgebers zum Erlaß von Verfahrensregeln mit hoher Regelungsdichte steigt proportional zur Eingriffstiefe der zu regelnden Verarbeitungsvorgänge [8]. Die Eingriffstiefe macht das BVerfG vom Gefährdungsgrad des ISR abhängig, der sich nach "Art, Umfang und denkbaren Verwendungen der erhobenen Daten und der Gefahr ihres Mißbrauchs" bemißt [9] und bei der automatisierten Datenverarbeitung besonders hoch ausfällt. Mit der hier vertretenen Auffassung, wonach auch besonders sensible Daten, wie es genetische Daten sind, einen hohen Gefährdungsgrad aufweisen, ist

---

1 BVerfGE 65, 1 (46) unter Hinweis auf BVerfGE 49, 89 (142); 53, 30 (61)
2 Siehe dazu oben Teil C, I 1 a
3 BVerfGE 88, 203 (252 f.); 39, 1 (41)
4 Dies wird vom BVerfG nur angedeutet, siehe etwa BVerfGE 56, 54 (73); 34, 269 (282); 50, 142 (162 f.), 53, 30 (65), 63, 131 (143), für die Literatur: Alexy, S. 410 ff., Hesse, Rn 350, Isensee, S. 27 ff.
5 BVerfGE 7, 198 (205); 50, 290 (337)
6 BVErfGE 65, 1 (46, 59)
7 BVerfGE 65, 1 (46)
8 BVerfGE 65, 1 (44 ff.)
9 BVErfGE 65, 1 (46); vergleiche zur ganz ähnlichen Terminologie bereits in BVerfGE 49, 89 (142); 53, 30 (61)

es demzufolge unerheblich, ob genetische Daten automatisiert oder manuell verarbeitet werden. Daher müßten für die Erhebung, Verarbeitung und Nutzung von genetischen Daten durch staatliche Stellen und für den Fall, daß der Staat dies anordnet oder erlaubt, Regelungen mit gleichem Schutzumfang Anwendung finden wie bei der automatisierten Datenverarbeitung.

b) Rechtfertigung der DNA-analytischen Individualisierung durch Spezialgesetze

Zunächst könnte man daran denken, die allgemeinen Datenschutzgesetze auf Eingriffe in das ISR anzuwenden.

Dies wäre aber nur möglich, soweit sie nicht durch Spezialgesetze verdrängt werden. § 1 IV BDSG drückt aus, daß bereichsspezifische Regelungen des Bundes gegenüber dem BDSG den Vorrang besitzen.

Dies gilt nicht nur für formelle, sondern auch für materielle Normen [1]. Dieser Vorrang gilt auch für Fragmente, Satzteile, Einzelaussagen oder einzelne Paragraphen [2].

Zu den gegenüber dem BDSG vorrangigen Bundesgesetzen werden etwa das SGB I, V, VI und X, die StPO und die ZPO gezählt [3].

Dem BDSG gehen auch Spezialgesetze der Länder [4] sowie Verordnungen von Bund und Ländern oder Satzungen vor [5]. Außerdem gehen dem BDSG die LDSG vor [6], etwa soweit sie Regelungen für den öffentlichen Dienst enthalten. Bezüglich der LDSG gilt, daß Bundesspezialgesetze [7] Vorrang genießen, ebenso wie alle Länderspezialgesetze [8]. Zu solchen Länderspezialgesetzen gehören auch die Krankenhausgesetze [9], in denen durchweg datenschutzrechtliche Verarbeitungstrukturen

---

1 Ordemann/Schomerus, § 1, 7.1; kritisch dazu: Walz in Simitis, § 1, Rn 275 f.
2 Auernhammer, § 1, Rn 25; Dörr/Schmidt, § 1, Rn 19; Schaffland/Wiltfang, § 1, Rn 41
3 Dörr/Schmidt, § 1, Rn 19; Bergmann/Möhrle/Herb, Ziff. 4.2.2
4 Schaffland/Wiltfang, § 4 Rn 3
5 Schaffland/wiltfang, § 4, Rn 3; Bergmann/Möhrle/Herb, § 4, Rn 19 ff.
6 Bergmann/Möhrle/Herb Ziff. 4.3.; Dammann in Simitis, § 1 Rn 205 ff.
7 Schaffland/Wiltfang, § 4, Rn 3; Bergmann/Möhrle/Herb, § 1, Rn 57; Walz in Simitis verweist darauf, daß sich der Vorrang von Bundesspezialgesetzen gegenüber LDSG nicht aus § 1 IV BDSG, sondern aus Art. 31 GG herleitet, § 1, Rn 274, so auch Dammann in Simitis, § 1 Rn, 212
8 Bergmann/Möhrle/Herb, § 1, Rn 57 f., Schaffland/Wiltfang, § 4, Rn 3
9 Siehe die Auzfzählung bei: Bergmann/Möhrle/Herb, Ziff. 4.3.2

behandelt werden. Teilweise enthalten die LDSG aber auch selbst Spezialregelungen, etwa zum Patientendatenschutz [1].

aa) Anwendung der gegenwärtigen Regeln in StPO und ZPO

Wie bereits festgestellt, fehlt es bei Individualisierungsmaßnahmen, die sich ausschließlich auf den nicht-codierenden Teil des Erbgutes beschränken, an einer Menschenwürdeverletzung, so daß sie als ISR-Eingriffe möglicherweise zu rechtfertigen wären.
Dies hängt zunächst davon ab, ob die bestehenden Regeln ausreichen.
Während dies bezüglich ihrer rechtfertigenden Wirkung gegenüber Eingriffen in Art. 2 II S. 1 GG durch eine Blutentnahme [2] unstrittig ist [3], ist strittig, ob sich diese Wirkung gleichzeitig auf eine andere Handlung, nämlich die Analyse des Blutes, und auf ein bezüglich dieser Handlung spezielleres Grundrecht, nämlich das ISR, erstrecken kann.

(1) Ansicht der Rechtsprechung

(a) Im Strafrecht

Der BGH hat zunächst im Juli 1990 darauf hingewiesen, daß die Durchführung einer DNA-Analyse zum Beweis der Unschuld des Angeklagten geeignet sein könnte, das bisherige Beweisergebnis zu widerlegen [4]. Im August 1990 erklärte das Gericht, die "Blutentnahme zum Zwecke einer Analyse nichtcodierender DNA-Teile ist . . .

---

1 Bergmann/Möhrle/Herb, Ziff. 4.3.3, mit Verweis auf § 6 III LDSG Rheinland-Pfalz
2 An dieser Stelle ist allerdings anzumerken, daß heutzutage längst nicht mehr in allen Fällen Blut als Ausgangsstoff für die DNA-Analyse notwendig ist (siehe dazu schon oben, Teil A, III, 4.), so daß die Problematik eines Eingriffs in Art. 2 II S. 1 GG ohnehin nur noch partiellen Charakter haben kann.
3 BGH NJW 1990, S. 2328; LG Heilbronn, NJW 1990, S. 784 ff.; Rademacher, NJW 1991, S. 736; Gutachten Simon, S. 139; BLAG, S. 148; 15. Tätigkeitsbericht des LfD Schleswig-Holstein, S. 57
4 BGH NJW 1990, S. 2328

grundsätzlich zulässig"[1]. Die Vorschrift des § 81 a I StPO sei auch unter Berücksichtigung der Rechtsprechung des BVerfG in seinem Volkszählungsurteil eine "ausreichende Grundlage für die körperliche Untersuchung des Beschuldigten". Der unantastbare Bereich der Persönlichkeit des Angeklagten sei "durch die Blutentnahme und die mit ihrer Hilfe erstellte Analyse nicht berührt worden, weil die Begutachtung ausschließlich auf den nichtcodierenden Bereich der untersuchten DNA erstreckt worden ist"[2]. In seinen weiteren Entscheidungen dazu, daß die DNA-Analyse eine Würdigung aller Beweisumstände nicht überflüssig macht[3] und zur Kompetenz eines Blutgruppensachverständigen gegenüber einem DNA-Sachverständigen hinsichtlich der Beurteilung der Ausschließbarkeit einer Person als Verursacher einer Blutspur[4] geht der BGH ohne zusätzliche Stellungnahmen von der Zulässigkeit der DNA-Analyse aus. Allerdings betonte der BGH in seiner Entscheidung vom August 1992, daß die DNA-Analyse nur als zusätzliches Beweismittel gegen einen Angeklagten eingesetzt werden darf, der bereits durch Indizien oder Zeugenaussagen belastet wird[5].

Zuerst hatte im Jahre 1988 das LG Berlin die DNA-Analyse für grundsätzlich zulässig erklärt. § 81 a StPO sei eine ausreichende gesetzliche Grundlage hierfür. "Zwar regelt § 81 a StPO nicht die Untersuchungsmethode selbst, gleichwohl steht diese Eingriffsermächtigung des Staates gegenüber dem einzelnen unter dem Vorbehalt wissenschaftlich anerkannter Methoden"[6].

Unter mißverständlicher Gleichsetzung des ISR und des "geschützten innersten Kernbereichs eines Menschen" kommt das Gericht zu dem Ergebnis, daß kein Eingriff "in diesen Bereich" vorliege, da über das Strichmuster hinaus keine weiteren Informationen zu erlangen seien. "Ein über diesen völlig persönlichkeitsneutralen Spurenvergleich hinausgehender Informationsüberschuß" sei "nach dem gegenwärtigen

1 BGHSt 37, 157 (158); siehe zur Rechtsprechung im Straf- und Zivilverfahren auch die Übersicht bei Schewe, Rechtsmedizin 1993, S. 107 ff.
2 BGHSt 37, 157 (158 f.)
3 BGHSt 38, 320
4 BGH MDR 1993, S. 165 f.
5 BGHSt 38, 320 (324); zum Beweiswert bestätigend erneut BGH NStZ 1994, S. 554 f., wonach es rechtlich geboten sei, "trotz der ...angenommenen hohen Wahrscheinlichkeit der Identität zwischen Täterspur und und Vergleichsspur weitere Beweiserwägungen im Sinne einer Gesamtwürdigung aller beweiserheblichen Umstände" vorzunehmen.
6 LG Berlin NJW 1989, S. 787 f.

Stand der Wissenschaft nicht möglich" [1]. Dennoch konzidiert das Gericht schließlich indirekt und ohne Begründung einen "Eingriff in das Persönlichkeitsrecht", der indes verhältnismäßig und somit gerechtfertigt sei, denn es überwiege sowohl das Interesse der Öffentlichkeit an der Aufklärung von Straftaten als auch das Interesse des einzelnen an der Befreiung von Verdacht und der Umstand, daß das BVerfG die Verwertung rechtswidrig erlangter Beweise ausnahmsweise für zulässig erklärt habe, was erst recht für die DNA-Analyse gelten müsse, da sie nicht verboten, sondern lediglich "nicht ausdrücklich gesetzlich geregelt ist".

1989 erklärte das LG Darmstadt, "der Einwand, man dringe mit dieser Genomanalyse ohne gesetzliche Grundlage tief in den Kernbereich der Persönlichkeit ein, verfängt nicht" [2]. Als Grund nennt das Gericht, die Analyse sei wegen der Beschränkung auf den nicht-codierenden Teil der DNA "gleichsam persönlichkeitsneutral". Dem Mißbrauchsargument sei "entgegenzuhalten, daß theoretisch mit jeder nach § 81 a StPO entnommenen Blutprobe Mißbrauch getrieben werden kann" [3]. Auch sei zu bedenken, daß mit Hilfe der DNA-Analyse die Unschuld eines zu Unrecht Verdächtigten erbracht werden könne.

Auch das LG Heilbronn kam 1990 zu dem Ergebnis, daß "§ 81 a StPO eine ausreichende gesetzliche Grundlage zur Blutentnahme beim Verdächtigen zum Zweck der anschließenden Gen-Analyse" darstelle [4]. Die Rechtfertigungswirkung des § 81 a StPO beziehe sich auf die Blutentnahme und die Untersuchung des Blutes "zur Feststellung von verfahrensrelevanten Tatsachen", insbesondere, "ob sich aus ihm Merkmale gewinnen lassen, die Rückschlüsse auf die Verursachung einer Spur durch einen Verdächtigen zulassen". Für die Gen-Analyse könne im Hinblick auf die Schutzgüter der Menschenwürde, des allgemeinen Persönlichkeitsrechts und des ISR nur dann etwas anderes gelten, wenn "durch diese Untersuchung qualitativ stärker eingreifende Befunde erzielt werden oder zumindest als Nebenprodukt anfallen könnten", als bei der klassischen Blutgruppenuntersuchung. Dies sei aber nicht der Fall, weil der Informationswert der gewonnen Erkenntnisse über die Identität hinaus "gleich null" sei. Weil damit kein schwerwiegenderer Eingriff als durch herkömmliche

---

1 LG Berlin NJW 1989, S. 788
2 LG Darmstadt NJW 1989, S. 2338 f.
3 LG Darmstadt NJW 1989, S. 2339
4 LG Heilbronn, NJW 1990, S. 784 ff.

Blutgruppenuntersuchungen erfolge, sei eine über § 81 a StPO hinausgehende gesetzliche Grundlage entbehrlich.

Insbesondere ein Eingriff in das ISR liege nicht vor [1], weil durch den Sozialbezug des Individuums und "die im Rechtsstaatsprinzip verankerte Aufgabenzuweisung der Strafverfolgung" sich für die Strafverfolgungsbehörde die Aufgabe ergebe, "dieses Geheimnis des Verdächtigen zu lüften" [2]. Ein Mißbrauch sei mangels Interesse seitens Gerichten, Polizei und Laboren völlig fernliegend.

(b) Im Zivilrecht

Im Oktober 1990 hat der BGH zwar einerseits dargelegt, bei der Zulässigkeit der Anwendung der DNA-Analyse im Blick auf den Persönlichkeitsschutz handle es sich um eine "hier nicht näher zu erörternde Frage", sich andererseits aber unter Verweis auf BGHSt 37, 157 der dort vorgenommenen Einschätzung der Untersuchungsmethode "für den Bereich der Abstammungsbegutachtung" angeschlossen und damit festgestellt, daß "die DNA-Analyse nach dem gegenwärtigen Stand der Wissenschaft jedenfalls als ergänzendes Verfahren neben den herkömmlichen Methoden angewendet werden kann" [3].

Im Dezember 1990 entschied der BGH, daß trotz sehr hoher Vaterschaftswahrscheinlichkeit nach Anwendung konventioneller Methoden die Einholung eines DNA-Gutachtens jedenfalls dann nicht ausgeschlossen werden dürfe, wenn der Beklagte dies förmlich beantragt habe [4]. In weiteren Urteilen macht der BGH Ausführungen zum Einfluß

---

1 Diese Aussage beinhaltet im Kontext betrachtet einen Widerspruch, denn mit der Wendung, die Gen-Analyse brächte keine qualitativ stärker eingreifenden Befunde mit sich, als die klassische Blutgruppenuntersuchung, teilt das Gericht bereits inzident mit, daß diese seiner Auffassung nach einen Eingriff in ein Grundrecht darstellt. Wenn dieser Eingriff nicht stärker, sondern "nur" gleichstark ist, dann handelt es sich aber immer noch um einen Eingriff. Mit diesem Eingriff kann aber kaum ein solcher in Art. 2 II S. 1 gemeint sein, denn daß zwischen der Blutentnahme und der Blutuntersuchung ein Unterschied besteht, erkennt auch das Gericht an. Dann bleibt aber als Eingriffsobjekt nur noch das allgemeine Persönlichkeitsrecht oder das ISR übrig.

2 LG Heilbronn, NJW 1990, S. 786

3 BGH FamRZ 1991, S. 187

4 BGH NJW 1991, S. 2961

von DNA-Analysen auf die Vaterschaftsvermutung des § 1600 o BGB [1] und zur Zurückweisbarkeit eines im Vaterschaftsprozeß gestellten Beweisantrages auf Einholung eines ergänzenden DNA-Gutachtens [2], ohne auf die Zulässigkeit des Verfahrens noch explizit einzugehen.

In den nachfolgenden Entscheidungen der Fachgerichte wird die Zulässigkeit entweder implizit vorausgesetzt oder durch Hinweis auf die Rechtsprechung des BGH als zulässig betrachtet [3].

(2) Ansicht der Literatur

(a) Im Strafrecht

Weitgehende Einigkeit besteht darüber, daß die Entnahme von Blut durch § 81 a StPO gedeckt ist [4]. Beim Streit darüber, ob dies auch für anschließende DNA-Analysen gilt, werden verschiedene Ansätze vertreten. Einerseits wird darauf hingewiesen, die DNA-Analyse stelle eine wissenschaftlich abgesicherte Methode dar, mit der keine Überschußinformationen erhoben werden und bei der deshalb die Mißbrauchsmöglichkeiten gering seien; § 81 a StPO genüge daher als gesetzliche Eingriffsgrundlage [5]. Dennoch halten einige Stimmen aus diesem Bereich eine gesetzliche Neuregelung für angemessen, weil damit "klarstellende Wirkung" erzielt werden könne [6].

---

1 BGH NJW 1993, S. 1391 ff.
2 BGH FamRZ 1994, S. 506 ff.
3 Siehe OLG Karlsruhe, Der Amtsvormund 1990, S. 702 f.; OLG Hamm, Der Amtsvormund 1991, S. 947; OLG Celle, NJW-RR 1992, S. 1218 f. unter Hinweis auf BGH NJW 1991, 749 = FamRZ 1991, 185; AG Hamburg, Der Amtsvormund 1992, S. 1355 ff. unter Hinweis auf BGH FamRZ 1991, 185; OLG Hamm, FamRZ 1993, S. 472 f. unter Hinweis auf BGH FamRZ 1991, 426; OLG Koblenz, FamRZ 1993, S. 1347; OLG Hamm, Der Amtsvormund 1994, S. 109 f.
4 Rademacher, NJW 1991, S. 736; Gutachten Simon, S. 139
5 Sternberg-Lieben, NJW 1987, S. 1243 ff.; Henke/Schmitter, MDR 1989, S. 405; Steinke, NJW 1987, S. 2914; Lührs, MDR 1992, S. 929 f.; Keller, JZ 1993, S. 103 f.; siehe auch die Antwort des Bundesministers des Innern, BT Drs. 11/2869 auf eine Kleine Anfrage vom 6. 9. 1988; BLAG, S. 123 ff.
6 Keller, JZ 1993, S. 104; siehe auch Lührs, MDR 1992, S. 930: "zwar keine gesetzliche Notwendigkeit, aber eine gewisse psychologische Legitimation, die nicht verkannt werden soll";
(Fortsetzung...)

Andererseits wird gesagt, § 81 a StPO reiche als Eingriffsgrundlage für Eingriffe in andere Grundrechte als Art. 2 II S. 1 GG nicht aus [1]. Die Vorschrift genüge nicht den Anforderungen des BVerfG an Eingriffe in das ISR, weil sie bereits den konkreten Zweck der Blutentnahme zur DNA-Analyse nicht anspreche [2].

Da die bisherigen Regeln nicht ausreichten, sei die Anordnung einer DNA-Analyse verfassungswidrig [3]. Auch der Hinweis auf die Aufgabenzuweisung der Strafverfolgung [4] sei nicht überzeugend. Daraus ergebe sich keine Eingriffsbefugnis [5].

Auch im Kreise von Datenschützern herrscht insoweit große Skepsis [6]. Bezogen auf die §§ 81 b, c und 163 b StPO wird schon bezweifelt, ob sie für körperliche Untersuchungen eine hinreichende Eingriffsermächtigung darstellen können, einen Eingriff in das ISR könnten sie nicht rechtfertigen [7].

(b) Im Zivilrecht

Im Schrifttum finden sich nur wenige Äußerungen zur rechtlichen Zulässigkeit der DNA-Analyse im Zivilprozeß. Dabei wird der als Eingriffsnorm in der ZPO diskutierte

---

6 (...Fortsetzung)
Sternberg-Lieben, NJW 1987, S. 1247: "Regelungsbedarf nicht vor vornherein von der Hand zu weisen"; Chancen und Risiken, S. 176 f.; siehe auch die Entschließung des Bundesrats zur Anwendung gentechnischer Methoden am Menschen, Drs. 424/92, II 2 f.; BLAG, S. 127 ff.

1 Vogt, Strafverteidiger 1993, S. 175 f.; Rademacher, Strafverteidiger 1989, S. 549 f.; Keller, NJW 1989, S. 2296; Wächtler, Strafverteidiger 1990, S. 369 ff.; Jung, MSchrKrim 1989, S. 105; Dix, DuD 1989, S. 235 ff.; ders. DuD 1993, S. 282 f.; Donner/Simon, MDR 1991, S. 11; Angela Schmidt, S. 48; siehe auch den Antrag der Fraktion DIE GRÜNEN, Beendigung von Genom-Analysen durch Strafverfolgungsbehörden, BT-Drs. 11/6092 vom 13.12.1989

2 Gössel, JR 1991, S. 33; ders. GA 1991, S. 507; Rademacher, NJW 1991, S. 736; Gutachten Simon, S. 147; genau gegenteilig argumentiert Sternberg-Lieben, NJW 1987, S. 1246, wonach § 81 a StPO "die vom BVerfG geforderte präzise Bestimmung des Verwendungszwecks der erhobenen Daten (Strafverfahren)" enthalte.

3 Oberlies, Strafverteidiger 1990, S. 475, im Rahmen einer Untersuchung der Opferrechte bei diesem Verfahren

4 Siehe dazu LG Heilbronn, NJW 1990, S. 786; Sternberg-Lieben, NJW 1987, S. 1246

5 Gössel, JR 1991, S. 33

6 Simitis, 17. TB des Hess. Datenschutzbeauftragten 1988, S. 21 ff. 67 ff.; Büllesbach, Jahresbericht des LBfD Bremen 1989, S. 30 ff.

7 Oberlies, Strafvereidiger 1990, S. 740, zu §§ 81 b, 81 c StPO; Rademacher, S. 69 ff. zu §§ 81 b, 81 c, 163 b

§ 372 a ZPO als ausreichende Ermächtigungsgrundlage betrachtet, so daß gesetzgeberischer Handlungsbedarf zur Zeit nicht bestehe [1]. Begründet wird dies mit Wortlaut, Entstehungsgeschichte und Telos der Norm. Danach erwähne die Vorschrift ausdrücklich die Entnahme von Blutproben zum Zwecke der Blutgruppenuntersuchung, um eine Feststellung der Abstammung zu ermöglichen [2]. Es wird zwar eingeräumt, daß die DNA-Analyse nicht zu den Blutgruppenuntersuchungen zu zählen sei, sondern eine "eigenständige Gruppe von Untersuchungsmethoden" darstelle [3]. § 372 a ZPO regele jedoch die Untersuchungsmethoden nicht abschließend, denn zur Zeit seines Geltungsbeginns habe man lediglich die damals modernste Methode erwähnt, ohne aber die Fortschritte der Wissenschaft deshalb ausklammern zu wollen [4]. Außerdem sei bei einer Güterabwägung zwischen den Interessen des Betroffenen und denen des Kindes im Rahmen der Verhältnismäßigkeit von einem Überwiegen der Interessen des Kindes vor dem Hintergrund des Rechts auf die Kenntnis der eigenen Abstammung [5], der Wertentscheidung des Art. 6 V GG und dem öffentlichen Interesse an der Aufrechterhaltung einer funktionstüchtigen Rechtspflege auszugehen [6]. Daher sei festzustellen, daß § 372 a ZPO als ausreichende Eingriffsgrundlage einen Eingriff in das ISR zumutbar mache und somit rechtfertige [7].

---

1 Wiese, S. 33, der allerdings gesetzliche Regelungen für wünschenswert hält; BLAG, S. 149; TAB 1993, S. 164 f.; Gutachten Simon, S. 147 ff.
2 BLAG, S. 148
3 Gutachten Simon, S. 148; ähnlich bereits BLAG, S. 148
4 Gutachten Simon, S. 148 f. unter Verweis auf die Begründung des Gesetzgebers in: Deutscher Bundestag, Stenographischer Bericht der 79. Sitzung des Deutschen Bundestages, 1950, S. 2876
5 Siehe dazu BVerfGE 79, 256 (268)
6 Siehe dazu die teilweise wortgleichen Erwägungen bei: Gutachten Simon, S. 149 ff.; TAB 1993, S. 164 ff.
7 So Gutachten Simon, S. 152, in wechselnder Terminologie, teilweise wird vom "Verstoß gegen das allgemeine Persönlichkeitsrecht" gesprochen; im Bericht des TAB 1993, S. wird dagegen trotz der weitgehenden Textidentität ausschließlich ein Eingriff in das ISR geprüft; siehe auch BLAG, S. 146 ff., wo lediglich in den Vorbemerkungen das allgemeine Persönlichkeitsrecht und das ISR als mögliche Eingriffsobjekte der Genomanalyse genannt werden, im Abschnitt "E. Genomanalyse im Zivilprozeß" dagegen überhaupt nicht erwähnt wird, welches Grundrecht durch die DNA-Analyse in diesem Rahmen verletzt sein könnte. Es wird lediglich gesagt, ein "Eingriff in den unantastbaren Kernbereich der Persönlichkeit" liege nicht vor.

(3) Stellungnahme

Häufig wird von denjenigen, die Individualisierungsmaßnahmen aufgrund der §§ 81 a StPO und 372 a ZPO für rechtmäßig halten, auf das Argument verwiesen, die Verhältnismäßigkeitsprüfung ergebe ein Überwiegen der Interessen zugunsten dieser Maßnahmen. Zusätzlich wird auf die Beschränkung der Analyse auf den nicht-codierenden Teil der DNA hingewiesen und insgesamt aus beiden Argumenten eine Zulässigkeit abgeleitet. Die oben aufgezeigten besonderen Anforderungen an Eingriffe in das ISR werden demgegenüber weitgehend vernachlässigt [1].

Selbst, wenn man annimmt, daß allgemeine Verhältnismäßigkeitserwägungen sowie die Beschränkung auf den nicht-codierenden DNA-Anteil zugunsten einer Rechtfertigung sprechen, bleiben einige Anforderungen unerfüllt.

Allerdings ist schon der Hinweis auf mangelnde Mißbrauchsgefahren nicht stichhaltig. Weder der Umstand, daß niemand eine böse Absicht verfolge [2], noch der Hinweis darauf, daß bisherige Untersuchungen als zulässig angesehen wurden, obwohl auch sie Mißbrauchsgefahren bergen [3], rechtfertigen es, eine andere Untersuchungsmethode deshalb ebenfalls für zulässig zu halten. Selbst, wenn man annimmt, daß durch DNA-Analysen keine Mißbrauchsgefahren neuer Art entstünden, ändert sich nichts daran, daß ein rechtswidriger Zustand nicht dadurch rechtmäßig wird, daß er weitere Anwendungsfelder findet. Die Annahme ist auch deshalb nicht haltbar, weil durch die DNA-Analyse ein qualitativer Sprung [4] mit völlig neuen Mißbrauchsgefahren vollzogen wird. Die im Rahmen der Analyse erstellten Filter mit DNA-Banden können in der Regel für weitere Analysen auch im codierenden Bereich verwendet werden [5]. Die Sicherungspflicht des Staates für das ISR muß von pessimistischer Gefahreneinschätzung getragen sein. Würde man stets nur eine optimistische Einschätzung des Verhaltens von Staat und Bürgern zum Maßstab machen, gäbe es überhaupt keine gesetzlichen Sicherungssysteme, das Datenschutzrecht wäre überflüssig.

Als darüberhinaus unerfüllte Anforderungen sind mangelnde Zweckbindung,

---

1 Anders etwa Rademacher, S. 61, die körperlichen Eingriff und Informationseingriff deutlich trennt.
2 Henke/Schmitter, MDR 1991, S. 405
3 Lührs, MDR 1992, S. 929
4 Steinke, NJW 1987, S. 2914
5 Gutachten Simon, S. 146

Normenklarheit und verfahrensrechtliche Sicherungsmechanismen anzusprechen. Wird der durch die Blutentnahme stattfindende Eingriff in Art. 2 II S. 1 GG durch die §§ 81 a StPO und 372 a ZPO gerechtfertigt, so ist es damit noch nicht zulässig, dieses Ergebnis auf andere Grundrechte zu übertragen, indem unter Mißachtung der weiteren Verwendung der Blutprobe dieser zeitlich früheste Eingriff zum alleinigen Maßstab gemacht wird [1].

Der Zweck der Blutprobe klingt lediglich in § 372 a ZPO konkret an, wenn dort von der "Feststellung der Abstammung" gesprochen wird. In beiden Vorschriften fehlt indes ein für den Bürger erkennbarer Hinweis auf die Analysemethode. Damit fehlt es schon an der erforderlichen Normenklarheit in Bezug auf die DNA-Analyse.

Außerdem enthalten die Regelungen keinerlei Aussagen darüber, was mit den gewonnenen Informationen geschieht und inwieweit neben der Erhebung weitere Phasen der Datenverarbeitung durch sie gedeckt sein könnten. So fehlen Regelungen über die Weitegabe ebenso wie über Aufklärungs-, Auskunfts- und Löschungspflichten.

Auch verfahrensrechtliche Sicherungen, die einen denkbaren, wenn auch im Einzelfall vielleicht unwahrscheinlichen Mißbrauch auszuschließen vermögen, fehlen im Umfeld beider Normen.

Sie genügen daher nicht den Anforderungen an Eingriffsermächtigungen in das ISR [2]. Das gleiche gilt für die § 81 b, 81 c und 163 b StPO, deren Bestimmtheit, Zweckbindung und Verfahrenssicherungsgehalt angesichts des ISR teilweise noch geringer ausfallen, als in § 81 a StPO [3].

Eine verfassungskonforme Auslegung der Vorschriften stößt auf Schwierigkeiten, denn die genannten Mängel können auch nicht im Wege der Auslegung in sie hineintransferiert werden. Der Rahmen dessen, was eine Auslegung leisten kann, wäre damit überschritten.

Das B VerfG hat bereits im Volkszählungsurteil darauf hingewiesen, daß der Gesetzgeber "aufgrund veränderter Umstände zur Nachbesserung einer ursprünglich verfassungs-

---

1 Rademacher, S. 61 ff., 68 f.; dies., NJW 1991, S. 736; siehe auch 15. Tätigkeitsbericht des LfD Schleswig-Holstein, S. 57
2 Ebenso für § 372 a ZPO: Dix, DuD 1993, S. 283; teilweise a.A.: Wiese, S. 33
3 Ähnlich zu § 81 b StPO: Sternberg-Lieben, NJW 1987, S. 1245; Keller, NJW 1989, S. 2294, Rademacher, S. 73; a.A.: Steinke, NJW 1987, S. 2914; ähnlich zu § 81 c StPO: Oberlies, Strafver teidiger, S. 470; Rademacher, S. 74 ff.; zu § 163 b: Rademacher, S. 80 ff.

gemäßen Regelung gehalten sein" kann [1]. Hierzu hat sich der Gesetzgeber inzwischen auch für das Strafverfahren entschlossen [2].

(4) Ergebnis

Keine der bestehenden Regeln in StPO oder ZPO kann als spezialgesetzliche Eingriffsgrundlage betrachtet werden, die den Anforderungen an die Schranken des ISR gerecht wird. Da sie keine Aussagen zu den typischen Erhebungs- oder Verarbeitungsmechanismen des Datenschutzes enthalten und da auch eine verfassungskonforme Auslegung über den fehlenden Regelungsgehalt nicht hinweghilft, sind DNA-Analysen aufgrund der §§ 81 a, 81 b, 81 c, 163 b StPO oder des 372 a ZPO unzulässig.

bb) Anwendung auf die geplanten Regeln in der StPO

Da bereichspezifische Regelungen in der StPO notwendig sind, um die Erhebung und Verarbeitung von DNA-Daten im Strafverfahren zu rechtfertigen, sind entsprechende

---

1 BVerfGE 65, 1 (56) unter Verweis auf BVerfGE 56, 54 (78 f.)
2 Entwurf eines Strafverfahrensänderungsgesetzes - DNA-Analyse ("genetischer Fingerabdruck")- BT-Drs. 13/667, der eingebracht wurde, nachdem der identische Vorentwurf 12/7266 der Diskontinuität angeheimgefallen war. Der diesem früheren Entwurf vorangegangene Referenten entwurf ist abgedruckt bei: Schnittler, DuD 1993, S. 293, Anhang A; eine frühere Fassung des Entwurfs findet sich bei: Wächtler, Strafverteidiger 1990, S. 369 ff.
Alternativ hat die SPD-Bundestagsfraktion einen Gesetzentwurf eingebracht , der teilweise restriktiver gefaßt ist: siehe BT-Drucksache 12/3981. Diskussion des Referentenentwurfs und des SPD-Gesetzentwurfs bei Dix, DuD 1993, S. 283; Zusammengefaßte Darstellung beider Vorschläge in: TAB 1993, S. 178 ff.; einen eigenen Regelungsvorschlag bietet das Gutachten Simon 1993, S. 166, an.
Aufschlußreich erscheint, daß die Bundesregierung ihren Gesetzentwurf nicht in erster Linie als durch das ISR geboten ansieht, sondern in den "§§ 81 a, 81 c eine ausreichende Rechtsgrundlage für den Einsatz der DNA-Analyse" erblickt. Die Neuregelung sei aber sinnvoll, um "den in der Bevölkerung anzutreffenden, mit der Gentechnik ganz allgemein verbundenen Befürchtungen" zu begegnen. Dem ISR sei mit Zweckbindungs- und Vernichtungsregeln "Rechnung zu tragen". Ganz anders die Begündung zum SPD-Gesetzentwurf, wo es heißt, daß der neben der Gewinnung von Körperzellen als Eingriff in die körperliche Unversehrtheit liegende, zweite Eingriff das ISR betreffe und hierzu die entsprechenden Eingriffsgrundlagen erst durch den Entwurf geschaffen werden sollen.

Bestrebungen eingeleitet worden. Ansatz hierzu war zunächst ein Gesetzentwurf der Bundesregierung der 12. Legislaturperiode [1], der auf einem entsprechenden Referenten-Entwurf eines Strafverfahrensänderungsgesetzes (Genetischer Fingerabdruck) basiert, der eine konkrete Eingriffsgrundlage für genomanalytische Methoden im Strafverfahren sowie datenschutzrechtliche Aspekte formuliert [2]. Alternativ hat die SPD-Bundestagsfraktion einen Gesetzentwurf eingebracht [3], der teilweise restriktiver gefaßt ist [4].

Beide Gesetzentwürfe, die der Diskontinuität unterlagen, von denen dann aber der Regierungsentwurf in unveränderter Fassung wieder eingebracht worden ist[5], sollen kurz verglichen werden, um verbleibenden Regelungsbedarf zu definieren.

(1) Zweckbindung und Analysegegenstand

Beide Entwürfe gehen von der gem. § 81 a StPO gedeckten Zulässigkeit der Entnahme von Körperzellen aus, soweit sie für das Verfahren von Bedeutung ist, und blenden sich für jene Zäsur ein, die in der Verwendung der Körperzellen für DNA-Analysen liegt. Sie sehen eine Änderung des § 81 a StPO und eine Einfügung von §§ 81 e, 81 f in die StPO vor.

DNA-Analysen sollen demnach zulässig sein für Zwecke der Feststellung der Abstammung und der Identitätsfeststellung des Beschuldigten im Hinblick auf aufgefundenes Spurenmaterial. Analysegegenstand kann damit auch Material anderer Personen, das nach § 81 c erlangt wurde, und Spurenmaterial sein [6]. Nach dem SPD-

---

1 BT-Drs. 12/7266 mit Stellungnahme des Bundesrates und Gegenäußerung der Bundesregierung; siehe auch Präsidium des Deutschen Richterbundes in: DRiZ 1994, S. 155, mit Einwendungen, die den Entwurf als zu weitgehend ansehen
2 Abgedruckt bei: Schnittler, DuD 1993, S. 293, Anhang A; eine frühere Fassung des Entwurfs findet sich bei: Wächtler, Strafverteidiger 1990, S. 369 ff.
3 BT-Drucksache 12/3981
4 Diskussion beider Entwürfe bei Dix, DuD 1993, S. 283; Zusammengefaßte Darstellung beider Vorschläge in: TAB 1993, S. 178 ff.; einen eigenen Regelungsvorschlag bietet das Gutachten Simon 1993, S. 166, an.
5 Siehe BT-Drs. 13/667
6 Der Bundesrat schlug unter Zustimmung der Bundesregierung vor, die Worte "aufgefundenes Spurenmaterial" durch die Worte "Material, das auf andere Weise als nach § 81 a oder § 81 c erlangt ist" zu ersetzen, um auch etwa nach §§ 94 ff. StPO beschlagnahmtes Material
(Fortsetzung...)

Entwurf soll allerdings die DNA-Analyse bei Zeugen und Opfern erst zulässig sein, wenn auch Vergleichsmaterial eines Tatverdächtigen zur Verfügung steht. Damit wird eine Erhebung auf Vorrat unterbunden [1].

(2) Zweckbegrenzung/Verhältnismäßigkeit

(a) Überschußinformationen

Beide Entwürfe schreiben fest, daß Feststellungen über genetische Anlagen nicht erfolgen dürfen und unzulässig bzw. unverwertbar sind.

Diese Formulierungen wurden als unklar kritisiert, weil sie nicht explizit ausschließen, daß auch innerhalb der nichtcodierenden Bereiche Informationen über die bloße Identifikation hinaus erhoben werden [2]. Der Bundesrat hat daher auf eine entsprechende Klarstellung gedrungen [3], wonach angefügt werden solle, daß sich die molekulargenetischen Untersuchungen "nicht auf Bereiche des menschlichen Genoms erstrecken (dürfen), die Aufschluß über Erbanlagen des Betroffenen geben können".

(b) Begrenzung auf das konkrete Strafverfahren

Nach dem SPD-Entwurf soll eine genanalytische Untersuchung für weitere Strafverfahren, als jene, auf die sich die Anordnung zur Entnahme der Körperzellen gem. § 81 c V StPO bezieht, nur dann zulässig sein, wenn es sich um Spurenmaterial eines Tatverdächtigen oder um gem. § 81 a StPO dem Beschuldigten entnommene Körperzellen handelt.

Der Regierungsentwurf erlaubt die Verwendung von Körperzellen bei Beschuldigten und anderen Personen für molekulargenetische Analysen bezüglich des der Entnahme

---

6 (...Fortsetzung)
   einzubeziehen: Stellungnahme des Bundesrates, BT-Drs. 12/7266, S. 9
1 Befürwortend daher Dix, DuD 1993, S. 284
2 Dix, DuD 1993, S. 283; Gutachten Simon, S. 155; siehe auch die Forderung der DSB-Konferenz
   vom 26./27. Okt. 1989, Genomanalyse und informationelles Selbstbestimmungsrecht in: Simitis-
   Doku., F 51, sowie 14. Tätigkeitsbericht des BfD, S. 49 f. und 13. Tätigkeitsbericht des BfD,
   S. 39 ff.; 11. Tätigkeitsbericht des LfD Niedersachsen, S. 196 f.
3 Stellungnahme des Bundesrates, BT-Drs. 12/7266, S. 9

zugrundeliegenden und anderer anhängiger Strafverfahren. Damit ist für andere als den Beschuldigten nicht ausgeschlossen, daß ihre Körperzellen für andere als das zugrundeliegende Strafverfahren analysiert werden [1], denn die sich auf die Zellen beziehende Vernichtungsregelung greift erst ein, wenn die Verwendung der Zellen eben für das zugrundeliegende oder andere anhängige Strafverfahren nicht mehr erforderlich ist.

(c) Erforderlichkeit

Die Durchführung von DNA-Analysen soll nach beiden Entwürfen nur insoweit zulässig sein, als sie zur Zweckerreichung erforderlich ist.

(d) Einsatzschwelle

Der SPD-Entwurf verlangt, DNA-Analysen nur bei dringendem Tatverdacht zuzulassen, während sich der Regierungsentwurf zu diesem Punkt nicht äußert.
Die Anbindung an das Vorliegen dringenden Tatverdachts lehnt sich an das Urteil des BGH vom August 1992 an, in dem die DNA-Analyse nur als zusätzliches Beweismittel akzeptiert wird.

(3) Kenntnis des Betroffenen/Benachrichtigung

Nur der SPD-Entwurf macht die Zulässigkeit der Analyse von der vorherigen Kenntnis des Betroffenen abhängig, sofern nicht der Untersuchungszweck durch die Unterrichtung gefährdet würde. Dann hat jedoch eine nachträgliche Unterrichtung zu erfolgen, sobald dies ohne Gefährdung des Ermittlungserfolges geschehen kann.

---

1 Gerade diesen Nichtausschluß fordert allerdings das Präsidium des Deutschen Richterbundes in: DRiZ 1994, S. 155, um erneute Blutproben oder andere körperliche Eingriffe zu vermeiden, die beim Rückgriff auf vorhandes Material nicht erforderlich wären.

(4) Grundrechtssicherung durch Verfahren

(a) Anordnungs-/Durchführungskompetenz

Die Anordnung durch den Richter ist in beiden Entwürfen vorgesehen [1]. Die Anordnung soll schriftlich und unter Bestimmung des zu beauftragenden Sachverständigen erfolgen. Während der Regierungsentwurf die Analyse sowohl bei Amtsträgern wie Kriminalämtern oder gerichtsmedizinischen Instituten oder öffentlich bestellten, nach dem Verpflichtungsgesetz verpflichteten Sachverständigen für zulässig hält [2], schließt der SPD-Entwurf Amtsträger aus. Der Regierungsentwurf schränkt allerdings ein, daß die Amtsträger der ermittlungsführenden Behörde nicht angehören dürfen, sofern sie nicht einer Organisationseinheit dieser Behörde angehören, die von der ermittlungsführenden Dienststelle organisatorisch und sachlich getrennt ist [3]. In der Literatur wird gar verlangt, daß das Ergebnis von einem zweiten unabhängigen Institut überprüft werden müsse [4].

(b) Methodendefinition

Beide Entwürfe enthalten keine Vorgaben darüber, welche Methoden zur DNA-Analyse angewandt werden sollen, insbesondere welche Analysesonden zu nutzen sind [5].

---

1 Der Bundesrat spricht sich dagegen für eine staatsanwaltliche Eilkompetenz aus, der die Bundesregierung grundsätzlich unter der Maßgabe zustimmt, daß eine Bindung an eine binnen drei Tagen zu ergehende richterliche Bestätigung erfolgt: BT-Drs. 12/7266, S. 9, 11
2 Kritisch dazu Wächtler, Strafverteidiger 1990, S. 372
3 Gegen diese auf den Bundesbeauftragten für den Datenschutz zurückgehende Beschränkung zur Mißbrauchseindämmung durch funktionelle Trennung von Strafverfolgung und DNA-Analyse spricht sich der Bundesrat ohne substantielle nähere Begründung aus, BT-Drs. 12/7266, S. 10. Die Bundesregierung beharrt in der Gegenäußerung auf ihrem Entwurf, S. 11
4 Dix, DuD 1993, S. 284
5 Kritisch hierzu mit dem Vorschlag, SLS vorzugeben: Gutachten Simon, S. 162 ff.; eine staatliche Zulassung fordert auch: DSB-Konferenz vom 26./27. Okt. 1989, Genomanalyse und informationelle Selbstbestimmung in: Simitis-Doku, F 51

(c) Weitergabe/Vernichtung

Die Weitergabe des Untersuchungs- und Spurenmaterials an den Sachverständigen soll nach dem Regierungsentwurf in anonymisierter Form erfolgen [1]. Der SPD-Entwurf enthält unter Erweiterung des Anwendungsbereichs des § 203 StGB ein an die analysierenden Stellen gerichtetes Verbot der Weitergabe von Spurenmaterial und Testergebnissen.

Der Regierungsentwurf will durch Anfügung eines entsprechenden Verbots an § 46 IV OWiG eine Verwendung von Blutproben und sonstigen Körperzellen für molekulargenetische Untersuchungen im Bußgeldverfahren verhindern.

Der SPD-Entwurf verbietet außerdem die Verwendung von Gendaten für Strafverfahrenszwecke, soweit sie außerhalb des Strafverfahrens, etwa aufgrund genetischer Beratung, erhoben wurden.

Eine Vernichtung ist nach dem Regierungsentwurf lediglich für Blutproben oder sonstige Körperzellen des Beschuldigten und von Spurenmaterial vorgesehen, sobald sie für die Zwecke des Strafverfahrens nicht mehr erforderlich sind [2]. Damit ist nicht ausgeschlossen, daß die DNA-Filter, an denen weitere Analysen vornehmbar sind, weitergegeben werden. Der SPD-Entwurf bezieht sich hingegen auf alle Materialien, Aufzeichnungen, Unterlagen und Ergebnisse, auch, wenn sie nicht vom Beschuldigten selbst stammen. Eine Begrenzung der Vernichtung lediglich auf sämtliche Körpermaterialien sieht er für den Fall vor, daß der Täter überführt wird [3]. Eine Weitergabe der Ergebnisse in Akten ist somit im Rahmen des Regierungsentwurfs auch dann nicht ausgeschlossen, wenn das Verfahren mit einem Freispruch endet, beim SPD-Entwurf nur dann nicht, wenn der Täter verurteilt wurde [4].

---

1 Der Bundesrat spricht sich für eine Teilanonymisierung aus, um dem Sachverständigen eine Plausibilitätskontrolle seiner Untersuchungsergebnisse zu ermöglichen, BT-Drs. 12/7266, S. 10. Hierauf geht die Bundesregierung ein, S. 11. Demnach soll das Material lediglich ohne Mitteilung des Namens, der Anschrift und der Geburtsdaten übergeben werden.
2 Die entsprechende Prüfung im Einzelfall hält das Präsidium des Deutschen Richterbundes in: DRiZ 1994, S. 155, für eine "erhebliche zusätzliche Belastung".
3 Siehe zum Erfordernis der Vernichtung auch DSB-Konferenz vom 26./27. Okt. 1989 in: Simitis-Doku, F 51; 14. Tätigkeitsbericht des BfD, S. 105: Löschung auch von "Neben- und Zwischenergebnissen"
4 Zu diesem Problem kritisch: Rademacher, S. 94 f.

(d) Kontrolle

Der SPD-Entwurf bindet die Einhaltung von technischen und organisatorischen Maßnahmen bei den die Analyse durchführenden Stellen unter Aufgabe des Dateibezuges an eine Überwachung durch die Datenschutzbeauftragten der Länder, in denen die Untersuchung durchgeführt wird. Unklar ist, warum der Entwurf Sachverständige wie öffentliche Stellen behandelt. Da sie auch als Private in Erscheinung treten können, würden damit Private nicht § 38 BDSG unterstellt, was systemwidrig und nicht nachvollziehbar erscheint.

Diese Frage stellt sich ebenso für den Regierungsentwurf, der hinsichtlich der Stellen, die nicht öffentliche Stellen des Bundes sind, ebenso verfährt, wie der SPD-Entwurf, allerdings im übrigen, weil nach dem Regierungsentwurf auch Amtsträger als durchführende Stelle in Betracht kommen, wie die Datenschutzgesetze auch, die Kompetenz der Datenschutzbeauftragten nach der Zugehörigkeit der öffentlichen Stelle zu Bund oder Ländern einordnet [1].

cc) Stellungnahme

Auch wenn man davon ausgeht, daß der durch die DNA-Analyse im Strafverfahren stattfindende Eingriff in das ISR grundsätzlich nicht unverhältnismäßig ist, weil das öffentliche Interesse an der Aufklärung von Straftaten und die Möglichkeit des Unschuldsbeweises überwiege [2], enthält der bisherige Regierungsentwurf noch einige Defizite. Sie könnten durch Aufnahme einiger Anregungen des SPD-Entwurfs beseitigt werden. Dazu zählt die Begrenzung der DNA-Analyse auf das konkrete Strafverfahren,

---

1 Der Bundesrat hält die Regelung für völlig "verfehlt" und betrachtet sie als "Fremdkörper, für den kein Bedürfnis besteht". Die Regelungen in den Datenschutzgesetzen reichten hin, BT-Drs. 12/7266, S. 10. Die Bundesregierung widerspricht, bietet aber eine neue, ersatzweise Formulierung an, wonach bei nicht-öffentlichen Untersuchungsstellen § 38 BDSG auch dann anzuwenden ist, wenn für die Aufsichtsbehörde kein konkreter Hinweis auf eine Verletzung datenschutzrecht licher Vorschriften vorliegt und wenn die Daten nicht in Dateien verarbeitet werden, S. 12.

2 Zum öffentlichen Interesse: LG Berlin, NJW 1989, S. 788; Steinke, MDR 1989, S. 407 f.; zum Unschuldsbeweis: BGH NJW 1990, S. 2328; LG Darmstadt, NJW 1989, S. 2338 f.; a.A. mit beachtlichen Argumenten: Rademacher, S. 105 ff., die vor allem auf die Freiheit des Betroffenen abstellt, sich nicht selbst bezichtigen zu müssen, und darauf hinweist, daß es umgekehrt keine Pflicht geben könne, selbst einen Unschuldsbeweis anzutreten.

sofern es sich nicht um Material eines Tatverdächtigen oder des Beschuldigten handelt, die Errichtung der Einsatzschwelle des dringenden Tatverdachts, die Inkenntnissetzung beziehungsweise Benachrichtigung des Betroffenen sowie die umfassende Vernichtungsregelung für Material anderer als des Beschuldigten. Außerdem ist eine explizite Klarstellung notwendig, wonach auch im nichtcodierenden Bereich keine Überschußinformationen anfallen dürfen. Auch eine Strafandrohung für den Mißbrauch der Analysebefunde wäre zu erwägen [1]. Die Erhebung oder Verwendung von Daten aus DNA-Analysen zu präventiven Zwecken sollte verboten werden [2].

c) Weitere Anwendungsfelder

Mit der Fortentwicklung der DNA-Techniken ist eine stetige Ausweitung der denkbaren Anwendungsbereiche verbunden. So sind DNA-analytische Individualisierungsmaßnahmen nicht mehr nur im Rahmen des Strafprozesses oder zur Vaterschaftsfeststellung im Zivilverfahren

anwendbar, sondern auch in allen anderen Streitigkeiten, bei denen Personenidentität eine Rolle spielt. Das ist insbesondere im Versicherungsrecht der Fall. Bei Verkehrsunfällen können die Identität des Fahrzeugführers oder Einzelfragen des Unfallgeschehens geklärt werden, bei Betrugsfällen, etwa durch Selbstverstümmelung, die mechanischen Einwirkungen nachvollzogen und überprüft werden [3]. Soweit entsprechende Maßnahmen durch die Gerichte angeordnet werden, gelten auch für diese Bereiche die oben dargestellten Folgerungen.

---

1 Siehe dazu 11. Tätigkeitsbericht des LfD Niedersachsen, S. 197; Jahresbericht 1990 des LfD Berlin, S. 77

2 Das Präsidium des Deutschen Richterbundes in: DRiZ 1994, S. 155, hält die Verwendung entnommenen Materials zum Zwecke der Gefahrenabwehr für sinnvoll, weil etwa "ein Ver gewaltigungsopfer ein berechtigtes Interesse daran haben könne, zu erfahren, ob der Täter eine ansteckende Krankheit hatte". Siehe aber demgegenüber: Wächtler, Strafverteidiger 1990, S. 371; TAB 1993, S. 170 f.; Chancen und Risiken, S. 176; Jahresbericht 1990 des LfD Berlin, S. 77; Dix, DuD 1989, S. 238; Bundesrat in DR-Drs. 424/92, S. 6 f.

3 Brinkmann/Wiegand, VersMed 1993, S. 185, 187 f. m.w.N., mit Beispielen aus der Praxis der Rechtsmedizin

d) Datenschutzgesetze als Auffangregelung ?

Fraglich ist, ob und inwieweit die Datenschutzgesetze hinsichtlich der Individualisierung anwendbar sein können, solange die notwendige bereichsspezifische Ausgestaltung nicht existiert.

Datenschutzrechtlich zählen die Staatsanwaltschaften zu den Organen der Rechtspflege, also den Gerichten des Bundes und der Länder i.S.d. §§ 1 II Nr. 2 b; 2 I, 2. Fall BDSG [1]. Folglich ist auf deren Tätigkeit das BDSG anzuwenden, soweit nicht im Prozeßrecht als Materie i.S.d. § 1 IV BDSG spezielle Aussagen getroffen werden, und soweit nicht die LDSG vor dem BDSG Anwendung finden, weil die Länder auf ihre Regelungsbefugnis im Verwaltungsverfahren, auf die § 1 II Nr. 2 BDSG verweist, Gebrauch gemacht haben. Gerichte und Staatsanwaltschaften unterfallen demnach, soweit sie keine Verwaltungstätigkeiten durchführen, voll dem BDSG [2].

Die Möglichkeit, anstelle einer vorhandenen, jedoch den Anforderungen an das ISR nicht genügenden Regelung das BDSG anzuwenden, könnte aber aus verschiedenen Gründen verwehrt sein.

Zunächst wäre eine verfassungskonforme Auslegung der Normen in StPO und ZPO zu erwägen. Sie wurde aber oben bereits verworfen und ist auch deshalb nicht opportun, weil damit die Vorgaben des BVerfG an den Gesetzgeber, dort bereichsspezifische Verarbeitungsbefugnisse zu schaffen, wo die Eingrifsintensität besonders hoch anzusetzen ist, unterlaufen würde [3]. Der Rückgriff auf das BDSG ist dort möglich, wo es um Verarbeitungsvorgänge geht, die keine besondere zusätzliche Belastung für den Betroffenen mit sich bringen. Bei sensiblen Daten, wie sie etwa schon im Bereich des Arbeitnehmerdatenschutzes anfallen [4], insbesondere aber bei Gesundheitsdaten, ist die Eingriffsqualität mit den generalklauselartigen Erlaubnistatbeständen des BDSG nicht mehr in Einklang zu bringen. Diese Tatbestände sind bereits für geringere Eingriffsintensitäten nur bei restriktiver Interpretation im Rahmen des verfassungsmäßigen

---

1 Ordemann/Schomerus, § 2, 3.1; Dörr/Schmidt, § 2, Rn 5
2 Bergmann/Möhrle/Herb, § 12, Rn 20, Dammann in Simitis, § 1, Rn 217, 211, mit Angaben von LDSG, die dies explizit erwähnen
3 Walz in Simitis, § 1, Rn 282; Simitis in Simitis, § 1, Rn 197; siehe auch BVerfG RDV 1988, S. 194 f.; BVerfG NJW 1990, S. 701 f.; OVG Lüneburg, NJW 1992, S. 192, 194; allerdings auch BVerfG CR 1989, S. 528
4 Wohlgemuth, Rn 318 ff.

zu halten [1]. Es ist daher nicht zulässig, einen mit den Anforderungen des ISR nicht vereinbaren Regelungszustand durch eine mit der Verfassung nicht vereinbare Uminterpretation des BDSG einer weiteren Anwendung zugänglich zu machen. Die Auffangfunktion des BDSG versagt an dieser Stelle [2].

e) Ergebnis

Die gegenwärtigen Regelungen in StPO und ZPO genügen nicht den Anforderungen des ISR an spezialgesetzliche Eingriffsermächtigungen zum Umgang mit DNA-Analysen und aus ihnen gewonnener Daten. Der Gesetzentwurf der Bundesregierung zur Änderung der StPO vermag diesen Anforderungen insgesamt gerecht zu werden, bedarf aber noch einiger optimierender Modifikationen. Da im Zivilprozeßrecht entsprechende Regelungsansätze fehlen, bleibt dort auch in absehbarer Zukunft der Einsatz der DNA-Analyse zur Abstammungsbegutachtung unzulässig. Die Generalklauseln des BDSG können zur Heilung nicht subsidiär herangezogen werden.

f) Rechtfertigung durch Einwilligung

Denkbar wäre, daß der einzelne dem Staat gegenüber auf den Schutz aus Art. 2 I i.V.m. Art. 1 I GG verzichtet und freiwillig eine DNA-Analyse durch staatliche Stellen vornehmen läßt oder die Daten aus einer nicht staatlicherseits vorgenommenen DNA-Analyse später an staatliche Stellen aus eigenem Antrieb offenbart.
Diese Möglichkeit könnte insbesondere im Bereich des Sozialrechts relevant werden, wo die Tendenz zur Kostendämpfung durch Prävention immer deutlicher wird. Im Zusammenhang damit steht auch die Problematik staatlicher Screeningprogramme, die nach der hier vertretenen Auffassung allenfalls mit Einwilligung des Betroffenen

---

1 Ordemann/Schomerus, § 4, 2.3
2 Ähnlich Simitis in Simitis, § 1, Rn 197; im übrigen ist darauf hinzuweisen,daß es nicht akzeptabel erscheint, die dauerhafte Untätigkeit des Gesetzgebers in bestimmten Bereichen des bereichsspezifischen Datenschutzes dadurch hinzunehmen, daß man noch immer davon ausgeht, die sogenannten Übergangsfristen seien noch nicht abgelaufen, siehe zu diesem Thema: Krehl, NJW 1995, S. 1072 ff.; siehe dazu, daß das bestehende Datenschutzrecht ohnehin nicht in der Lage ist, den neuen technischen Entwicklungen adäquat zu begegnen: Nitsch, ZRP 1995, S. 361 ff.

zulässig sein könnten [1]. Fraglich ist, ob und inwieweit ein Verzicht auf beziehungsweise eine Einwilligung in das ISR zulässig ist, und insbesondere, wie dies für den durch die Menschenwürde bestimmten Kernbereich des ISR zu beurteilen ist [2]. Dazu soll zunächst geklärt werden, wie die Einwilligung verfassungsrechtlich abzuleiten und zu beurteilen ist.

Das breite Spektrum an Meinungen, die zu dem Begriff des Grundrechtsverzichts anzutreffen sind, wird durch zwei entgegenstehende Positionen markiert, die vor dem Hintergrund verschiedener Grundrechtstheorien stehen.

aa) Meinungen in der Literatur

(1) "Grundrechtsverzicht" als Grundrechtsausübung

So betont einerseits eine liberale Grundrechtstheorie die Funktion der Grundrechte als subjektive Abwehrrechte gegen staatliche Zugriffe [3]. Freiheit ist demnach ein vorstaatlicher Begriff, der nicht durch den Staat erst geschaffen wird. Daher sei es Teil der Dispositionsfreiheit, auf den Schutz der Grundrechte zu verzichten. Grundrechtsverzicht sei Ausdruck des Grundrechtsgebrauchs [4].

Vorwiegend Vertreter dieses liberalen Grundrechtsverständnisses meinen, einige Grundrechte seien ihrem Wortlaut nach so formuliert, daß der mangelnde Wille, einen Eingriff hinzunehmen, bereits Tatbestandsmerkmal [5] des Grundrechtsschutzbereichs sei. Dadurch ergebe sich, daß Einwirkungen mit dem Willen des Betroffenen schon keinen Eingriff [6], sondern Grundrechtsausübung darstellten [7]. Je nachdem, wie weit

---

1 So auch Wiese, S. 98 f.
2 Diese Frage ist zunächst auf verfassungsrechtlicher Ebene zu klären, bevor auf einfaches Recht zurückgegriffen werden kann; siehe dazu auch Sturm in: Festschrift Geiger, S. 187
3 Siehe zu den verschiedenen Theorien: Böckenförde, NJW 1974, S. 1529 ff.; Robbers, JuS 1985, S. 927; Sturm in: Festschrift Geiger, S. 193 f.; Pietzcker, Der Staat 1978, S. 540 f., Bleckmann, JZ 1988, S. 58 f.; alle jeweils m.w.N.
4 Dürig, AöR 1956, S. 117, 152; Pietzcker, Der Staat 1978, S. 540; Robbers, JuS 1985, S. 927
5 Diesen Begriff verwendet Pietzcker, S. 542 unter Hinweis auf Art. 16 I S. 1 GG
6 Püttner/Brühl, JZ 1987, S. 530
7 Robbers, JuS 1985, S. 928; BoKo-Herdegen, Art. 13, Rn 44; Schwabe, S. 98 ff.; eingeschränkt auch Malorny, JA 1974, S. 479; Quaritsch in: Gedächtnisschrift Martens, S. 410; Bleckmann, JZ 1988, S. 58 leitet die Verfügbarkeit aus dem "Recht auf freies Belieben" ab, welches in Art.

(Fortsetzung...)

man den Begriff der Ausübung definiere, werde damit der Begriff des Verzichts inhaltsleer "und damit überflüssig" [1]. Stattdessen wird von einigen der Begriff der Einwilligung eingebracht, durch die das Grundrecht ausgeübt werden könne, ohne daß dabei der Schutzbereich berührt werde [2].

Eine Einwilligung sei demnach "die Bestimmung des Betroffenen dahin, daß von Dritten Handlungen vorgenommen werden dürfen, die - jedenfalls ohne diese Bestimmung - den Charakter von Eingriffen . . . hätten" [3].

(2) Verzichtsbeschränkung durch öffentliches Interesse

Andererseits betont eine grob als funktionale Grundrechtstheorie benennbare Position den institutionellen und werttheoretischen Gehalt der Grundrechte. Danach liege grundrechtlicher Schutz nicht in der Dispositionsmacht des Bürgers, sondern bestehe als Voraussetzung eines gemeinschaftsbezogenen Integrationsprozesses, den die Grundrechte gewährleisten und steuern [4].

Demnach sei ein Grundrechtsverzicht mangels Dispositionsmacht grundsätzlich ausgeschlossen [5].

Vorwiegend Vertreter dieses funktionalen Grundrechtsverständnisses meinen, die Verzichtbarkeit eines Grundrechts weiche dem öffentlichen Interesse, aus dem heraus es seinen Schutz gewährleiste [6].

Der einzelne kann demnach nicht über etwas verfügen, was nicht um seinetwillen gewährt wird. Sobald öffentliche Interessen tangiert seien, werde die Verfügbarkeit irrelevant [7].

---

7 (...Fortsetzung)
  1 I GG verankert sei; siehe auch von Münch/Kunig, Vorb. Art. 1-19, Rn 63
1 Geiger, NVwZ 1989, S. 37
2 So Geiger, NVwZ 1989, S. 37, für das ISR
3 Geiger, NVwZ 1989, S. 36
4 Sturm in: Festschrift Geiger, S. 195 ff. m.w.N.; siehe auch die Nachweise bei Robbers, JuS 1985, S. 927
5 Sturm in: Festschrift Geiger, S. 197 f.; Malorny, JA 1974, S. 475; Bussfeld, DÖV 1976, S. 770 f.; siehe auch die Nachweise bei Pietzcker, Der Staat 1978, S. 539, 541; Bleckmann, S. 322
6 Forsthoff, S. 287 f.; Wolff-Bachof, § 43 IV; Wilde, S. 83 ff.
7 Sturm in: Festschrift Geiger, S. 188; dagegen Bleckmann, JZ 1988, S. 59, mit dem Hinweis darauf, daß öffentliche und private Interessen zumindest teilweise deckungsgleich seien und
(Fortsetzung...)

Das öffentliche Interesse sei den Grundrechten inwoweit immanent, als ihr Menschenwürdegehalt unveräußerlich sei [1]. Umgekehrt könne mit der Autonomie des Bürgers nur argumentiert werden, wenn die entsprechenden Normen "strikt individualgerichtet" seien [2].

(3) Definitionsversuche

Zwischen diesen beiden Konzeptionen stehen vielfältige Nuancierungen, durchwirkt von Ansätzen, die bereits zum "besonderen Gewaltverhältnis" vertreten wurden [3]. Zu Divergenzen führt bereits der Versuch, den Begriff des Grundrechtsverzichts zu definieren.

Es handle sich um die "rechtlich verbindliche Aufgabe grundrechtlich gewährleisteter Rechtspositionen" [4] oder die "individuelle Verfügung über Grundrechtspositionen" [5], beziehungsweise um eine "einseitige, empfangsbedürftige, unwiderrufliche Willenserklärung, mit deren Zugang der Rechtsvorteil erlischt" [6].

Der Verzichtsbegriff wird in variierender Weise mit anderen Termini in Deckung gebracht oder gegen sie abgegrenzt. So ist die Rede vom Verzicht auf die Ausübung grundrechtlicher Befugnisse [7], von der Nichtausübung und der negativen Ausübungsfreiheit [8] und von der Einwilligung.

Bei der vom Verzicht zu trennenden "Nichtausübung" werde ein rechtswidriger Eingriff

---

7 (...Fortsetzung)
   das öffentliche Interesse zumeist einen nur "potentiellen Charakter" trage.

1 Sturm in: Festschrift Geiger, S. 189; Malorny, JA 1974, S. 477, der allerdings für den "Grundrechtsausübungsverzicht" bei Bürgerrechten im Gegensatz zu Menschenrechten zu einem anderen Ergebnis kommt, weil dabei die Menschenwürde gerade ein Stück Autonomie verleihe

2 Sturm in: Festschrift Geiger, S. 192

3 Siehe dazu die Nachweise bei: Sturm in: Festschrift Geiger, S. 177; Koch, S. 78 ff.

4 Geiger, NVwZ 1989, S. 37, unter Verweis auf Robbers, Jus 1985, S. 925, der wiederum auf Pietzker, Der Staat 1978, S. 531 verweist.

5 Pietzker, Der Staat 1978, S. 531

6 Quaritsch in: Gedächtnisschrift Martens, S. 408, der den Verzicht vorrangig aus verwaltungsrechtlicher Sicht untersucht; ähnlich Schwabe, S. 93: "die auf den Untergang eines Rechts gerichtete Willenserklärung"; ähnlich definiert auch Malorny, JA 1974, S. 475: "Verzicht ist die Aufgabe eines Rechtes durch eine darauf gerichtete, einseitige und empfangsbedürftige Willenerklärung".

7 Malorny, JA 1974, S. 476

8 Malorny, JA 1974, S. 476; Robbers, JuS 1985, S. 925

lediglich hingenommen. Die Hinnahme könne jederzeit durch die Berufung auf das entsprechende Grundrecht wieder unterbrochen werden [1].

Ähnlichen Gehalt soll die Einwilligung aufweisen, die "jederzeit mit Wirkung ex nunc widerrufen werden kann". Strittig ist dabei, ob sie vom Verzicht zu trennen ist [2], oder dazu gehört [3]. Der Unterschied zwischen Nichtausübung und Einwilligung liege darin, daß im einen Falle zur Hinnahme des Eingriffs überhaupt keine Erklärung des Betroffenen [4] erforderlich sei, im anderen Falle [5] erst durch die Erklärung der Eingriff legitimiert werden könne.

Bei der "negativen Ausübungsfreiheit" gehe es ebenfalls nicht um einen Verzicht, sondern gerade um die Ausübung eines Grundrechts, wenn etwa im Rahmen des Art. 4 I die Freiheit in Anspruch genommen werde, keinen Glauben zu haben oder zu bekennen [6].

bb) Rechtsprechung zum Verzicht auf Grundrechte

In der Rechtsprechung wird die Möglichkeit eines Grundrechtsverzichts weitgehend akzeptiert [7]. Allerdings hat das BVerfG in seinem kurzen Beschluß [8] zur Verwendung eines Lügendetektors im Strafverfahren diese Methode zwar als Eingriff in das durch Art. 2 I i.V.m. 1 I GG geschützte Persönlichkeitsrecht des Betroffenen angesehen, die mögliche Einwilligung des Angeklagten aber als unwirksam eingestuft, weil aufgrund mangelnder Wahlmöglichkeiten für den Betroffenen dessen Schutzbedürfnis gegen den Staat nicht entfalle. Der Angeklagte habe keine Wahlfreiheit gehabt, da sich ihm die Analyse mit dem Lügendetektor als eine "günstige Gelegenheit" dargestellt haben

---

1 Quaritsch in: Gedächtnisschrift Martens, S. 408; Sturm in: Festschrift Geiger, S. 185 f.; Malorny, JA 1974, S. 476 m.w.N.; Robbers, JuS 1985, S. 925, nennt als Beispiel den Verzicht auf Rechtsbehelfe gegen eine verfassungswidrige Steuer
2 Pietzcker, Der Staat 1978, S. 530, 533, mit dem Hinweis , nur rechtlich bindende Erklärungen würden vom Verzichtsbegriff erfaßt
3 Bleckmann, JZ 1988, S. 58; Robbers, JuS 1985, S. 925
4 Pietzcker, Der Staat 1978, S. 533; Sturm in: Festschrift Geiger, S. 187
5 Hier wurde bisher häufig das Beispiel genannt, daß jemand die Post um eine Fangschaltung bittet
6 Sturm in: Festschrift Geiger, S. 185; Robbers, JuS 1985, S. 925
7 Siehe die umfangreichen Nachweise bei Robbers, JuS 1985, S. 930 f.
8 Kritisch dazu: Schwabe, NJW 1982, S. 367: "Beschluß von äußerster Dürftigkeit".

müsse, die er aus seiner Sicht nicht ausschlagen durfte [1]. Warum es sich um einen Eingriff handelte, obwohl eine Einwilligung vorlag, läßt der Beschluß unerörtert [2]. Es bleibt auch offen, ob der Betroffene "die Dispositionsmacht über die in Frage stehenden Rechte" hatte [3].

Von einem legitimierenden Einverständnis spricht das Gericht in seinem Scheidungsaktenbeschluß [4]. Danach sei die "Gestattung einer Übersendung der Akten des Ehescheidungsverfahrens an den Untersuchungsführer . . . ein Eingriff in das Persönlichkeitsrecht der Ehegatten". Er sei "ohne ihr Einverständnis nur dann zulässig, wenn er nach dem Verhältnismäßigkeitsprinzip gerechtfertigt ist. Ist dies nicht der Fall, so verstößt diese Maßnahme gegen Art. 2 I i. V. m. Art. 1 I und Art. 19 II GG" [5].

Das BVerwG erklärte zur "Zölibatsklausel" im Polizeidienst, wonach die nicht genehmigte Eheschließung als unwiderruflicher selbstgestellter Entlassungsantrag angesehen wurde, es handle sich vor dem Hintergrund des Art. 1 I GG nicht um die Frage, "ob und inwieweit der Staatsbürger auf die Ausübung eines Grundrechts wirksam verzichten könne, sondern um die vorgehende Frage, ob bei der Inkaufnahme einer die Freiheit zur Eheschließung beschränkenden Regelung die Menschenwürde überhaupt angetastet wird", was das Gericht verneint [6], da der Betroffene die Erschwerung der Eheschließung freiwillig hingenommen habe.

cc) Verzicht auf das ISR ?

Eine Lösung der Verzichtsproblematik läßt sich durch eine Differenzierung nach jeweils einschlägigen Grundrechten erleichtern [7]. Einige Autoren äußern sich demgemäß speziell zum allgemeinen Persönlichkeitsrecht und zum ISR. Viele von ihnen ordnen es dabei der oben beschriebenen Theorie vom "Grundrechtsverzicht als Grundrechtsausübung"

---

1 BVerfG NJW 1982, S. 375
2 Kritisch auch dazu Schwabe, NJW 1982, S. 367
3 Der Vorprüfungsausschuß geht deswegen über diese Frage hinweg, weil die Einwilligung auch bejahendenfalls unzulässig sei, BVerfG NJW 1982, S. 375
4 BVerfGE 27, 344 (352)
5 BVerfGE 27, 344 (352)
6 BVerwGE 14, 21 (25 f.); siehe auch zum Menschenwürdeverzicht der Eltern für ihr Kind bei der gewerbsmäßig betriebenen Vermittlung von Kindern: VG Frankfurt, NJW 1988, S. 3033
7 Vergleiche Püttner/Brühl, JZ 1987, S. 531; Pietzcker, S. 542; Quaritsch in: Gedächtnisschrift Martens, S. 410

zu [1]. Pietzcker erklärt, der Schutz der Persönlichkeits- und Privatsphäre könne dann disponibel sein und eine Einwilligung tatbestandsausschließend wirken, wenn sich dies aus dem Sinn des schützenden Grundrechts ergebe. Die Persönlichkeitsnähe spreche für eine autonome Verfügbarkeit [2].

Bleckmann sieht in Art. 2 I GG als Gewährleistung der Privatautonomie eine die rechtsstaatlichen Sicherungen zurückdrängende Funktion. Die Realisierung individueller Interessen habe nur dann keinen Vorrang mehr gegenüber staatlichen Sicherungen, wenn das Individuum selbst nicht mehr in der Lage sei, eine Entscheidung zu fällen. Das sei denkbar, wenn der Grundrechtsträger "nicht die notwendige Einsichtsfähigkeit besitzt oder die Gleichheit der Bargaining-Power der Individuen gefährdet ist" [3].

Geiger weist auf das doppelte Gewährleistungsprofil des ISR hin, wonach es als Abwehrrecht Schutz gegen unbegrenzte Erhebung, Speicherung, Verwendung und Weitergabe persönlicher Daten gewähre, während es als positive Gewährleistung die Befugnis gebe, selbst über die Preisgabe und Verwendung personenbezogener Daten zu bestimmen. Indem er die "Bestimmung" über Daten als Tatbestandsmerkmal des ISR ansieht, kann er die Einwilligung sowohl zur positiven Preisgabe durch den Betroffenen als auch zur Erhebung und Verarbeitung durch Dritte als Element der "Bestimmung" zu einer Funktion der Grundrechtsausübung definieren. Der Schutz des ISR beziehe sich von vornherein nur auf Datenverarbeitung, die ohne oder gegen den Willen des Betroffenen stattfinde. Eine andere Sicht müsse zu Widersprüchen führen, weil dann "die abwehrrechtliche Seite den Betroffene vor staatlichen Handlungen schützt, die unmittelbare Folge gerade der Ausübung der positiven Seite" des ISR seien. Daher sei schon der Schutzbereich des ISR nicht berührt, wenn und soweit eine Einwilligung vorliege [4].

Ähnlich argumentiert Robbers, wonach bei jenen Grundrechten, deren Schutzgut vor allem die "vorstaatliche Freiheit, der lediglich subjektiv-variable, keine objektiven Zwecke zukommen", sei, der Verzicht als Ausdruck der Freiheit geschützt sei. Dies werde "besonders dort relevant, wo das Grundrecht die Integrität eines individuell-persönlichen Bereiches schützt, ohne zugleich besondere öffentliche Interessen zu

---

1 Geiger, NVwZ 1989, S. 37; Püttner/Brühl, JZ 1987, S. 530; Robbers, JuS 1985, S. 928
2 Pietzcker, S. 543, 551, unter Verweis auf das Fernmeldegeheimnis und das allgemeine Persönlichkeitsrecht sowie das Scheidungsaktenurteil des BVerfG, BVerfGE 27, 344 (352)
3 Bleckmann, S. 325 ff.
4 Geiger, NVwZ 1989, S. 37

umfassen, die über das allgemeine öffentliche Interesse am Rechtschutz und an der Freiheit des einzelnen hinausgehen" [1]. Dies sei insbesondere beim ISR der Fall [2]. Auch das BVerfG legt durch die Formulierungen im Volkszählungsurteil nahe, daß die freie Selbstbestimmung Tatbestandsmerkmal des ISR ist. Es betont die Entscheidungsfreiheit des einzelnen als Voraussetzung der individuellen Selbstbestimmung. Nur wer selbst entscheiden könne, ob er Handlungen vornehmen oder sie unterlassen will und nur wer auch tatsächlich danach handeln könne, ohne Hemmnisse und Beschränkungen fürchten zu müssen, könne sich selbstbestimmen [3]. "Mit dem Recht auf informationelle Selbstbestimmung wären eine Gesellschaftsordnung und eine diese ermöglichende Rechtsordnung nicht vereinbar, in der Bürger nicht mehr wissen können, wer was wann und bei welcher Gelegenheit über sie weiß" [4].

dd) Stellungnahme

Versteht man die Ausübung eines Grundrechts als die Berufung auf Abwehr gegen Eingriffe, so läßt sich vorstellen, daß auf bestimmte Abwehrhandlungen verzichtet werden kann. Damit würde der Grundrechtsträger aber nicht über das Grundrecht und auch nicht über dessen Schutzbereich [5] disponieren, sondern über die Weite des Eingriffs, soweit er über das durch den Gesetzesvorbehalt getragene Maß hinausreicht. Soweit der Bürger diesen Eingriff anstrebt, verzichtet er auf Abwehr, willigt also in eine Beeinträchtigung ein [6]. Die Dispositionsbefugnis hierzu kann ihm also in dem Maße zustehen, in dem er überhaupt über Abwehrmaßnahmen selbst bestimmen kann. Dies kann davon abhängen, wiesehr das ISR durch Selbstbestimmung geprägt ist. Daß es als subjektives Abwehrrecht Selbstbestimmung als "Tatbestandsmerkmal" aufweist, weil es nur den Schutz vor Maßnahmen bezweckt, die ohne oder gegen den Willen des Betroffenen erfolgen, besagt noch nichts darüber, ob Selbstbestimmung auch in funktionale Dienste öffentlicher Interessen treten kann. Das BVerfG hat im Volkszählungsurteil darauf hingewiesen, daß die auf Furcht vor

1 Robbers, JuS 1985, S. 928
2 Ebenso Püttner/Brühl, JZ 1987, S. 530
3 BVerfGE 65, 1 (42 f.)
4 BVerfGE 65, 1 (43)
5 Nur, wer den Schutzbereich über den Eingriff definiert, könnte dies anders betrachten
6 Ähnlich Schwabe, S. 93 f., 97

Datenmißbrauch begründete Zurückhaltung bei der Grundrechtsausübung "nicht nur die individuellen Entfaltungschancen des einzelnen beeinträchtigen" würde, "sondern auch das Gemeinwohl, weil Selbstbestimmung eine elementare Funktionsbedingung eines auf Handlungs- und Mitwirkungsfähigkeit seiner Bürger begründeten freiheitlichen demokratischen Gemeinwesens ist" [1].

Damit ist ausgesprochen, daß weder eine einseitig subjektive noch eine einseitig funktionale Grundrechtsinterpretation dem heute anerkannten multidirektionalen Charakter der Grundrechte gerecht zu werden vermögen [2].

Die objektivrechtliche Seite des ISR könnte daher in der Lage sein, der grundsätzlich zu bejahenden Einwilligungsfähigkeit gegenüber Eingriffen in das Grundrecht Grenzen zu ziehen. Außerhalb dieser Grenzen könnte eine Einwilligung daher unwirksam sein, so daß nicht jede mit Einwilligung des Betroffenen durchgeführte DNA-Analyse oder Offenbarung der durch sie erhobenen Daten rechtlich zulässig wäre. Fraglich ist, wie derartige Grenzen zu definieren wären.

ee) Verzichtsgrenzen

Mit der Theorie vom "Grundrechtsverzicht durch Grundrechtsausübung" stellt sich eigentlich "die gesamte Schrankenproblematik nicht mehr". Es bedürfe keines dem grundrechtsspezifischen Schrankenvorbehalt genügenden Gesetzes mehr, sondern allenfalls einer dem allgemeinen Gesetzesvorbehalt genügenden gesetzlichen Aufgabenzuweisung [3]. Dennoch diskutieren einige ihrer Vertreter sowie Vertreter der Theorie der "Verzichtsbeschränkung durch öffentliches Interesse", wieweit ein Verzicht den Gesetzesvorbehalt ausblendet. Zumindest im Verhältnis zum Staat geht mit einem Verzicht gleichsam die Erweiterung des staatlichen Handlungsspielraums einher [4]. Der Staat könnte folglich nicht nur tiefere Eingriffe durchführen, als ohne Verzicht

---

1 BVerfGE 65, 1 (43)
2 So auch Pietzcker, Der Staat 1978, S. 542; ähnlich Sturm in: Festschrift Geiger, S. 195
3 Geiger, NVwZ 1989, S. 37, in Bezug auf das ISR; Pietzcker, S. 534 ff., behandelt die Frage als Aspekt des Gesetzesvorrangs; zum Gesetzesvorbehalt führt er aus: "wo der Betroffene zustimmt, entfällt die Schutzfunktion des Gesetzesvorbehalts", da er seinem Zweck nach primär für Eingriffe gegen den Willen des Bürgers gelte
4 Pietzcker, Der Staat 1978, S. 534, m.w.N.

des Betroffenen, er könnte dies auch losgelöst von den sonst geltenden rechtsstaatlichen Bindungen wie Gesetzesvorbehalt und -vorrang tun[1]. Fraglich ist, ob diese Auffassung Bestand haben kann.

(1) Gesetzesvorbehalt

Es wird behauptet, der Verzicht könne nicht weiter gehen, als der grundrechtliche Gesetzesvorbehalt dies zulasse[2], ersetze aber insoweit eine gesetzliche Regelung[3]. Dagegen wird eingewendet, aufgrund der Orientierung der Vorbehalte am aufgezwungenen Eingriff müsse dies zu merkwürdigen Ergebnissen im Einzelfall führen[4]. Andere meinen, der allgemeine Gesetzesvorbehalt sei verletzt, soweit durch den Grundrechtsverzicht die "politische Führungsaufgabe des Parlaments" tangiert sei[5], beziehungsweise, wenn der Staat über seine Kompetenzen hinausgehe[6], woraus man schließen könnte, daß der hingenommene Eingriff unzulässig sein kann, wenn der Staat ihn ohne gesetzliche Grundlage durchführt.

Hiergegen steht die Ansicht, der Gesetzesvorbehalt gelte seinem Zweck nach primär für Eingriffe gegen den Willen des Bürgers, wo der Betroffene zustimme, entfalle die Schutzfunktion des Gesetzesvorbehalts[7].

In Bezug auf das ISR wird vor dem Hintergrund der Wesentlichkeitslehre als Minimum eine gesetzliche Aufgabenzuweisung im Gegensatz zu einer bestimmten, normenklaren Ermächtigungsgrundlage, wie sie bei Datenverarbeitungen ohne oder gegen den Willen des Betroffenen notwendig ist,

---

1 Sturm in: Festschrift Geiger, S. 190 f. m.w.N.
2 Dürig, AöR 1956, S. 152 f.; Leisner, S. 384 ff.
3 Siehe die Nachweise bei Sturm in: Festschrift Geiger, S. 186
4 Pietzcker, Der Staat 1978, S. 537; Robbers, S. 929; beide nennen das Beispiel, wonach der Hauseigentümer der Feuerwehr nicht die Entfernung eines Wespennestes aus seinem Dachstuhl erlauben könne, weil Art. 13 III GG ein Eindringen zu diesem Zweck nicht zulasse.
5 Robbers, JuS 1985, S. 929, der offenläßt, ob er damit auf die Wesentlichkeitslehre anspielt; siehe auch die Nachweise bei Sturm in: Festschrift Geiger, S. 183, Fn 45; S. 191, Fn 83
6 Bleckmann, JZ 1988, S. 62; ders. Staatsrecht II, S. 324
7 Schwabe, S. 99 m.w.N.; Bleckmann, S. 326 f. : solange der Grundrechtsträger "die Entscheidung noch selbst fällen kann"; Pietzcker, Der Staat 1978, S. 534

gefordert [1]. Auch sei das Verhältnismäßigkeitgebot als Minimalanforderung an staatliches Handeln unverzichtbar [2].

(2) Stellungnahme

Ansatzpunkt für eine Lösung des Problems könnte der objektivrechtliche Gehalt des Grundrechts sein, in das eingewilligt wird.

Ihren objektivrechtlichen Gehalt erhalten die Grundrechte nicht allein durch ihren Menschenwürdegehalt. Sie selbst sind es neben diesem, die einzeln und als Ganzes eine objektive Wertordnung aufstellen. Doch auch der Menschenwürdegehalt des ISR ist nicht auf dessen unantastbaren Kernbereich beschränkt. Anders wäre es auch kaum erklärbar, daß das BVerfG das ISR stets als Recht aus Art. 2 I i.V.m. 1 I GG zitiert.

Das bedeutet, daß die objektivrechtliche Komponente des ISR auch dann eine Wirkung entfaltet, wenn es nicht ausschließlich um den Bereich jenseits eines absoluten Eingriffsverbotes geht.

Aus dieser Komponente wird aber zweierlei abgeleitet: einerseits eine Schutzpflicht des Staates zur gesetzlichen Eingriffsregulierung, andererseits die Gewährleistung öffentlicher Interessen, wobei zunächst offenbleiben kann, inwieweit beide Ableitungen sich decken.

Dabei ist die Ansicht, wonach jeglicher Einschlag öffentlicher Interessen den Verzicht unzulässig werden läßt, abzulehnen. Diese Anlehnung an eine mittlerweile vom BVerfG abgelehnte Rechtsprechung des BVerwG, wonach die Grundrechtsgewährleistung durch Gemeinschaftsbezug ausgeschlossen werden kann [3], ist überholt.

Unabhängig davon, ob man den Begriff der "öffentlichen Interessen" mit Art. 1 I GG, 1 II GG oder 19 II GG verknüpft, oder mit der Grundordnung der Verfassung, insbesondere dem Demokratie-, Rechtsstaats- und Sozialstaatsprinzip, oder beides [4], ließe sich kaum noch ein Bereich denken, der dann ausschließlich individualgerichtet

---

1 Geiger, NVwZ 1989, S. 37
2 Bleckmann, JZ 1988, S. 60; ähnlich in Bezug auf das Verhältnismäßigkeitsprinzip: Robbers, JuS 1985, S. 930; stark zweifelnd, ob dieses Prinzip durch Verzicht aufgehoben werden kann: Sturm in: Festschrift Geiger, S. 186 f.
3 BVerwGE 2, 89 (93 f.); BVerfGE 7, 377 (411)
4 Siehe dazu Sturm in: Festschrift Geiger, S. 188 f., 195

und damit allein noch disponibel wäre. Damit würde auch verkannt, daß auch jenen Grundrechten, die unbestritten Dispositonsmöglichkeiten eröffnen, ein Bezug zum öffentlichen Interesse, wie es von dieser Meinung hergeleitet wird, nicht aberkannt werden kann.

Aber auch die Theorie des "Grundrechtsverzichts durch Grundrechtsausübung" ist nicht haltbar, soweit sie durch die Einwilligung jegliche rechtsstaatlichen Sicherungen entfallen lassen will [1].

Zwar erscheint eine Ausblendung des Gesetzesvorbehalts durch die Einwilligung unumgänglich, wenn man überhaupt die Figur der Einwilligung als Ausdruck der Selbstbestimmung erhalten will.

Das gilt für den speziellen und den allgemeinen Gesetzesvorbehalt gleichermaßen. Soweit dem Staat Eingriffe durch oder aufgrund Gesetzes möglich sind, ist eine gleichzeitige Einwilligung nicht erforderlich.

Soweit der einzelne einwilligen kann, ist eine gesetzliche Nachzeichnung derartiger Selbstbestimmungslinien überflüssig [2]. So geht denn auch § 4 II BDSG von der Zulässigkeit einer Datenverarbeitung aufgrund Einwilligung ohne gesetzliche Grundlage aus.

Das befreit den Staat aber nicht von seinen elementaren Bindungen an die rechtsstaatlichen Grundzüge der Kompetenzordnung und der Verhältnismäßigkeit. Wenn sich, wie bisher festgestellt, innerhalb des ISR subjektive und öffentliche Interessen begegnen und gegenseitig bedingen, dann ist im Einzelfall eine Kollision zwischen öffentlichen und privaten Interessen denkbar, die zugunsten des einen oder anderen Interesses gelöst werden kann [3].

Solange es der Staat ist, der den Eingriff durchführt, muß er trotz Einwilligung dort innehalten, wo das Verhältnismäßigkeitsprinzip oder die Kompetenzordnung überschritten werden [4].

---

1 Kritisch auch Pietzcker, S. 539
2 Damit ist noch nicht darüber entschieden, inwieweit der Einwilligung positiv Grenzen zu setzen sind, dazu unten
3 So auch Robbers, JuS 1985, S. 930
4 Ähnlich in Bezug auf das Verhältnismäßigkeitsprinzip: Robbers, JuS 1985, S. 930; i.d.S. stark zweifelnd, ob dieses Prinzip durch Verzicht aufgehoben werden kann: Sturm in: Festschrift Geiger, S. 186 f.; siehe auch Bleckmann, JZ 1988, S. 60

(3) Verzichtsgrenze durch Gesetzesvorrang

Bereits bestimmte einfachgesetzliche öffentlich-rechtliche Normen erweisen sich als Verzichtsgrenzen, so etwa § 136 a StPO [1]. Auch allgemeine Aussagen der Verfassung [2] deuten darauf hin, daß dem Verzicht Grenzen gesetzt sind. Hierzu gehören Art. 1 I, Art. 1 II und Art. 19 II GG. Durch diese "verfassungsimmanenten Schranken" wird den Grundrechten ein Kernbereich impliziert, der auch dem freiwilligen Verzicht unzugänglich sein könnte [3]. Damit ergibt sich die Frage, ob der Menschenwürdegehalt des ISR zur Disposition des einzelnen stehen kann. Wäre dies nicht der Fall, so könnte der einzelne Bürger in DNA-Analysen schon aus diesem Grunde nicht einwilligen.

(4) Einwilligung in Menschenwürdeeingriffe

Es wird darauf hingewiesen, daß der Menschenwürdegehalt mancher Grundrechte, insbesondere des ISR [4], eine Unwirksamkeit des Verzichts beziehungsweise der Einwilligung bedingen könnte [5], weil die Menschenwürde unverzichtbar sei [6]. Die Vertreter dieser Ansicht stützen sich weitgehend auf eine objektivrechtliche Sicht des Menschenwürdeprinzips.

Dem wird entgegengesetzt, eine Einwilligung in eine bestimmte Handlungsweise könne auch dann wirksam sein, wenn die gleiche Handlung, durch den Staat vorgenommen, als menschenwürdeverletzend zu qualifizieren sei [7]. Ansatzpunkt hierfür ist die Betonung

---

1 Darauf weist neben anderen Sturm in: Festschrift Geiger, S. 189, hin; siehe auch Malorny, Ja 1974, S. 477

2 Siehe zu den speziellen Verzichtsverboten bereits oben

3 Robbers, JuS 1985, S. 929; Sturm in: Festschrift Geiger, S. 188 f.; Malorny, JA 1974, S. 477 f.

4 Püttner/Brühl, JZ 1987, S. 530

5 Dürig, AöR 1956, S. 152 f.; MDH, Art. 1 I GG, Rn 22, 74; Sturm in: Festschrift Geiger, S. 189; Püttner/Brühl, JZ 1987, S. 531; Robbers, JuS 1985, S. 930; Amelung, S. 54; v. Mangoldt/Klein/Starck, Art. 1 I, Rn 20; siehe auch BVerwGE 64, 274 und BVerwG, NVwZ 1990, S. 668

6 Frieß, S. 152 f.; Wilde, S. 84 f.; Dietlein, S. 225

7 Püttner/Brühl, JZ 1987, S. 530, nennen hierfür explizit das Beispiel der Genomanalyse

der individuellen Autonomie [1]. Demnach sei die Menschenwürde keine fixe Größe, sondern im Verhältnis zur Einwilligung als "abhängige Variable" denkbar. Äußerste Persönlichkeitsnähe fordere den Ausschluß staatlicher Mitspracherechte [2]. Diese Autonomie werde im Menschenwürdegehalt der Grundrechte verankert, der ein "Recht auf freies Belieben" gewähre [3].

(5) Stellungnahme

Soweit die Selbstbestimmung ihren Ursprung im Menschenwürdeprinzip findet, ist auch und gerade die Einwilligung in menschenwürdetangierendes Verhalten Ausdruck der Menschenwürde selbst, denn es wäre widersprüchlich, wenn der Gewährleistungsgehalt dort enden würde, wo er sich auf sich selbst bezieht. Eine absolute [4] Verhinderung des einzelnen durch den Staat, sich auch in diesem Bereich selbst bestimmen zu wollen, würde selbst wiederum einen Eingriff in die Gewährleistung der menschlichen Würde bedeuten.

So läßt sich auch erklären, daß ein und dasselbe Verhalten durch den Staat ausgeführt oder angeordnet einen Menschenwürdeverstoß, dagegen freiwillig ausgeführt oder angeordnet einen Selbstbestimmungsakt im Rahmen der Wahrnehmung staatlicher Menschenwürdegewährleistung darstellen kann [5]. Eine Menschenwürdeverletzung als Herabwürdigung des Individuums zum Objekt ist nicht möglich, wenn der Betroffene von dieser Autonomie Gebrauch macht [6]. Der Staat kann dann nicht mehr vorgeben, wie der einzelne seine Selbstbestimmung ausüben soll, und zwar weder qualitativ noch quantitativ [7]. Eine Unwirksamkeit von Einwilligungen in DNA-Analysen ergibt sich deshalb nicht schon aus der Formel der Unverzichtbarkeit der Menschenwürde.

---

1 Dürig, AöR 1956, S. 124, 152; Robbers, JuS 1985, S. 929; Bleckmann, JZ 1988, S. 58
2 Pietzcker, Der Staat 1978, S. 550
3 Würkner, NVwZ 1988, S. 600; Bleckmann, JZ 1988, S. 58, 60
4 Daß eine relative Beschränkung aus anderen Gründen, nämlich aus staatlichen Schutzpflichten in Verbindung mit dem Verhältnismäßigkeitsprinzip, möglich ist, soll noch erörtert werden
5 So auch Amelung, S. 50 ff. mit Hinweis auf Kastrationsgesetz, Transsexuellengesetz und Unterbringungsgesetze, in denen gesetzlich geregelte Tatbestände enthalten seien, nach denen der Betroffene in seinem "Kernbereich" angetastet werden dürfe, sofern er einwillige.
6 Amelung, S. 50; Schwabe, S. 101; Cramer, S. 68; siehe auch die Nachweise bei Discher, JuS 1991, S. 646
7 Würkner, NVwZ 1988, S. 601; v. Olshausen, NJW 1982, S. 2223

Das schließt aber nicht aus, daß eine Begrenzung der Autonomie insofern zulässig sein kann, als sie erforderlich ist [1], um die Wahrnehmung der Autonomie schlechthin zu gewährleisten. Die Selbstbestimmung als Ausdruck der abwehrrechtlichen Seite der Menschenwürde kann durch das begrenzt werden, was im öffentlichen Interesse als objektivrechtlicher Aspekt der Selbstbestimmung anzusehen ist. Dazu wären solche Sicherungs- und Schutzvorkehrungen zu rechnen, die ihrerseits nötig sind, um die freie Betätigung der subjektivrechtlichen Seite des Selbstbestimmungsrechts zu gewährleisten [2]. Die Notwendigkeit solcher Vorkehrungen hat das BVerfG insbesondere für das ISR deutlich gemacht [3]. Sie konzentrieren sich hinsichtlich der Selbstbestimmung auf Regelungen, die Aussagen über die Art, Wirkung und Dauer von Einwilligungen enthalten [4]. Wer eine staatliche DNA-Analyse an seiner Person zuläßt, verzichtet mithin nicht auf die Menschenwürdegarantie, sondern macht von ihr in Gestalt der Selbstbestimmung Gebrauch. Es ist aber nicht ausgeschlosen, daß er dabei durch Gesetze begrenzt wird, die in verfassungskonformer Weise die objektivrechtliche Seite seines Selbstbestimmungsrechts ausgestalten [5], insbesondere zu dem Zweck, die Autonomie selbst zu schützen.

(6) Die "gute" Absicht des Betroffenen

Wurde oben noch dargelegt, daß der Staat durch eine DNA-Analyse auch nicht in vermeintlich guter Absicht in die Würde des Betroffenen eingreifen darf, weil er es überhaupt nicht darf, so folgt daraus für die hier vertretene Auffassung zur Einwilligungsbefugnis, daß die Absicht des Betroffenen ebenfalls keine Rückwirkungen auf die Zulässigkeit der Einwilligungsbefugnis haben kann. Er kann daher selbst definieren, wann seine eigenen Absichten gut für ihn sind [6], ob er also zum Beispiel Kenntnis von einer Krankheitsanlage erhalten will, um vielleicht therapeutische

---

1 Ähnlich Discher, JuS 1991, S. 646 f.
2 Ähnlich Amelung, S. 55, der auf Art. 19 II als Grenze abstellt
3 BVerfGE 65, 1 (42, 44 ff.)
4 BVerfGE 65, 1 (59)
5 Siehe zum Schutz des Individuums vor den mit der Ausübung von Freiheit erwachsenden Gefahren für die Gemeinschaft in Bezug auf die Gurt- und Helmpflicht, das Rauchverbot und die Selbsttötung: von Münch in: Festschrift Ipsen, S. 113 ff. m.w.N.
6 Ähnlich Pietzcker, Der Staat 1978, S. 550

Maßnahmen einzuleiten, oder ob er dies nicht will. Aus der dem Betroffenen zustehenden Autonomie folgt insofern ein Recht auf Wissen über seine eigenen genetischen Anlagen, auch, wenn sich dieses Wissen später als psychische oder physische Belastung darstellen sollte.

ff) Ergebnis

Der einzelne kann in staatliche DNA-Analysen oder in die Offenbarung von Daten, die durch DNA-Analysen erhoben wurden, gegenüber staatlichen Stellen einwilligen, ohne daß dadurch die Menschenwürdegarantie verletzt würde.

Er verzichtet dabei auf sein Recht zur Abwehr von staatlichen Handlungen, die ohne seine ausdrückliche Billigung einen Eingriff darstellen würden.

Damit macht er von der Autonomie Gebrauch, die ihm als Wesensmerkmal der Menschenwürde und des ISR gegeben ist. Daher kann er auch in solche Eingriffe einwilligen, die ohne diese Erklärung einen Menschenwürdeverstoß beinhalten würden. Die Einwilligung selbst kann aber begrenzt sein durch das Gebot der Verhältnismäßigkeit, das der Staat stets zu beachten hat, wenn er in Grundrechte eingreift, und durch die objektivrechtliche Seite des subjektiv wahrgenommenen Autonomiegehalts, der dem jeweils zur Disposition gestellten Grundrecht innewohnt.

gg) Schutzpflicht des Staates zur Ausgestaltung des Einwilligungsrechts

Sind somit Einwilligungen sowohl gegenüber Eingriffen in das ISR als auch gegenüber solchen in die Menschenwürde grundsätzlich zulässig, so fragt sich, ob und inwieweit der Staat in diese Einwilligungsbefugnis eingreifen darf, um etwa den einzelnen gegenüber dem Staat oder gegenüber Dritten zu schützen, wenn die Einwilligung in besonderen Situationen nicht mehr Ausdruck des freien Willens des Betroffenen ist. Eine solche Beschränkung könnte sich aus den Schutzpflichten des Staates ergeben. Die aus der objektivrechtlichen Komponente der Grundrechte folgende Schutzpflicht des Staates verpflichtet den Gesetzgeber zur Schaffung von Regelungen, die

Grundrechtseingriffe weitmöglichst vermeiden beziehungsweise die Eingriffstiefe verringern und die Eingriffsweite begrenzen [1].

(1) Rechtsprechung

Das BVerfG hat zunächst lediglich die Frage aufgeworfen, ob ein "objektiv sozialstaatlicher Verfassungsauftrag zur Bereitstellung ausreichender Ausbildungskapazitäten" gegenüber dem Staat bestehen könne, dieses aber nur für den nicht bestehenden Fall bejaht, daß eine "evidente Verletzung" dieses Auftrages vorliege [2]. Dann erklärte es, aus der objektiven Wertordnung der Verfassung leite sich die Pflicht des Staates ab, sich "schützend und fördernd" für die Idee einer freien Wissenschaft einzusetzen [3]. Hierzu habe der Staat personelle, finanzielle und organisatorische Mittel einzusetzen.

In seiner ersten Abtreibungsentscheidung erklärte das BVerfG dann, daß der Staat das Individuum auch gegenüber Dritten zu schützen habe, wenn Gefahren von ihnen ausgehen. So heißt es dort: "Die Schutzpflicht des Staates ist umfassend. Sie verbietet nicht nur -selbstverständlich - unmittelbare staatliche Eingriffe in das sich entwickelnde Leben, sondern gebietet dem Staat auch, sich schützend und fördernd vor dieses Leben zu stellen, d.h. vor allem, es auch vor rechtswidrigen Eingriffen von seiten anderer zu bewahren. An diesem Gebot haben sich die einzelnen Bereiche der Rechtsordnung auszurichten" [4].

Diese Grundsätze wiederholte das Gericht in seiner Schleyer-Entscheidung, wies aber zusätzlich darauf hin, daß der Staat die Schutzpflicht nicht nur dem einzelnen, sondern auch der Gesamtheit der Bürger schulde. Daraus ergebe sich, daß ein Spielraum in der Abwägung der Interessen bestehe, der nicht von vornherein verengt werden könne [5].

In seinen Entscheidungen zum Atomrecht ging das BVerfG auf die staatliche Mitverantwortung ein, die durch die grundsätzliche Entscheidung für die Genehmigungsfähigkeit atomrechtlicher Anlagen entstehe und sich auf die Dreiecksbeziehung zwischen

---

1 Siehe bereits oben Teil C I 1 a) und Teil C II 4 a) cc)
2 BVerfGE 33, 303 (333)
3 BVerfGE 35, 79 (114); ähnlich, zur Freiheit der Kunst: 36, 321 (331 f.)
4 BVerfGE 39, 1 (42)
5 BVerfGE 46, 160 (164 f.)

Staat, Betreiber und Betroffenem auswirke. Die sich daraus ergebenden Schutzpflichten würden es "gebieten, rechtliche Regelungen so auszugestalten, daß auch die Gefahr von Grundrechtsverletzungen eingedämmt bleibt"[1]. Die entsprechenden Genehmigungsregeln seien "durchaus ein geeignetes Mittel zum Schutz gefährdeter Dritter. Zugleich kann dadurch der Staat am ehesten seiner Aufgabe genügen, unter Berücksichtigung der Allgemeinbelange einen Ausgleich zwischen den Grundrechtspositionen gefährdeter Bürger einerseits und den Betreibern andererseits herbeizuführen"[2].

In seiner Fluglärmentscheidung erläuterte das Gericht dann, es sei eine höchst komplexe Frage, zu deren Beantwortung verschiedene Mittel und Wege bereitstünden, "wie eine positive staatliche Schutz- und Handlungspflicht ... durch aktive gesetzgeberische Maßnahmen zu verwirklichen ist"[3].

In seiner zweiten Abtreibungsentscheidung ging das höchste deutsche Gericht noch weiter.

Die Schutzpflicht für das ungeborene Leben umfasse nicht nur reine Schutzmaßnahmen mit dem Ziel, Notlagen im Gefolge einer Schwangerschaft zu vermeiden oder ihnen abzuhelfen, sondern auch Verhaltensanforderungen an Dritte. Diese seien durch Ge- und Verbote, Handlungs- und Unterlassungspflichten festlegbar, die verbindlich und mit Rechtsfolgen versehen sein müßten, um auf tatsächliche Geltung abzuzielen. Eine entsprechende normative Ordnung solle präventive und repressive Schutzwirkung im einzelnen Falle entfalten[4]. Dabei gebe die Verfassung zwar den Schutz als Ziel vor, nicht aber die Ausgestaltung im einzelnen. Allerdings sei angesichts des "Untermaßverbotes" ein Mindestmaß notwendig[5].

Das BVerfG leitet die Schutzpflicht des Staates mit wenigen Hinweisen aus den "erst im Wege der Verfassungsinterpretation aus den in den Grundrechten verkörperten Grundentscheidungen"[6] her und verweist darauf, daß "die grundrechtlichen Verbürgungen nicht lediglich subjektive Abwehrrechte" enthalten, sondern "zugleich

---

1 BVerfGE 49, 89 (142)
2 BVerfGE 53, 30 (57 f.)
3 BVerfGE 56, 54 (78 ff.); siehe außerdem BVerfGE 55, 349 (365 ff.); 77, 170 (215, 229 f.); 77, 381 (402 ff.)
4 BVerfGE 88, 203 (252 ff.)
5 BVerfGE 88, 203 (254 ff.)
6 BVerfGE 56, 54 (78)

objektiv-rechtliche Wertentscheidungen der Verfassung" [1]. Außerdem stützt es sich mehrmals auf Art. 1 I S. 2 GG [2].

(2) Literatur

In der Literatur wird bemängelt, daß durch die Äußerungen des BVerfG nicht deutlich werde, aus welchem Grunde die objektivrechtliche Deutung der Grundrechte zur Anerkennung von Schutzpflichten führe [3]. Auch aus Art. 1 I S. 2 GG seien sie kaum zu entlehnen, weil nicht eindeutig gesagt werden könne, daß dessen Aussage über eine Wirkung lediglich innerhalb des jeweiligen Menschenwürdekerns der Grundrechte hinausrage [4].

Schlüssiger erscheine ein Abstellen auf die Funktion des Staates als Gewährleister einer Friedensordnung, die durch die Zuweisung des Gewaltmonopols zum Staat dem Bürger dessen ursprünglich eigene Gewaltausübungsbefugnis für den Konfliktfall entzogen habe [5].

Klein erklärt: "Der Verzicht auf das naturgegebene Recht zur Verteidigung seiner Rechtsgüter kann für den einzelnen sinnvollerweise nur in Betracht kommen, wenn er sie durch den Staat gesichert weiß. Nur der Schutz durch den Staat legitimiert sein Bestehen auf Verzicht privater Gewaltanwendung" [6]. Vor diesem Hintergrund läßt sich die Friedensordnung und die Herkunft von Schutzpflichten letztlich aus dem Rechtsstaatsprinzip ableiten [7].

Die Konkretisierung von Schutzpflichten erfolgt schließlich angesichts des jeweiligen, im Konflikt betroffenen Grundrechts, durch das die Rechtsgüter benannt werden, die in einer konkreten staatlichen Ordnung als für die staatliche Friedensordnung unabdingbar

---

1 BVerfGE 49, 89 (142)
2 BVerfGE 39, 1 (41); 46, 160 (164); 88, 203 (251)
3 Hermes, S. 105; Klein, NJW 1989, S. 1635; Cramer, S. 75; Schwabe, Grundrechtsdogmatik, S. 233
4 Cramer, S. 76; Klein, NJW 1989, S. 1635; ähnlich Schwabe, Grundrechtsdogmatik, S. 238
5 Murswiek, S. 102 ff.; Isensee, S. 21; Schwabe, Grundrechtsdogmatik, S. 234, 238; Dietlein, S. 26 f.
6 Klein, NJW 1989, S. 1636
7 Cramer, S. 76; Schwabe, Grundrechtsdogmatik, S. 238; Dietlein, S. 65

gehalten werden [1]. Dabei fragt sich aber sowohl für die Beziehung Staat-Bürger, als auch für die Beziehung Staat-Bürger-Bürger, wieweit die Funktion der Schutzpflichten reicht. Kann der Ausgleich zwischen Freiheit und Freiheitsbeschränkung als symmetrischer Konflikt soweit gehen, daß eines oder beide Interessen unterliegen ? Anders gesagt, könnte die Einwilligung in DNA-Analysen äußerstenfalls unwirksam sein, weil der Staat zum Erlaß entsprechender Schutznormen verpflichtet ist ? Geht der Inhalt staatlicher Schutzpflichten auf weitmöglichsten Erhalt grundrechtlicher Schutzgüter [2], so kann sich die Methode zur Lösung nur an den widerstreitenden Interessen orientieren. Weil es innerhalb eines bestimmten Abwägungsspektrums stets mehrere Lösungsmöglichkeiten geben wird, entsteht ein Gestaltungsspielraum [3] im Rahmen des Verhältnismäßigkeitsprinzips. Dabei hat der Staat die Machtverhältnisse zwischen den Beteiligten zu beachten.

Wird die Abwägung maßgeblich dadurch beeinflußt, wie groß das Maß an Autonomie für den einzelnen bleibt, so fragt sich, auf welche Weise ein Mangel an Autonomie gerade im Bereich der Einwilligung feststellbar sein kann.

hh) Freiwilligkeit

Voraussetzung für eine wirksame Einwilligung ist die Freiwilligkeit des Betroffenen. Sie ist nur unter bestimmten Bedingungen gegeben. Dazu gehört, daß der Betroffene zumindest noch eine weitere Handlungsalternative hat [4] und nicht fremdbestimmt ist [5].

---

1   Klein, NJW 1989, S. 1636; Robbers, S. 27 ff.; Cramer, S. 77; Dietlein, S. 33, 72 ff.; teilweise
    wird angenommen, die Konkretisierung durch Grundrechte ergebe sich aus dem Sinn und Zweck
    der Schutzpflichten, die freie Entfaltung des Individuums sicherzustellen, siehe dazu: Alexy,
    S. 414 f.; Robbers, S. 135 ff.
2   Murswiek, S. 111 ff.
3   Hesse, S. 140; Klein, NJW 1989, S. 1637; Alexy, S. 421 ff.
4   Sturm in: Festschrift Geiger, S. 184; auf ihn verweist auch das BVerfG, NJW 1982, S. 375,
    als es in seinem "Lügendetektorbeschluß" ausführt, "eines Schutzes gegen staatliche Eingriffe
    bedarf nur derjenige nicht, der wählen kann"; siehe auch Püttner/Brühl, JZ 1987, S. 530;
    Donner/Simon, DÖV 1990, S. 917; Walter Schmidt, JZ 1974, S. 246
5   Günther, ZStW 1990, S. 281; Quaritsch in: Gedächtnisschrift Martens, S. 413; Pietzcker, Der
    Staat 1978, S. 541; Sturm in: Festschrift Geiger, S. 183 f.; Gutachten Steinmüller, S. 119 f.,
    wonach eine Einwilligung gegenüber der Verwaltung dann unzulässig sei, wenn sich der Betroffene
    sich damit ohne Möglichkeiten einer Gegenwehr in die Hand des Empfängers begebe

180

Auch ist ein Dauerverzicht [1] oder ein Generalverzicht auf Menschenrechte [2] ausgeschlossen. Daraus wird gefolgert, daß die Einwilligung grundsätzlich frei widerruflich sein muß [3]. Diese Anforderungen finden sich einfachgesetzlich in den Datenschutzgesetzen wieder. Ist noch umstritten, ob es sich bei der Einwilligung um eine rechtsgeschäftliche [4] oder eine tatsächliche [5] Erklärung handelt, so besteht doch Einigkeit darin, daß es sich um eine Willenserklärung handelt, die entsprechend §§ 182, 183 BGB vor der Verarbeitung abzugeben ist [6]. Einwilligungen, die durch Täuschung, Drohung oder Zwang zustandekommen, sind wirkungslos [7]. Als Nichtigkeitsgründe kommen §§ 134, 138 BGB in Betracht [8]. Konsens besteht auch darin, daß eine Einwilligung nur insoweit rechtfertigende Wirkung entfaltet, wie sie sich auf die verschiedenen Phasen und Vorgänge der Datenverarbeitung bezieht [9]. Folglich sind pauschale Einwilligungen unwirksam [10]. Für Formulareinwilligungen wird diese Rechtsfolge auf § 9 AGBG gestützt [11]. Auch wird betont, daß ein Widerruf möglich ist mit der Folge, daß die Verarbeitung für die Zukunft unzulässig wird [12].

Mit dem Argument, der unantastbare Kernbereich der Persönlichkeit sei für den einzelnen nicht verfügbar, wird die Freiwilligkeit für solche Einwilligungen verneint, die über

---

1 Quaritsch in: Gedächtnisschrift Martens, S. 410
2 Bleckmann, JZ 1988, S. 58 f.; Malorny, JA 1974, S. 478
3 Malorny, JA 1974, S. 479
4 Hierfür dürften die überzeugenderen Gründe sprechen, da die Erklärung auf die gewollte Hervorbringung einer Rechtsfolge gerichtet ist: Simitis in Simitis, BDSG 1977, § 3 Rn 31 ff.; Müller/Wächter, S. 33 f.; Schuster/Simon, NJW 1980, S. 1288 m.w.N; Hümmerich, DuD 1978, S. 136 m.w.N.
5 Siehe die Nachweise bei Auernhammer, § 4, Rn 11
6 Schaffland/Wiltfang, § 4, Rn 6; Tinnefeld/Ehmann, S. 103; Bergmann/Möhrle/Herb, § 4, Rn 28
7 Dörr/Schmidt, § 4, Rn 3; Auernhammer, § 4, Rn 9; Simitis in Simitis, BDSG 1977, § 3, Rn 49 ff.; Schaffland/Wiltfang, § 4, Rn 16; sozialadäquates soll allerdings hinzunehmen sein: Dörr/Schmidt, § 4, Rn 3; OLG Hamm, NJW 1987, S. 1034 f.
8 Simitis in Simitis, BDSG 1977, § 3, Rn 49 ff.; Kilian, JZ 1977, S. 484 für das Arbeitsrecht
9 Schaffland/Wiltfang, § 4, Rn 13; Auernhammer, § 4, Rn 8; Simitis in Simitis, BDSG 1977, § 3, Rn 83 f.
10 Auernhammer, § 4, Rn 8; Schaffland/Wiltfang, § 4, Rn 12
11 Bergmann/Möhrle/Herb, § 4, Rn 35 ff.; Ordemann/Schomerus, § 4, 5.2; siehe auch BGHZ 95, 362 (368); Tinnefeld/Ehmann, S. 106
12 Bergmann/Möhrle/Herb, § 4, Rn 29; Schaffland/Wiltfang, § 4, Rn 22; Simitis in Simitis, BDSG 1977, § 3, Rn 27 ff., 89 ff.

diesen Kernbereich disponieren [1]. Diese Auffassung verkennt indes, wie bereits dargestellt wurde, daß der Kernbereich des ISR gerade aufgrund der Autonomie des einzelnen seiner Disposition grundsätzlich nicht entzogen sein kann. An der Freiwilligkeit fehlt es daher nicht schon deshalb, weil durch die DNA-Analyse in diesen Kernbereich vorgestoßen wird.

(1) Stellungnahme

An der Freiwilligkeit könnte es dann mangeln, wenn faktischer Zwang deswegen vorliegt, weil dem Betroffenen Nachteile für den Fall drohen, daß er seine Einwilligung verweigert [2].

Unfreiwilligkeit würde demnach dann vorliegen, wenn keine Wahlmöglichkeit besteht oder nur insofern besteht, als sie mit unzumutbaren Nachteilen behaftet ist. Das bedeutet, daß nach den bisherigen Feststellungen das Erstreben eines Vorteils unter Preisgabe persönlicher Autonomie zur Unwirksamkeit der Einwilligung führen müßte. Fraglich ist, wann von Preisgabe persönlicher Autonomie gesprochen werden kann. Anzunehmen wäre dies, wenn heteronome Motive überwiegen, der einzelne also in seiner Entscheidung fremdbestimmt [3] ist. Fremdbestimmung kann sich aus den Strukturdifferenzen zwischen staatlichem Eingriffshandeln und eigenem "Eingriffs"-Handeln durch den Betroffenen, also der unter Einwilligung durchgeführten Preisgabe eines geschützten Rechtsgutes, ergeben. Während der Staat bei seinen Eingriffshandlungen Mittel und Zweck selbst definiert, ist eine freiwillige Einwilligung dadurch geprägt, daß der Bürger das Mittel selbst definieren kann.

Verengt der Staat die Wahl des Mittels auf ein einziges, weil er nur dann die Zweckerreichung in Aussicht stellt, erzeugt er damit zumindest dann eine

---

1   Siehe oben und: Auernhammer, § 4, Rn 9; Hubmann, S. 170
2   Donner/Simon, DÖV 1990, S. 916; Geiger, NVwZ 1989, S. 37; siehe auch Bergmann/Möhrle/Herb, § 4, Rn 34, die bezüglich der Schufa-Klauseln der Banken starke Zweifel anmelden, ob die Einwilligung freiwillig erfolgt, wenn "die Entscheidungsmöglichkeit des Bürgers faktisch eingeschränkt ist"; siehe weiterhin Walter Schmidt, JZ 1974, S. 247; Simitis in Simitis, BDSG 1977, § 3, Rn 12 ff. m.w.N.; Vogelgesang, S. 149; Mallmann, O., S. 33; Bull, ZRP 1975, S. 10; Ordemann/Schomerus, § 4, 5.2; Schapper/Dauer, RDV 1987, S. 170; Gola/Wronka, S. 126; Wohlgemuth, Rn 120 ff.; Waniorek, RDV 1990, S. 229; Einwag, ArztuR 5/1992, S. 9
3   Zu diesem Begriff im Rahmen der Störung von Vertragsparitäten: BVerfGE 81, 242 (255); BverfG NJW 1994, S. 2750

Fremdbestimmung, wenn der Zweck ohne die Mithilfe des Staates nicht erreichbar ist. Das gleiche könnte gelten, wenn es zwar objektiv nur ein geeignetes Mittel gibt, der einzelne aber keine Wahl hat, auf die nur durch den Staat gewährte Zweckerreichung zu verzichten. Das Maß der Freiheitsbeschränkung ist im ersten Fall mit demjenigen vergleichbar, welches durch staatliche Eingriffshandlungen erzielt wird, während die Rechtfertigungswirkung der Einwilligung als Gebrauch von Autonomie gegen Null reduziert wird, so daß sie keine Wirksamkeit entfalten kann. Im zweiten Fall ist dies anders, denn eine Einwilligung bezieht sich grundsätzlich auf die Anwendung eines Mittels und nicht auf den Zweck. Gibt es aber schon objektiv kein alternatives Mittel, dann kann die Einwilligung nicht allein deswegen unwirksam sein; es fehlt an der Beeinflussung des Alternativenspektrums durch den Staat.

Eine unzulässige Fremdbestimmung durch den Staat liegt demnach dann vor, wenn der angestrebte Zweck nicht bei einer anderen natürlichen oder juristischen Person zu erreichen ist, als beim Staat und dieser von mehreren objektiv bestehenden Mitteln zur Erreichung des Zweckes nur einen der Einwilligung anheimstellt.

Existiert gleichzeitig ein milderes Mittel, mit dem der Zweck ebenso effektiv erreichbar ist oder kollidieren zwei Grundrechtswerte miteinander ohne konkordanten Ausgleich, so liegt gleichzeitig Unverhältnismäßigkeit vor, die ebenfalls zur Unwirksamkeit der Einwilligung führen muß, denn der Staat bleibt, wie oben dargestellt, an das Verhältnismäßigkeitsprinzip auch gebunden, wenn Bürger in Grundrechtseingriffe einwilligen [1].

Fremdbestimmung und Unverhältnismäßigkeit sind insofern nicht deckungsgleich, denn in dem Fall, in dem objektiv mehrere gleich effektive und gleich milde Mittel zur Verfügung stehen, liegt zwar keine Unverhältnismäßigkeit, wohl aber Fremdbestimmung vor, wenn die Zweckerreichung lediglich durch die Wahl eines dieser Mittel in Aussicht gestellt wird. Das gleiche gilt, wenn es zwar objektiv nur ein geeignetes Mittel gibt, der einzelne aber vernünftigerweise nicht auf die Zweckerreichung und somit auch nicht auf den Einsatz des Mittels verzichten kann und somit keine Wahl hat, den Zweck anzustreben oder dies nicht zu tun.

Praktisch ist der erste dieser beiden Fälle schwerlich denkbar. Entweder - als eine Variante -, es existieren mildere Mittel gegenüber der DNA-Analyse wie etwa die

---

1 Siehe dazu die Ausführungen oben, Teil C, II 4 e) ee) (2)

Genproduktanalyse oder im Bereich der Individualisierung das Fingerabdruckverfahren: es würde schon einen Verhältnismäßigkeitsverstoß bedeuten, wenn der Staat dem Einwilligenden dennoch nur die DNA-Analyse abverlangen würde. Oder - als zweite Variante -, der Zweck kann in geeigneter Weise ausschließlich durch die DNA-Analyse erreicht werden, so daß schon objektiv keine Alternative besteht. Dann wäre die Analyse sowohl erforderlich als auch nicht fremdbestimmt. Größere praktische Bedeutung hat aber der zweite Fall: wenn ausschließlich die DNA-Analyse als geeignetes Mittel in Betracht kommt, besteht dennoch Fremdbestimmmung, wenn der Betroffene nicht die Wahl hat, auf die Realisierung des Zweckes gänzlich zu verzichten. Diese Wahlmöglichkeit fehlt, wenn der Zweck eine staatliche Leistung beinhaltet, die in gleichartiger Form nicht von anderer Stelle zu erlangen ist, wie dies etwa im Bereich der Sozialversicherung der Fall ist.

Eine solche Form der Fremdbestimmung wäre aber, wie oben bereits dargestellt, für sich allein betrachtet nicht als unzulässig anzusehen.

Unverhältnismäßigkeit würde dagegen vorliegen, wenn der Einsatz einer DNA-Analyse oder eine Offenbarung von Daten daraus als Mittel zu einem bestimmten Zweck nicht von der Wahlmöglichkeit eines anderen Mittels begleitet wird, das dengleichen Zweck ebenso erfüllen könnte, wenn also beispielsweise eine Blutuntersuchung ausreichen würde, um den Zweck zu erfüllen. Sie könnte ebenfalls vorliegen, wenn die durch die Anwendung des vorgegebenen Mittels herbeigeführte, durch die Einwilligung an sich gedeckte Rechtsgutverletzung bei einer Abwägung mit dem durch das Mittel geförderten Rechtsgut ein Ungleichgewicht ergäbe. Das könnte beispielsweise eintreten, wenn eine DNA-Analyse zum Zwecke reiner Kostendämpfungsmaßnahmen durchgeführt werden sollte.

Kommt man bei der Beantwortung dieser Fragen zu dem Ergebnis, daß eine unzulässige Fremdbestimmung oder Unverhältnismäßigkeit vorliegt, so könnten sowohl die Legislative als auch die Exekutive und die Judikative verpflichtet sein, derartigen Einwilligungen im Rechtsverkehr ihre Wirksamkeit abzusprechen. Damit würde keine "aufgedrängte staatliche Schutzgewährung"[1] oder "staatliche Bevormundung"[2] vorliegen. Diese Kritik wird zwar an Beschränkungen der eigenen Entscheidungsfreiheit unter dem Schlagwort des "Grundrechtsschutzes gegen sich selbst" geübt. Eine solche Figur

---

1 Dietlein, S. 230
2 So einige Stimmen, zitiert bei: von Münch in: Festschrift Ipsen, S. 116, 120

liegt aber schon nicht vor, wenn es an der Freiwilligkeit der Entscheidung des Schutz-suchenden fehlt[1], weil gerade dann Einschränkungen der Einwilligungsbefugnis gerecht-fertigt sind.

(2) Ergebnis

Die letztlich aus dem Rechtstaatsprinzip abzuleitende, an den Grundrechten sich konkretisierende Schutzpflicht des Staates gebietet eine Beschränkung der grundsätzlich zulässigen Einwilligungsbefugnis, wenn diese nicht mehr Ausdruck subjektiv ausgeübter Autonomie ist, sondern in unzulässiger Weise unfreiwillig abgegeben wird. Das ist anzunehmen, wenn eine Fremdbestimmung des Betroffenen aufgrund mangelnder Einräumung von Alternativen bei der Wahl eines Mittels vorliegt. Das ist beispielsweise der Fall, wenn der Betroffene ausschließlich durch die Einwilligung in eine DNA-Analyse einen staatlich gewährten Zweck erreichen kann, obwohl diese Analyseform hierzu nicht erforderlich ist. Dieses Vorgehen wäre gleichzeitig unverhältnismäßig und auch aus diesem Grunde unzulässig, weil der Staat auch dann an den Grundsatz der Verhältnismäßigkeit gebunden bleibt, wenn seine Bürger in die Preisgabe geschützter Rechtsgüter einwilligen.

(3) Einwilligung im Sozialversicherungsrecht

Im Sozialversicherungsrecht liegt es auf der Hand, daß der einzelne Pflichtversicherte den Zweck der Versicherung nicht auf andere Weise, also durch Wahl eines anderen Versicherers, herbeiführen kann. Unterläßt der Versicherte die Weiterleitung von Informationen an den Versicherungsträger oder stimmt er dem Informationsaustausch zwischen speichernden Stellen nicht zu, so kann es, etwa gem. §§ 62 bis 66 SGB I, 20 ff. SGB V, 30 V SGB V, 52 SGB V, zu Sanktionen in Form von Leistungs-verweigerung kommen[2].

Wird ihm vor diesem Hintergrund in die Einwilligung in DNA-Analysen oder die Zurver-fügungstellung von Daten daraus abverlangt, so handelt er nicht mehr autonom, weil

---

1 Dietlein, S. 227 ff.; von Münch in: Festschrift Ipsen, S. 127
2 Schulz-Weidner, S. 441 f.; Wiese, S. 70 ff.; Baltzer in: Baltzer, S. 208 f., hält dabei die vor-handenen Normen für ausreichend, um die neuen Probleme zu lösen

er weder ein anderes Mittel wählen noch auf das Versicherungsverhältnis verzichten kann. Auch im Verhältnis zu öffentlich-rechtlich verfaßten Informationsempfängern gilt daher, daß die "Freiwilligkeit einer Einwilligung, die unter dem Druck drohenden Leistungsentzugs erteilt wird, zu verneinen" ist [1], weil eine echte Wahlmöglichkeit nicht besteht [2]. Hinzu kommt, daß es als unverhältnismäßig erscheint, dem Bürger Einwilligungen zu Eingriffen in das ISR abzuverlangen, um damit finanzielle Optimierungen zu erzielen. Eine Abwägung müßte zugunsten des ISR ausfallen [3]. Im Sozialversicherungsrecht sind demnach Einwilligungen aufgrund mangelnder Freiwilligkeit als unwirksam anzusehen. Da die gegenwärtige gesetzliche Situation diesem Ergebnis nicht entspricht, besteht Regelungsbedarf. Zwar ist die Verarbeitung von Daten, die nicht rechtmäßig erhoben wurden, unzulässig. Die Straf- und Bußgeldvorschriften der §§ 85, 85 a SGB X beziehen sich aber einerseits nicht auf die Erhebung von Daten außerhalb von Dateien, § 85 I Nr. 3 SGB X, andererseits ist der Umgang mit Daten danach nicht unbefugt, wenn er bereits nach den Vorschriften des zweiten Kapitels zulässig ist. Diese Vorschriften erfassen nicht die Problematik der DNA-Analyse. Daher erscheint es notwendig, das gefundene Ergebnis, auch aus Klarstellungsgründen, gesetzlich festzuschreiben. Dies könnte durch eine mit einem Erlaubnisvorbehalt für die verbleibenden Fälle der Freiwilligkeit versehene Ausdehnung des Verbots der Erhebung, Weitergabe und sonstige Verarbeitung oder Nutzung von Daten aus oder durch DNA-Analysen geschehen.

(4) Einwilligung in staatliche Screeningmaßnahmen

Bei Screenings verfolgt der Einwilligende neben egoistischen auch altruistische Zwecke, denn neben die Sorge um einen relativ unwahrscheinlichen positiven Befund und der

---

1 Donner/Simon, DÖV 1990, S. 917; siehe auch Walter Schmidt, JZ 1974, S. 246 f.

2 Donner/Simon, DÖV 1990, S. 917; kritisch auch Geiger, NVwZ 1989, S. 37, unter Hinweis auf §§ 60, 66 SGB I; a.A. Wiese, S. 73 ff.; eine Unwirksamkeit der Einwilligung wird teilweise in Landesdatenschutzgesetzen für den Fall vorgesehen, daß sie unfreiwillig ist. Das kann sein, wenn sie durch unangemessene Drohung von Nachteilen, durch fehlende Aufklärung oder in sonstiger, gegen die Gebote von Treu und Glauben verstoßende Weise erlangt wird: siehe etwa § 5 III HmbDSG, § 6 IV BlnDSG

3 Donner/Simon, DÖV 1990, S. 917, sehen deswegen in der Genomanalyse "als Mittel der Kostenplanung" eine "Verletzung der Menschenwürde".

denkbaren Erleichterung über den wahrscheinlich negativen Befund tritt die Absicht, einen Beitrag zur systematischen Prävention und Erforschung genetischer Defekte zu leisten. Außerdem mangelt es am Sanktionscharakter, sofern das Screening lediglich einen Selbstzweck verfolgt und eine Rückwirkung auf bestehende Leistungsverhältnisse ausgeschlossen ist. Da eine gesetzliche Anordnung des Screenings ausscheidet und die Erhebung und Verwendung der Daten nur zulässig ist, soweit sie durch die Einwilligung gedeckt ist, bietet das Screening dem Betroffenen keine darüber hinausgehenden Vor- oder Nachteile neben dem Wissenszuwachs über den Befund selbst, den er auch durch eine selbst veranlaßte Analyse erzielen könnte. Die Analyse aufgrund einer von staatlichen Stellen oder in deren Auftrag entgegengenommenen Einwilligung zugunsten der Volksgesundheit erscheint auch nicht unverhältnismäßig. Einwilligungen in Screenings sind daher als grundsätzlich wirksam anzusehen. Allerdings müßte durch gesetzliche Schutzvorkehrungen sichergestellt sein, daß ein Mißbrauch der erhobenen Daten auszuschließen ist.

(5) Einwilligung in Individualisierungsmaßnahmen

Speziell für das Strafverfahren stellt sich die Frage, ob der Angeklagte noch freiwillig in eine DNA-Analyse zum Identifikationsausschluß einwilligen kann, um damit seine Unschuld zu beweisen.

Ablehnende Stimmen verweisen darauf, daß die Sensibilität des Eingriffs und der Druck der Situation sowie der Zwang, die Nichtteilnahme zu begründen, übermächtig seien [1]. Dabei wird der "Lügendetektor-Beschluß" des BVerfG zitiert [2], in dem es heißt: "Eines Schutzes gegen staatliche Eingriffe bedarf nur derjenige nicht, der wählen kann. Diese Freiheit hat der von empfindlicher Freiheitsstrafe bedrohte Angeklagte tatsächlich nicht, dem sich die Untersuchung durch den "Lügendetektor" als eine günstige Gelegenheit darstellen muß, die er nicht ausschlagen darf".

Schwabe hält die Argumentation, man müsse den Angeklagten um seiner Men-

---

1 Jung, MSchrKrim 1989, S. 105 hinsichtlich der Teilnahme an Massentests der Polizei; Oberlies, Strafverteidiger 1990, S. 471 f. behandelt das Problem aus der Sicht des Opfers und vertritt die Ansicht, daß ein gesetzlicher Eingriff unzulässig wäre, so daß "nicht freiwillig durchgeführt werden dürfe, was nicht zwangsweise angeordnet werden kann"; Rademacher, S. 129 f.

2 BVerfG NJW 1982, S. 375

schenwürde willen davor schützen, einen Unschuldsbeweis antreten zu dürfen, für "absurd"[1]. Gäbe es den § 81 a StPO nicht, so Schwabe, dann müsse man eine vom Angeklagten erstrebte Blutentnahme und Blutuntersuchung folgerichtig als unzulässig ansehen. Auch Amelung gibt zu, daß der Angeklagte nicht völlig freiwillig handele[2]. Es gehe allerdings hier um eine "eingriffsmildernde Einwilligung", da der Angeklagte zwar sein Persönlichkeitsrecht zeitweise aufopfere, dies jedoch nur, um seine persönliche Freiheit zu sichern. Darin liege eine grundrechtssichernde Funktion, die nicht zur Unwirksamkeit der Einwilligung führen könne[3].

Alle genannten Meinungen bergen Überzeugungskraft, denn es ist sowohl die Drucksituation des Angeklagten nicht von der Hand zu weisen, als auch die Merkwürdigkeit einzugestehen, die darin läge, daß man dem Angeklagten den selbst geführten Beweis seiner Unschuld entzöge. Allerdings besteht ein Unterschied zu übrigen Fällen, in denen man Unfreiwilligkeit annehmen muß. Sie setzt nicht allein den Mangel einer Alternative und den damit verbundenen Druck voraus. An einer Alternative mangelt es schließlich theoretisch nie, maßgebend ist vielmehr, welche Folgen mit der Alternative für den Betroffenen verbunden sind. Es geht also auch hier um die Relation zwischen Mittel, der DNA-Analyse, und Zweck, dem vom Angeklagten erstrebten Unschuldsbeweis. Unfreiwilligkeit wäre anzunehmen, wenn der Angeklagte, der die Analyse nicht freiwillig wählt, deswegen mit einer Verurteilung zu rechnen hätte. Das wäre aber nur der Fall, wenn die Unschuldsvermutung im Strafprozeß nicht gölte.

Stattdessen ist eine Verurteilung nur denkbar, wenn ohne die Beweiskraft der Analyse ausreichende andere Beweise und/oder Indizien vorliegen. Ist dies nicht der Fall, kann das Gericht ohnehin von sich aus eine Analyse veranlassen[4]. Somit liegt keine Unfreiwilligkeit vor. Der Betroffene kann in eine DNA-Analyse zu Zwecken des Strafverfahrens wirksam einwilligen[5].

---

1 Schwabe, NJW 1982, S. 367; Anmerkung zum "Lügendetektor-Beschluß"
2 Amelung, NStZ 1982, S. 38, Anmerkung zum "Lügendetektor-Beschluß"
3 Amelung, NStZ 1982, S. 39
4 Wie die Rechtsprechung es bereits heute für zulässig hält, mit der Ansicht der Literatur spätestens mit Inkrafttreten der diskutierten Änderungen der §§ 81 a ff. StPO
5 Siehe in diesem Zusammenhang Diana Brahams in: The Lancet, Vol. 343, S. 474: "Blood provided for defence is privileged" zu einem Fall in England, bei dem um die Frage ging, inwieweit die Kenntnis eines Wissenschaftlers über die DNA-Analyse einer Blutprobe, die zu Verteidigungs-
(Fortsetzung...)

ii) Ergebnis

Einwilligungen in DNA-Analysen und die Weitergabe der Befunde im Bereich des Sozialversicherungsrechts sind unwirksam. Dagegen sind Einwilligungen in DNA-Analysen im Rahmen staatlicher Screeningmaßnahmen freiwillig und folglich zulässig. Einwilligungen in DNA-Analysen zur persönlichen Entlastung im Strafverfahren sind ebenfalls als freiwillig und damit zulässig anzusehen.

Zur Umsetzung dieses Ergebnisses sollte de lege ferenda ein Verbot der Erhebung, Weitergabe, Verarbeitung oder sonstigen Nutzung von Daten durch oder aus DNA-Analysen, die ohne oder gegen den Willen des Betroffenen erstellt wurden, auch auf die Fälle erstreckt werden, in denen eine Einwilligung des Betroffenen als unwirksam anzusehen ist. Soweit Gesetze die Zulässigkeit von DNA-Analysen an eine angesichts der Freiwilligkeit der Erklärung wirksame Einwilligung des Betroffenen binden würden [1], würden sie zwar keinen Menschenwürdeverstoß beinhalten, weil sie keine gegen oder ohne den Willen des Betroffenen staatlich veranlaßten oder erlaubten DNA-Analysen [2] darstellten. Es muß aber als zweifelhaft erscheinen, ob es rechtspolitisch sinnvoll wäre, die Anforderungen und die zusätzlichen Sicherungen der Freiwilligkeit solcher Einwilligungen in den jeweiligen Einzelgesetzen stets erneut zu formulieren, wenn dies auch in einer zusammenfassenden Regelung, etwa einem Gen-Datenschutzgesetz realisierbar wäre.

g) Rechtfertigung durch Offenbarungspflichten

Gesetzlich oder richterrechtlich konstituierte Offenbarungspflichten sind dann als nicht menschenwürdeverletzend anzusehen, wenn die DNA-Analyse, aus der sie ihre Informationen beziehen, in autonomer Entscheidung des Betroffenen und nicht zum Zwecke der Offenbarung durchgeführt wurde. Ohne diese Zweckdivergenz würde,

---

5 (...Fortsetzung)
   zwecken angefertigt wurde, gegen den Willen des Angeklagten in einen Prozeß eingeführt werden darf, was in diesem speziellen Fall abgelehnt wurde.
1 So wie dies für Screening-Maßnahmen denkbar wäre und im Bereich des Arbeitsschutzes durch den bereits angesprochenen Gesetzentwurf (siehe oben Teil C, II. 3. k)) vorbehaltlich einer zusätzlichen gesetzlichen Erlaubnis vorgesehen war
2 Siehe oben, Teil C, II. 3. g), j)

Zwecke der Offenbarung durchgeführt wurde. Ohne diese Zweckdivergenz würde, wie bereits gesagt, eine Menschenwürdeverletzung deshalb vorliegen, weil der Staat keine gesetzliche Datenerhebung mittels DNA-Analysen veranlassen darf. Fraglich ist damit, ob es ihm erlaubt sein kann, gesetzlich eine Weitergabe solcher Daten anzuordnen oder zu gestatten, die ohne Menschenwürdeverstoß erhoben wurden. Handelt es sich dann bei der Weitergabe lediglich um Eingriffe in das ISR, so könnten diese gesetzlich oder aufgrund Richterrecht gerechtfertigt sein, auch, wenn der Betroffene in die Weitergabe seiner Daten nicht einwilligt oder seine Einwilligung unwirksam ist, weil ihr die Freiwilligkeit fehlt.

aa) Verhältnis zur Einwilligungsbefugnis

Dann fragt sich aber, in welchem Verhältnis die Einwilligung bei der Erhebung der Daten zur späteren gesetzlichen Weitergabe steht. Kann ein Gesetz den Zulässigkeitsrahmen der Einwilligung nachträglich erweitern? Im Datenschutzrecht gilt für das Verhältnis zwischen Gesetz und Einwilligung Alternativität mit der jeweils gleichen Wirkung als Erlaubnis zur Datenverarbeitung. Weil der Umgang mit Daten in verschiedenen Phasen ablaufen kann, ist somit auch ein Wechsel der Erlaubnisart denkbar. Ohnehin dominiert weitgehend die Rechtssatz-Erlaubnis, während die Einwilligung als nachrangiges Problem betrachtet wird [1]. Der Fall, daß die Zulässigkeit der Erhebung problematisch wird, ist in vielen Datenschutzgesetzen wie dem BDSG [2] schon deswegen wenig relevant, weil die Erhebung aus dem Prinzip des Verbots mit Erlaubnisvorbehalt ausgeschlossen ist [3] und Anforderungen an Erhebungen, die über die Beachtung von Treu und Glauben [4] hinausgehen, nur im öffentlichen Bereich formuliert sind [5]. Daß eine Datenerhebung ausschließlich und ausnahmsweise nur dann zulässig ist, wenn eine wirksame Einwilligung vorliegt, wie bei den DNA-Analysen, ist bisher offensichtlich nicht praktisch geworden, weil der höchste Gefährdungsgrad bisher immer bei der automatisierten Verarbeitung gesehen

---

1 Bergmann/Möhrle/Herb, § 4, Rn 30; Schaffland/Wiltfang, § 4, Rn 5
2 Siehe § 4 I BDSG
3 Ordemann/Schomerus, § 28, 4.1; Auernhammer, § 3, Rn 25, § 28, Rn 32 f.; Damman in Simitis, § 3, Rn 106
4 § 28 I S. 2 BDSG
5 § 13 I BDSG

wurde. Es wurde davon ausgegangen, daß Daten zunächst einmal zulässig erhoben wurden, auch wenn kein Gesetz und keine Einwilligung dies ausdrücklich legitimierten [1]. So war der Fall eher denkbar, daß eine Phase des Datenumgangs zwar nicht aufgrund einer Einwilligung des Betroffenen zulässig war, aber durch eine gesetzliche Vorschrift erlaubt wurde, als umgekehrt.

Auch wenn die Erhebung allein aufgrund Gesetzes zulässig sein sollte, weil der Betroffene nicht einwilligen möchte, können weitere Phasen durch Einwilligung gerechtfertigt werden, selbst, wenn keine gesetzliche Grundlage mehr vorhanden wäre. Kann für die Umkehrung dasgleiche gelten? Die Frage ist nicht nur deswegen zu verneinen, weil die Einwilligung abstrakt betrachtet stets weiter gehen kann, als staatliche Eingriffsrechtfertigungen, diese also wegen des Gesetzesvorbehalts stets überschießend kongruent überlagert, so daß im überschießenden Bereich keine Doppelrelationalität besteht, sondern auch konkret deshalb, weil damit die Ausschließlichkeit der Zulässigkeit aufgrund Einwilligung nachträglich unterlaufen würde. Die begrenzte Zwecksetzung der Einwilligung würde durchbrochen und die Verarbeitung der Information so behandelt, als ob sie von Anfang an auch durch Gesetz hätte legitimiert werden können, was hier gerade nicht möglich wäre. Es ist aber Grundsatz des ISR, daß jede Zweckänderung oder -erweiterung einer erneuten Legitimation bedarf, die in diesem Falle nicht die Verbindung zwischen Legitimationsart und -wirkung ignorieren darf. Daher ist der Eintritt in weitere Phasen wie die Weitergabe nur unter Aufrechterhaltung der Bindung zur Einwilligung zulässig [2]. Ohne eine Einwilligung in die Offenbarung kann es daher auch keine Offenbarungspflichten geben.

bb) Von der Offenbarungspflicht zum Offenbarungsrecht

In den vorwiegend im Versicherungsrecht angesiedelten Vorschriften, die als Grundlage für Offenbarungspflichten gelten könnten, insbesondere §§ 60 I, 62 SBG I und § 16 I S. 1 VVG, wird bisher die DNA-Analyse nicht genannt.

---

1   Im novellierten BDSG unterscheidet § 13 nun bei Datenerhebungen, die mit Kenntnis des Betroffenen erfolgen, nach solchen aufgrund einer Rechtsvorschrift, die zur Auskunft verpflichtet, solchen, die Voraussetzung für die Gewährung von Rechtsvorteilen ist und solchen, die freiwillig erfolgen.
2   Ähnlich DSB-Konferenz vom 26./27. Okt. 1989, Genomanalyse und informationelle Selbstbestimmung, in: Simitis-Doku F 51

Es ist umstritten, ob etwa § 62 SGB I für die Unfallversicherung so ausgelegt werden kann, daß DNA-Analysen Gegenstand der Offenbarung werden [1]. Das gilt auch für § 16 I VVG [2]. Dabei wird jedoch der Begriff der Offenbarung häufig so verstanden, daß er auch eigens zum Zwecke der Offenbarung eingeleitete DNA-Analysen umfasse. Dieses Verständnis kommt mit der hier vertretenen Auffassung aber schon deshalb nicht in Betracht, weil damit die Grenze zum Menschenwürdeverstoß überschritten wäre.

Für die verbleibende Weitergabe bereits erhobener DNA-Daten käme eine Einwilligung in Betracht, wenn sie freiwillig erfolgte.

Das wäre nicht schon deshalb anzunehmen, weil die Daten zu einem anderen als dem Zweck erhoben wurden, für den sie weitergegeben werden sollen. Soweit sie auf Leistungsbeziehungen zu Dritten abzielt, wäre die nachträgliche Zweckänderung nämlich ebenso zu beurteilen, wie für den Fall, bei dem schon die Erhebung zu diesem Zweck erfolgt. Da aber bei der Weitergabe der Informationen durch den Betroffenen selbst eine kontrollierbare Selektionsmöglichkeit besteht, ließe sich hier in der Weise ansetzen, daß die zweite Gefahr, die neben dem Besitz oder der Zugriffsmöglichkeit auf den erhobenen Gesamtbefund besteht, nämlich der Zukunftsbezug von DNA-Daten, ausgesondert werden kann. Das wäre möglich, wenn die Offenbarung nicht umfangreicher sein dürfte, als bezüglich herkömmlicher Untersuchungsmethoden. Eine Ausdehnung auf Aussagen über erst künftig sich möglicherweise realisierende Dispositionen, die nicht schon mit anderen Methoden diagnostizierbar sind, wäre daher mit einer Anwendung der gegenwärtigen Vorschriften nicht vereinbar [3], weil

---

1   Dagegen: Präve, Versicherungswirtschaft 1992, S. 660 f.; Bericht BMFT 1991, S. 219 f.; Giesen/Viethen, ZfA 1989, S. 5; kritisch auch Schulz-Weidner, DOK 1992, S. 72, anders allerdings schon wieder in Schulz-Weidner, S. 506 ff. wonach genetische Daten im Versicherungswesen keine Sonderstellung einnehmen und dies auch nur schwer begründbar wäre; dafür: Baltzer in: Baltzer, S. 203 f.

2   Dagegen: Präve, VersR 1992, S. 283; ders., Versicherungswirtschaft 1992, S. 661 mit dem Hinweis darauf, daß die Versicherung auch mit den herkömmlichen Methoden der Risikoprüfung voll funktionsfähig sei; Angela Schmidt; S. 69 f.; dafür: BLAG, S. 116,119, allerdings begrenzt auf "bestehende oder unmittelbar bevorstehende Krankheiten"

3   Präve, VersR 1992, S. 283; Hirsch/Eberbach, S. 380; teilweise wird aber für zulässig gehalten, Krankheiten einzubeziehen, die mit Sicherheit oder hoher Wahrscheinlichkeit in naher Zukunft ausbrechen: van den Daele, S. 140; BLAG, S. 116, 119; Chancen und Risiken, S. 174 f.; Bericht
(Fortsetzung...)

es sich um einen wesentlich intensiveren Informationseingriff handeln würde [1]. Fraglich bleibt aber, ob bereits dadurch die Freiwilligkeit der Einwilligung wiederherstellbar ist, denn sie könnte auch für die verbleibenden Daten zweifelhaft sein. Die Methode der DNA-Analyse unterscheidet sich so sehr von anderen Methoden der Genomanalyse, daß damit eine Grenze definierbar wird, jenseits derer die Schutzpflicht des Staates aktiviert werden muß, um Positionsverzerrungen zwischen den Partnern von Leistungsbeziehungen zu korrigieren. Damit ist nicht gesagt, daß diesseits dieser Grenze nicht ebenfalls korrekturbedürftige Situationen bestehen. Der Spielraum, der dem Staat hierbei zusteht, ist aber größer. Verzichtet er innerhalb dieses Spielraums auf Korrekturen, so ist zunächst von einer Zulässigkeit der Situation auszugehen. Nimmt man daher der DNA-Analyse ihr spezifisches Gefahrenpotential, so spricht dies für eine ähnliche Behandlung wie bei sonstigen Gesundheitsdaten und damit für die Freiwilligkeit der entsprechend bedingten Einwilligung.

Das vermeintliche Wissen um mit Sicherheit oder hoher Wahrscheinlichkeit künftig sich auswirkende Anlagen könnte allerdings unverzichtbar für den Versicherungsgeber sein, um Mißbrauchsgefahren zulasten der Versicherer und der Öffentlichkeit, in der sich die Beitragszahler wiederfinden, einzudämmen. Es könnte vermieden werden, daß derjenige, der durch eine DNA-Analyse eine künftig ausbrechende Krankheit erst entdeckt oder sie bestätigt sieht, mit diesem Wissen gegenüber Versicherern ungerechtfertigte Vorteile erwirbt [2]. Sie wäre aber nicht erforderlich, wenn dieser Gefahr angesichts des ISR auch auf andere Weise begegnet werden könnte. Dies wäre möglich durch befristete Leistungspflichtbefreiungen der Versicherer für die Fälle, in denen der Versicherungsfall gerade deshalb eintritt, weil sich der unterschlagene Umstand auszuwirken beginnt [3]. Auch im Arbeitsrecht wird im Rahmen des dort

---

3 (...Fortsetzung)
LMJ Rh.-Pf., S. 47; Gutachten Simon, S. 129. Diese Auffassung erscheint aber schon wegen der unlösbaren Abgrenzungsprobleme nicht haltbar, siehe dazu auch Angela Schmidt, S. 69 f.; Deutsch, NZA 1989, S. 661, schlägt vor, zum Schutz des Versicherten zusätzlich dessen Zustimmung vorauszusetzen.

1 Chancen und Risiken, S. 175; siehe zu ähnlichen Einschränkungen im Arbeitsrecht: Wiese, S. 47

2 Siehe zum Problem der Betrugsmöglichkeit: TAB 1993, S. 138; Chancen und Risiken, S. 174

3 Chancen und Risiken, S. 175, mit dem Vorschlag, einen Fünfjahreszeitraum heranzuziehen; Angela Schmidt, S. 70; Gutachten Simon, S. 129 f. mit dem Vorschlag, ein Jahr bei der Krankenver

(Fortsetzung...)

Arbeitnehmer im Rahmen des § 242 BGB [1] gehalten ist, die ihm bereits bekannten Ergebnisse einer DNA-Analyse selbsttätig zu offenbaren [2]. Zu denken sei dabei an mangelnde Eignung, ansteckende Krankheiten sowie an Gefährdungen Dritter etwa durch die Neigung zu Epilepsie [3]. Bekanntzugeben sei dabei nicht die genetische Veranlagung, sondern nur die gesundheitliche Beeinträchtigung [4].

Außerhalb dieser Fälle wird aber auch hier dafür plädiert, Aussagen über möglicherweise oder mit hoher Wahrscheinlichkeit ausbrechende Krankheiten oder Anfälligkeiten aus dem Anwendungsbereich möglicher Offenbarungspflichten herauszuhalten [5], weil sich nicht erkennen lasse, ob das angestrebte Arbeitsverhältnis davon zeitlich überhaupt betroffen sein werde [6]. Somit handle es sich lediglich um eine abstrakte Gefahr [7] für den Arbeitgeber, vermeidbare Lohnfortzahlungen leisten zu müssen, die hinter dem ISR des Arbeitnehmers zurücktrete [8]. Betrachtet man die erwogenen Möglichkeiten, Offenbarungspflichten im Versicherung- und Arbeitsrecht auch bezüglich Informationen aus DNA-Analysen zu konstituieren, so ergibt sich, daß methodenspezifische Gefährdungen im Vergleich zu kerkömmlichen Verfahren ausgeschlossen werden können, wenn bestimmte Bedingungen beachtet werden. Neben der Vorbedingung

---

1   Siehe dazu, daß mit dieser Norm jedenfalls keine genetische Analyse beim oder für den Arbeitgeber zulässig ist, weil sie keine ausreichende Rechtsgrundlage hierfür darstellt: Schierbaum/Kiper, AiB 1992, S. 630 m.w.N.; Wiese, S. 41 f. m.w.N.
2   Ablehnend allerdings: BLAG, S. 95 ff.; Däubler, BB 1989, S. 284
3   Wiese, RdA 1986, S. 123, 128, bejaht eine Offenbarungspflicht und nennt dabei Flugzeug- oder Lokführer als Beispiele für Berufsgruppen, die Epilepsie zu offenbaren hätten; ders., RdA 1988, S. 219, weist aber darauf hin, daß "der Gesetzgeber auch hinsoweit die Zulässigkeit ausdrücklich regeln"müßte; bejahend auch Diekgräf, BB 1991, S. 1858; Simon, MDR 1991, S. 12; TAB 1993, S. 120 f.; siehe zu den Vorraussetzungen selbständiger Offenbarungspflichten auch LAG Berlin, BD 1974, S. 99; BAG DB 1984, S. 2706; BAG DB 1986, S. 2238 und BAG DB 1986, S. 2287
4   Wiese, S. 46; ders., DuD 1993, S. 276, ders., RdA 1988, S. 218 f., der jedoch darüber hinausgehen will, wenn etwa "Geisteskrankheiten von Flugzeug- und Lokomotivenführern oder Autobusfahrern" Leben und Gesundheit anderer Menschen bedrohen. Dann sei auch die Offenbarung der genetischen Veranlagung zulässig, sofern die gleichen Informationen nicht auf andere Weise diagnostiziert werden könnten.
5   Wiese, DuD 1993, S. 276
6   Schierbaum/Kiper, AiB 1992, S. 630: "fernliegendes Risiko"; Gutachten Simon, S. 48, mit dem Hinweis, das "Arbeitgeberinteresse, Lohnfortzahlungen im Krankheitsfall zu vermeiden, führt in der Anbahnungsphase nicht zu einer umfassenden Mitteilungspflicht des Bewerbers".
7   Wiese, DuD 1993, S. 276
8   Gutachten Simon, S. 48

der Autonomie bei der Entscheidung zur ursprünglichen DNA-Analyse sowie der Zweckdivergenz zwischen durchgeführter Analyse und erwogener Offenbarung ist die Offenbarung auf solche Informationen zu beschränken, die gegenwärtige Zustände beschreiben und die auch mit herkömmlichen Methoden hätten erhoben werden können. Außerdem kann sich die Offenbarung nur auf den Zustand als solchen, nicht auf die Analyse insgesamt beziehen. Der Befund wird damit ebenso behandelt, als stamme er aus herkömmlichen Untersuchungsmethoden. Zudem kann eine Offenbarung nur dann als zulässig angesehen werden, wenn und soweit der Betroffene einwilligt. Für die Freiwilligkeit der Einwilligung spricht dabei eine Beschränkung auf gegenwärtige Zustände. Es bietet sich daher an, von einem durch den Betroffenen gewährten Offenbarungsrecht des Dritten zu sprechen.

Dem Mißbrauch des Wissens über künftige Zustände kann im Versicherungsrecht durch befristete Leistungsausschlüsse begegnet werden, im Arbeitsrecht tritt das Interesse daran hinter dem ISR zurück.

Der Inhalt des noch verbleibenden Rahmens wird im Arbeitsrecht durch Richterrecht, im Versicherungsrecht durch Auslegung der bestehenden Vorschriften ausgefüllt. Damit ergeben sich datenschutzrechtlich keine methodenspezifischen Besonderheiten, weil der Betroffene in dem erörterten Rahmen ebenso wie bei anderen Untersuchungs-verfahren lediglich die Befunde mitzuteilen hat [1]. Dennoch müßte festgeschrieben werden, daß Offenbarungspflichten in Bezug auf DNA-Analysen nur unter den genannten Bedingungen rechtlichen Bestand haben [2]. Bis dahin müßte eine verfassungskonforme Auslegung bestehender Offenbarungstatbestände restriktiv

---

1 Damit handelt es sich im weiteren um ein allgemeines Problem bereichsspezifischen Datenschutzes, das an dieser Stelle nicht näher betrachtet werden kann. Auf Bundesebene besteht seit langem das Bestreben zur Normierung eines Arbeitnehmerdatenschutzgesetzes, siehe BT-Drs. 10/1180, S. 22; 10/6583; 12/2948 = RDV 1992, S. 261; siehe auch BfD, 14. Tätigkeitsbericht, S. 61 ff.; siehe auch die Darstellung bei Gola/Wronka, RDV 1991, S. 165 sowie Entschließung der 43. Konferenz der Datenschutzbeauftragten des Bundes und der Länder vom 23./24. 3. 1992, 14. Tätigkeitsbericht des BfD, S. 182; siehe aber auch die ablehnende Haltung des 59. Deutschen Juristentages hierzu in NJW 1992, S. 3024, 3102, die Gola als "Ausrutscher" bezeichnet: NJW 1993, S. 3114.
2 Präve, VersR 1992, S. 283 f., schlägt weitergehend vor, aus der Offenbarungspflicht i.S.d. § 16 I VVG durch Abänderung ein Fragerecht des Versicherers zu machen. Gleichzeitig solle dem Versicherer die Erfragung von Ergebnissen einer Genomanalyse untersagt werden.

genannten Bedingungen rechtlichen Bestand haben [1]. Bis dahin müßte eine verfassungskonforme Auslegung bestehender Offenbarungstatbestände restriktiv erfolgen [2].

h) Ergebnis

Gesetzlich oder richterrechtlich festgelegte Offenbarungspflichten des Betroffenen über gesundheitliche Zustände sind, bezogen auf DNA-Analysen, restriktiv auszulegen. Sie sind zulässig, wenn sie sich auf Informationen beziehen, die lediglich Aussagen über gegenwärtige Zustände beinhalten, wenn sie sich auf Einzelaussagen beschränken, die auch mit herkömmlichen Methoden hätten erhoben werden können und wenn die DNA-Analyse durch den Betroffenen in autonomer Entscheidung zu einem Zweck veranlaßt wurde, der zu dem gesetzlichen oder vertraglichen Verhältnis, für das die Daten verwandt werden sollen, verschieden ist.

Da die Erhebung von DNA-Daten nur mit Einwilligung des Betroffenen zulässig ist, kann die damit vorgenommene Zwecksetzung nicht gesetzlich durch eine Zweckänderung unterlaufen werden. Offenbarungen sind daher zusätzlich zu den genannten Bedingungen nur zulässig, wenn der Betroffene in sie eingewilligt hat [3]. Daher bietet es sich eher an, von Offenbarungsrechten des Dritten als von Offenbarungspflichten des Betroffenen zu sprechen. Im Versicherungsrecht können durch diese Restriktionen möglicherweise entstehende Mißbrauchsgefahren durch befristete Leistungspflichtbefreiungen der Versicherer für die Fälle, in denen der Versicherungsfall gerade deshalb eintritt, weil sich der unterschlagene, aber aufgrund einer DNA-Analyse bekannte Umstand auszuwirken beginnt, ausreichend eingedämmt werden.

---

1 Präve, VersR 1992, S. 283 f., schlägt weitergehend vor, aus der Offenbarungspflicht i.S.d. § 16 I VVG durch Abänderung ein Fragerecht des Versicherers zu machen. Gleichzeitig solle dem Versicherer die Erfragung von Ergebnissen einer Genomanalyse untersagt werden.

2 Ähnlich Deutsch, NZA 1989, S. 661

3 Vor diesem Hintergrund erscheint auch die Regelung im Arbeitschutzrahmengesetzentwurf, BT-Drs. 12/6752, wonach die Erhebung, Verarbeitung oder Nutzung von Daten auch aus DNA-Analysen, die nicht für Zwecke der arbeitsmedizinischen Vorsorge erstellt wurden, unzulässig ist (siehe dazu ausführlich oben, Teil C, II. 3. k)), einem verständlichen und sehr weitreichenden Schutzgedanken zu folgen, der allerdings bei Beachtung der soeben genannten Einschränkungen über das erforderliche Maß hinausgeht, wenn man der Ansicht ist, daß in diesem speziellen Bereich des Arbeitsrechts die Einwilligung freiwillig erfolgen kann.

III. Die Zulässigkeit von DNA-Analysen durch Private

1. Beinträchtigung des Rechtsguts "informationelle Selbstbestimmung"

Daß das ISR zwischen Privaten gilt, ist bisher weder durch das BVerfG gesagt worden, noch in der Literatur bedingungslos anerkannt [1]. Vorwiegend wird vertreten, die Grundrechte könnten im Privatrecht nicht unmittelbar Anwendung finden [2]. Sie wirken jedoch insoweit auf privatrechtliche Rechtsverhältnisse ein, als ihre an den Staat adressierte, aus ihrem objektivrechtlichen Gehalt entspringende Schutzverpflichtung der staatlichen Gewalt i.S.d. Art. 1 III GG gebietet, einen verfassungskonformen Ausgleich von konfligierenden Privatrechtsgütern anzustreben [3]. Dies geschieht insbesondere über die richterliche Auslegung der zivilrechtlichen Generalklauseln [4], zu denen etwa die §§ 133, 157, 138, 242, 823, 1004 BGB, 9 AGBG, 28 I S. 2 BDSG, 75 I BetrVG gehören [5].

Das allgemeine Persönlichkeitsrecht wird zivilrechtlich durch die §§ 823, 1004 BGB geschützt [6]. Als Spezialfall des allgemeinen Persönlichkeitsrechts wird das ISR durch die Datenschutzgesetze, die die veränderte Situation im Privatrecht weitgehend durch geringere Anforderungen ausdrücken, geschützt. Entsprechend blendet das BDSG

---

1 Siehe die Nachweise bei Scholz/Pitschas, S. 37 f.
2 Siehe statt vieler: Canaris, AcP 1984, S. 203 ff.; Jarass/Pieroth, Art. 1, Rn 24; siehe zu den Gegenmeinungen die Nachweise bei von Münch/Kunig, Vorb. Art. 1 -19, Rn 31, 33; siehe auch BVerfGE 73, 261 (269)
3 Stern III/1, S. 1572; MDH, Art. 1 III, Rn 127 ff., Art. 3 I, Rn 509 f.; Rüfner in: Isensee/Kirchhof V, S. 551; von Münch/Kunig, Vorb. Art. 1-19, Rn 28, 31; Jarass/Pieroth, Art. 1, Rn 25; BVerfGE 7, 198 (205); 73 , 261 (269); siehe zu der These, der Staat schränke Grundrechte ein, wenn er Private zu Grundrechtseingriffen ermächtige: Murswiek, S. 93 ff.; Schwabe, Drittwirkung, S. 56 ff., 67 ff., 107 ff.
4 Canaris, JuS 1989, S. 163; BVerfGE 73, 261 (269)
5 Tinnefeld/Ehmann, S. 37
6 v. Mangoldt/Klein/Starck, Art. 1 I, Rn 78 ff.; Palandt-Thomas, § 823, Rn 175 ff.; siehe auch die Nachweise bei Wiese, S. 19 f.

das Prinzip des Verbots mit Erlaubnisvorbehalt für die Erhebung im privaten Bereich aus [1]. Subsidiär findet ein Schutz durch § 823 BGB statt [2].

2. Ergebnis

Das ISR ist ein Rechtsgut, daß sowohl zivilrechtlich, als auch über die Einwirkung des Grundrechts in das Privatrecht geschützt ist.

3. "Eingriffsverbot"?

Der Staat hält, insbesondere mit den Datenschutzgesetzen und datenschutzrechtlichen bereichsspezifischen Regeln, ein Instrumentarium bereit, mit dessen Hilfe ein Ausgleich der unter Beteiligung des ISR widerstreitenden Grundrechtsgüter auch im Privatrecht angestrebt wird. Fraglich ist, ob im Rahmen der Privatautonomie schlechthin jede DNA-Analyse unzulässig sein kann, weil dadurch der Kernbereich des ISR eines Vertragspartners angetastet würde. Das ist zu verneinen, wenn die Menschenwürdegarantie auch im Privatrecht unmittelbare Wirkung entfaltet, wie dies weitgehend vertreten wird [3]. Denn mit der in dieser Arbeit vertretenen Auffassung ist die Einwilligung in eine DNA-Analyse grundsätzlich ein zulässiges Gebrauchmachen durch die Menschenwürdegarantie gewährter persönlicher Autonomie [4]. Hierfür spricht schon der Wortlaut des Art. 1 I GG mit seiner Differenzierung in zwei verschiedene Sätze [5]. Dadurch verhindert nicht allein die Privatautonomie, sondern speziell die Befugnis des einzelnen, in Verletzungen seiner Würde aufgrund seiner aus der Menschenwürde fließenden Autonomie einzuwilligen, daß entsprechende Rechtsgeschäfte generell unwirksam sind. Daher kommt es auch im Privatrecht nur dann zu entsprechenden Würdeverletzungen, wenn die autonome Entscheidung des Betroffenen Mängel aufweist.

---

1 Tinnefeld/Ehmann, S. 101
2 Palandt-Thomas, § 823, Rn 175 ff.; Tinnefeld/Ehmann, S. 134, 138 f.
3 AK-Podlech, Art. 1, Rn 82, Stern III/1, S. 29 f.; BoKo-Zippelius, Art. 1 I, Rn 35; Häberle in Isensee/Kirchhof I, S. 844; Jarass/Pieroth, Art. 1, Rn 9; von Münch/Kunig, Art. 1, Rn 27 m. w.N.; BAGE 38, 69 (80 f.); BVerfGE 24, 119 (144); BVerwGE 64, 274 (278) ("Peep-Show"); VG Frankfurt, NJW 1988, S. 3022
4 Siehe bereits oben Teil C, II, 4. f) ee) (4),(5)
5 Siehe von Münch/Kunig, Art. 1, Rn 27

Soweit solche Rechtsverletzungen nicht durch spezielle Regelungen des Zivilrechts verhindert werden, bietet die Auslegung der Generalklauseln die Möglichkeit zu einer entsprechenden Sanktionierung [1]. Inbesondere die §§ 138 i.V.m. 242 BGB führen zur Nichtigkeit von Rechtsgeschäften, die Menschenwürdeverstöße beinhalten [2].

Die Stimmen in der Literatur, die sich direkt mit den Problemen der Genomanalyse in Rechtbeziehungen zwischen Privaten befassen, gehen nicht selten von einer Menschenwürdeverletzung durch DNA-Analysen aus. So meint Klees, der Mensch werde durch die DNA-Analyse "zum reinen Objekt degradiert" und mache ihn als "Träger der Ware Arbeitskraft einer kalkulatorischen Berechnung bis in seine Erbanlagen hinein zugänglich" [3]. Wiese [4] und Schierbaum/Kiper [5] halten die Genomanalyse für so sehr in den Kernbereich der menschlichen Persönlichkeit eingreifend, daß sie vom Fragerecht des Arbeitgebers grundsätzlich ausgenommen werden solle.

Die Enquete-Kommission [6] ist der Ansicht, daß im Bereich des Versicherungswesens "die Freiheit, genetische Informationen über die eigene Zukunft gar nicht erheben zu lassen . . . vermutlich jenem Kernbereich der Persönlichkeit zuzurechnen" sei, den das BVerfG als unantastbar bezeichnet hat. "Dieser Bereich sollte auch im Rahmen privater Vertragsgestaltung nicht ohne weiteres zur Disposition stehen".

Insgesamt sind die Stimmen zahlreich, die vor diesem Hintergrund, allerdings weitgehend ohne genaue Begründung, ein Verbot der DNA-Analyse auch im Privatrecht verlangen [7].

---

1 Dietlein, S. 184 ff.; AK-Podlech, Art. 1 I, Rn 82; BVerfG NJW 1994, S. 38 f.
2 BoKo-Zippelius, Art. 1 I, Rn 36; Robbers, JuS 1985, S. 930
3 Klees, AiB 1986, S. 57; ders. S. 171
4 RdA 1988, S. 218
5 AiB 1992, S. 630
6 Chancen und Risiken, S. 174
7 Für das Arbeitsrecht: Wiese, DuD 1993, S. 278 für ein Verbot mit Erlaubnisvorbehalt; Hunold, DB 1993, S. 229; Schierbaum/Kiper, AiB 1992, S. 633; Diekgräf, BB 1991, S. 1859; Gola, DuD 1990, S. 60, der auch die Einwilligung nur ganz ausnahmsweise für zulässig hält; Ruderisch, ZRP 1992, S. 263, wonach auch die Einwilligung nicht zur Zulässigkeit führen könne; Klees, S. 171; ders. AiB 1986, S. 57; Menzel, NJW 1989, S. 2043; Donner/Simon, DÖV 1990, S. 917 f.; Simon, MDR 1991, S. 14; BLAG, S. 90, 102, 105, 108, wonach selbst eine Einwilligung des Arbeitnehmers unwirksam sein soll, S. 95; Bundesregierung in BT-Drs. 11/8520, S. 20; Bundesrat in BR-Drs. 424/92, S. 5 f., ebenfalls unter Hinweis darauf, daß eine Einwilligung daran nichts ändere; Bericht LMJ Rh.-Pf. 1989, S. 32; AGBR, WIPO-Dienst 5/1993, S. 37; ausdrücklich gegen ein Verbot etwa: Deutsch, NZA 1989, S. 658; für das Versicherungsrecht: Präve, ZfV 1991, S. 83; ders. Versicherungswirtschaft 1992, S. 660 f.; ders. VersR 1992, S.

(Fortsetzung...)

Ein Menschenwürdeverstoß und damit die Nichtigkeit entsprechender Rechtsgeschäfte kann aber im Bereich der Privatautonomie nicht unter geringeren Voraussetzungen angenommen werden, als im öffentlichen Recht. Daher kann nicht jede DNA-Analyse, über die sich die Vertragspartner einigen, von vornherein unzulässig sein, sondern allenfalls dann, wenn die Voraussetzungen hierzu im Einzelfall vorliegen und keine Ausnahmen zum Zuge kommen.

Liegt schon verfassungsrechtlich ein Menschenwürdeverstoß nicht vor, wenn der Rechtsträger wirksam eingewilligt hat, so kann dies nicht im Privatrecht, auch nicht über den Umweg der "Sittenwidrigkeit", anders sein. Fraglich ist daher hier, wann von einem wirksamen Gebrauchmachen der Privatautonomie nicht mehr gesprochen werden kann.

4. Ergebnis

Das Menschenwürdeprinzip gilt auch im Privatrecht unmittelbar zwischen den Rechtssubjekten. Rechtsgeschäfte, die DNA-Analysen zu Vertragsbestandteilen machen, sind nicht von vornherein unwirksam. Einen Menschenwürdeverstoß können sie nur dann beeinhalten, wenn die autonome Entscheidung des Einwilligenden Mängel aufweist.

5. Einwilligung im Privatrecht als autonome Entscheidung

Fraglich ist, ob auch im Privatrecht, insbesondere im Arbeits- und Versicherungsrecht, die Freiwilligkeit von Einwilligungen in DNA-Analysen oder in die Verarbeitung ihrer Ergebnisse vor und nach Vertragsschluß so stark herabgesetzt ist, daß sich der Schutzauftrag der Verfassung durch eine restriktive Auslegung der Einwilligung verwirklichen muß [1].

---

7 (...Fortsetzung)
281; BLAG, S. 113 ff.; TAB 1993, S. 148 ff.; Chancen und Risiken, S. 174 f.; Simon, MDR 1991, S. 12 m.w.N., sofern nicht die Versicherungswirtschaft selbst auf Genomanalysen verzichte; ähnlich Gutachten Simon, S. 130

1 Siehe dazu bereits die Forderung der DSB-Konferenz vom 26./27. Okt. 1989, Genomanalyse und informationelle Selbstbestimmung, in: Simitis-Doku., F 51, wonach eine "bloße Einwilligung des Arbeitnehmers wegen der faktischen Zwangssituation, der er im Arbeitsleben häufig unterliegt,

(Fortsetzung...)

Einwilligungen können sich dabei auf die Erhebung durch DNA-Analysen und damit verknüpfte Schweigepflichtentbindungen des durchführenden Arztes oder Humangenetikers, auf die selbsttätige Offenbarung entsprechender Daten durch Vorlage entsprechender Unterlagen sowie die weitere Verarbeitung der gewonnenen Daten beziehen.

Die Übernahme der Maßstäbe, die zur Freiwilligkeit im öffentlichen Bereich dargestelt wurden, ist insoweit unproblematisch, als das Privatrecht im beschriebenen Rahmen den verfassungsrechtlichen Vorgaben unterworfen ist. Insoweit bleibt sowohl die Rechtsprechung bei der Anwendung von Generalklauseln als auch die Gesetzgebung bei der künftigen Normierung eines bereichsspezifischen Datenschutzes zur DNA-Analyse im Rahmen der Abwägung konfligierender Rechtsgüter an die Elemente des Verhältnismäßigkeitsprinzips gebunden. Dies hat sich bisher in der datenschutzrechtlichen Gesetzgebung in den Generalklauseln des BDSG niedergeschlagen. Begriffe wie "Erforderlichkeit" oder "Zweckbestimmung eines Vertragverhältnisses" in § 28 BDSG konkretisieren sich letztlich im Verhältnismäßigkeitsgebot [1].

Daß zwischen dem einzelnen und dem Arbeitgeber beziehungsweise dem privaten Versicherer ein Machtungleichgewicht besteht [2], liegt auf der Hand. Entsprechend fallen in der Literatur die Meinungen zur Unfreiwilligkeit von DNA-Analysen aus. Die Duldung einer DNA-Analyse oder die anschließende Offenbarung von Ergebnissen "erfolgt unter sozialem oder ökonomischen Druck und nicht auf Initiative des Betroffenen" [3]. Bei dem zumeist nur wirtschaftlichen Interesse der Gegenseite werde ein an sich unveräußerlicher Teil der privaten Lebensgestaltung in unzulässiger Weise

---

1 (...Fortsetzung)
nicht ausreichend" sei; zur Wirkung der staatlichen Schutzpflichten auf die Auslegung einfachen Rechts: Dietlein, S. 184 ff.
1 Ordemann/Schomerus, § 28, 5.2; Tinnefeld/Ehmann, S. 194
2 Präve, ZfV 1991, S. 83; Donner/Simon, DÖV 1990, S. 917; so ging das BAG auch lange Zeit von einer unmittelbaren Drittwirkung der Grundrechte im Arbeitsrecht aus, siehe etwa BAG, DB 1978, S. 451; BAG NJW 1984, S. 2910; BAG AP Nr. 1 zu Art. 2 GG; BAG BB 1988, S. 137 bezüglich Art. 2 I GG. Diese Auffassung wurde allerdings inzwischen zurückgenommen, siehe BAG NJW 1986, S. 85
3 TAB 1993, S. 143; kritisch auch Waniorek, RDV 1990, S. 229; Einwag, ArztuR 5/1992, S. 9; eine Zwangslage sieht auch Wohlgemuth, Rn 122; siehe auch zur ähnlichen Problematik der Einwilligung in graphologische Gutachten: Schaub, S. 94 f.; Oetker, BlStSozArbR 1985, S. 69 ff.; Wohlgemuth, Rn 151 ff.; BAG, EzA Nr. 22 zu § 123 BGB

der Kommerzialisierung preisgegeben [1]. Das finanzielle Risiko einer Seite könne nicht höher eingeschätzt werden, als das Interesse des Betroffenen an der Achtung seiner Eigensphäre [2]. Manche gehen deshalb davon aus, daß die Einwilligungsfähigkeit unter diesen Vorzeichen im Ganzen nicht mehr herstellbar sei [3]. Auch in der Rechtsprechung werden Zweifel geäußert, ob "in Fällen, in denen der Kunde auf den Vertragsschluß angewiesen ist, . . . ihm jede echte eigene Entscheidung verwehrt ist und seine Einwilligung zu einer reinen Formalität absinkt" [4]. Fremdbestimmung liege dann vor, wenn einer der Vertragsteile ein so starkes Übergewicht habe, daß er "den Vertragsinhalt faktisch einseitig bestimmen kann" [5].

a) Einwilligung im Arbeits- und Versicherungsrecht vor Vertragschluß

In der Literatur werden verschiedene Ansätze formuliert, anhand derer eine Lösung des Konflikts zwischen den Interessen Privater an möglichst detaillierten Informationen über die genetische Konstitution ihrer Vertragspartner und den Interessen von Arbeitnehmern oder Versicherungsnehmern an der Wahrung ihres durch das ISR geschützten Rechtsgutes herbeigeführt werden könnte.

---

1 Gutachten Simon, S. 92, und wortgleich TAB 1993, S. 143
2 Bull, ZRP 1975, S. 10; Schapper/Dauer, RDV 1987, S. 170; kritisch auch Ordemann/Schomerus, § 4, 5.2
3 Präve, ZfV 1991, S. 83; ders. VersR 1992, S. 281 m.w.N.; Donner/Simon, DÖV 1990, S. 917; Gutachten Steinmüller, S. 156; Gutachten Simon, S. 92; Däubler, S. 94, meint, dem Arbeitnehmer fehle es zur Schweigepflichtentbindung an der nötigen "Entscheidungsautonomie"; hypothetisch TAB 1993, S. 144 f.; kritisch auch Rose, S. 76 ff.; anders Wiese, DuD 1993, S. 277, der die Einwilligung in genetische Analysen nicht für nichtig i.S.d. § 138 BGB hält.
4 BGH NJW 1986, S. 47 zur unwirksamen Schufa-Klausel in Kreditverträgen; siehe aber andererseits BGH DuD 1987, S. 247, wonach der Betroffene die Folgen einer von ihm verweigerten Auskunft selbst zu tragen habe.
5 BVerfGE 81, 242 (255); BVerfG NJW 1994, S. 38; BVerfG NJW 1994, S. 2750

aa) Arbeitsrecht

Zwar verlangen zahlreiche Stimmen ein Verbot der DNA-Analyse im Arbeitsrecht [1]. Unabhängig davon ist aber zunächst die Klärung der Frage notwendig, welche Schutzmechanismen eingreifen können, um eine Einwilligung in diesem Bereich mit den Anforderungen des ISR zu harmonisieren. Soweit freiwillige Analysen als zulässig eingeordnet werden [2], wird problematisch, wie der Bewerber eine Ablehnung verhindern kann, die Reaktion auf dessen verweigerte Zustimmung zu einer DNA-Analyse oder einer Offenbarung entsprechender Daten ist [3]. So wird zunächst verlangt, daß eine partielle gesetzliche Begrenzung des Fragerechts des Arbeitgebers im BGB erfolgt [4] und deren Verletzung strafrechtlich geahndet werden sollte [5]. Anstelle einer strafrechtlichen Ahndung wird auch vorgeschlagen, der Arbeitgeber solle von den Analyseergebnissen nicht den Abschluß des Arbeitsvertrages, sondern dessen rechtliches Wirksamwerden abhängig machen können [6]. Untersuchungen sollen nur dann zulässig sein, wenn der Arbeitnehmer in qualifizierter Form eingewilligt habe. Dazu gehöre Schriftlichkeit, Aufklärung und Widerrufbarkeit [7].

---

1 Wiese, DuD 1993, S. 278 für ein Verbot mit Erlaubnisvorbehalt; Hunold, DB 1993, S. 229; Schierbaum/Kiper, AiB 1992, S. 633; Diekgräf, BB 1991, S. 1859; Gola, DuD 1990, S. 60, der auch die Einwilligung nur ganz ausnahmsweise für zulässig hält; Ruderisch, ZRP 1992, S. 263, wonach auch die Einwilligung nicht zur Zulässigkeit führen könne; Klees, S. 171; ders. AiB 1986, S. 57; Menzel, NJW 1989, S. 2043; Donner/Simon, DÖV 1990, S. 917 f.; Simon, MDR 1991, S. 14; BLAG, S. 90, 102, 105, 108, wonach selbst eine Einwilligung des Arbeitnehmers unwirksam sein soll, S. 95; Bundesregierung in BT-Drs. 11/8520, S. 20; Bundesrat in BR-Drs. 424/92, S. 5 f., ebenfalls unter Hinweis darauf, daß eine Einwilligung daran nichts ändere; Bericht LMJ Rh.-Pf. 1989, S. 32; AGBR, WIPO-Dienst 5/1993, S. 37; ausdrücklich gegen ein Verbot etwa: Deutsch, NZA 1989, S. 658
2 TAB 1993, S. 121; Rose, S. 143 ff.
3 Siehe dazu Däubler, CR 1994, S. 103; Diekgräf, BB 1991, S. 1859 m.w.N., und Hunold, DB 1993, S. 229, die daher ein gesetzliches Verbot genetischer Analysen durch den Arbeitgeber im Rahmen von Einstellungsuntersuchungen und eine Absicherung durch Strafvorschriften fordern
4 Wiese, RdA 1988, S. 217; ders. bereits in RdA 1986, S. 125; TAB 1993, S. 125; Gutachten Simon, S. 66
5 Chancen und Risiken, S. 169
6 Rose, S. 143 ff.; Gutachten Simon, S. 67
7 Schierbaum/Kiper, AiB 1992, S. 633; TAB 1993, S. 125; Gutachten Simon, S. 66; Diekgräf, BB 1991, S. 1860; Deutsch, NZA 1989, S. 659; Wiese, RdA 1986, S. 124

Entbindungen von der ärztlichen Schweigepflicht [1] sollen nur wirksam sein, wenn der Arbeitnehmer zunächst das Ergebnis der Analyse erfahren kann [2].

bb) Versicherungsrecht

Auch für das Versicherungsrecht wird in der Literatur mit teilweise detaillierten Differenzierungen nach verschiedenen Versicherungsarten häufig ein Verbot der DNA-Analyse mit Erlaubnisvorbehalt gefordert [3]. Gängiges Mittel der Informationserhebung im Versicherungsrecht sind Schweigepflichtentbindungen der behandelnden Ärzte, um einen direkten Zugriff auf die nach § 16 VVG erheblichen Umstände zu erreichen [4]. Der Bundesbeauftragte für den Datenschutz äußert in seinem 14. Tätigkeitsbericht nach wie vor "Unbehagen" zu den entsprechenden Klauseln: "Wenn auch niemand gezwungen wird, Versicherungsverträge abzuschließen, so ist doch der Kunde, der Wert auf einen solchen Vertrag legt, gegenüber den Versicherungsunternehmen in einer Position, die Zweifel an der wirklichen Freiwilligkeit der Einwilligung zumindest offenläßt. Derjenige, der die immer noch recht weit gehenden Schweigepflichtentbindungserklärungen nicht unterzeichnen will, hat praktisch keine Chance, einen Versicherungsvertrag zu erhalten" [5]. Befürchtet wird für die Zukunft, daß ähnlich wie im Immobilienwesen eine SCHUFA-Selbstauskunft oder im Arbeitsrecht eine Präsentation des Vorstrafenregisters auch eine Selbstauskunft i.S.d. § 305 SGB V

---

1 Siehe hierzu und zu der Auffassung, daß in der freiwilligen Unterziehung einer ärztlichen Analyse eine konkludente Einwilligung zu sehen sei: Wiese, RdA 1986 m.w.N.
2 Chancen und Risiken, S. 171 f.
3 Präve, ZfV 1991, S. 83; ders. Versicherungswirtschaft 1992, S. 660 f.; ders. VersR 1992, S. 281; BLAG, S. 113 ff.; TAB 1993, S. 148 ff.; Chancen und Risiken, S. 174 f.; Simon, MDR 1991, S. 12 m.w.N., sofern nicht die Versicherungswirtschaft selbst auf Genomanalysen verzichte; ähnlich Gutachten Simon, S. 130; strikt gegen ein generelles Verbot: Sahmer, Versicherungsmedizin 1995, S. 8
4 Daele, S. 136; Bericht BMFT 1991, S. 217; Präve, VersR 1992, S. 280, TAB 1993, S. 134; siehe zu den hierbei in Zusamenarbeit mit dem BfD ausgearbeiteten Klauseln: 14. Tätigkeitsbericht des BfD, S. 156 und Anlage 16, sowie 11. Tätigkeitsbericht des BfD, S. 79 f., 109 f. (Anlage 8)
5 14. Tätigkeitsbericht des BfD, S. 156; Basedow hält vorformulierte Schweigepflichtentbindungs klauseln in Lebensversicherungsverträgen für unwirksam, da sie unverhältnismäßig in das Persönlichkeitsrecht des Versicherungsnehmers eingreifen: MüKo-Basedow, § 23 AGBG, Rn 81

aus dem "Gesundheitsregister" [1] verlangt werden könnte, die auch Informationen aus genomanalytischen Untersuchungen enthalten könnte. Zumeist wird verlangt, aber auch für ausreichend gehalten, die über einen gesetzlich zu definierenden Zweck hinausgehende Verwendung der Daten aus DNA-Analysen bedürfte einer zusätzlichen, ausdrücklichen Einwilligung des Betroffenen [2].

b) Staatliche Schutzpflichten im Privatrechtsverhältnis

Ob solche Maßnahmen in Betracht kommen, um die Autonomie des einzelnen zu sichern, hängt davon ab, wie weit die Befugnis des Staates reicht, auch im Privatrecht gestaltend einzugreifen, um die Verletzung grundrechtlicher Werte zu vermeiden. Die hierfür maßgebenden Schutzpflichten gelten nicht allein im Verhältnis zwischen Bürger und Staat. Sie können noch bedeutsamer werden für das Verhältnis zwischen den Bürgern. Dabei wird die Schutzpflicht einerseits als Teil der abwehrrechtlichen Komponente von Grundrechten angesehen, weil die Entscheidung des Gesetzgebers, einem Dritten eine Beeinträchtigung der Rechte eines anderen zu erlauben, bei diesem den Abwehrgehalt des beeinträchtigten Grundrechts aktiviert, da sich der Staat die Erlaubnis zurechnen lassen müsse. Das gelte auch dann, wenn ein Handeln nicht ausdrücklich erlaubt, sondern nur nicht verboten sei [3]. Nach einer anderen Theorie müsse Angelpunkt der Konstruktion die Pflicht des Staates sein, Eingriffe zu unterbinden. Die Nichtgewährung von einfachgesetzlichen Abwehrrechten gegen die Handlungen Dritter sei nicht gleichzeitig ein Eingriff in ein grundrechtliches Abwehrrecht, sondern die Verletzung eines Rechts auf Schutz gegenüber dem Staat [4].
Beide Modelle decken sich im Ergebnis insoweit, als sie ein Recht auf staatlichen Schutz anerkennen. Dieses Recht ergibt sich bezüglich des ISR aus dessen objektiver Wertentscheidung und der Auslegung des Menschenwürdeteils des ISR, wonach den Staat eine Schutzpflicht trifft, die mit den Mitteln der Gesetzgebung verwirklicht werden

---

1   So Kuhlmann, DuD 1993, S. 205 m.w.N.
2   Präve, ZfV 1991, S. 83; ders., VersR 1992, S. 281; TAB 1993, S. 150; Deutsch, NZA 1989, S. 661; allgemein zu diesem Prinzip bei Versicherungen: 14. Tätigkeitsbericht des BfD, S. 157
3   Schwabe, S. 213 ff.; Murswiek, S. 88 ff.
4   Alexy, S. 417 f.; Isensee, S. 32; ähnlich Dietlein, S. 39 m.w.N.

kann[1]. Beteiligt sich das Individuum am sozialen Leben, indem es Verträge abschließt, macht es von der durch Art. 2 I GG gewährleisteten Privatautonomie Gebrauch. Der Staat steht hier vor dem Problem, den beteiligten Parteien möglichst viel Handlungsfreiheit einerseits zu gewähren, andererseits aber dem öffentlichen Interesse widersprechende Beschneidungen grundrechtlicher Rechtsgüter zu verhindern[2]. Ebenso, wie im Bereich der Privatautonomie Art. 2 I GG mit der allgemeinen Handlungsfreiheit nur einen Rahmen für die eigenverantwortliche Disposition über auch grundrechtlich geschützte Positionen wie das Eigentum oder den Beruf vorgibt, bei dem die Verbindlichkeit der konkreten Ausgestaltungsakte des Bürgers von den einfachgesetzlichen Grenzen definiert wird, trifft den Gesetzgeber auch für das ISR eine Pflicht, die Verfügungsgrenzen sowohl dem Staat als auch Privaten gegenüber verbindlich auszugestalten[3]. Der Staat ist nicht nur angehalten, Einschränkungen in gewichtige Grundrechtsschutzgüter selbst zu unterlassen, sondern diese auch aktiv zu schützen[4]. Dies bezieht sich auch auf unmittelbar bevorstehende Gefährdungen[5].

Dabei hat der Staat die Machtverhältnisse zwischen den Beteiligten zu beachten. Einerseits würde die Freiheit des einzelnen unnötig beschränkt, wenn der Staat gerade dort die grundrechtlichen Rechtsgüter in den Vordergrund stellen würde, wo das Individuum von seiner Autonomie - etwa durch Einwilligung, besonders im Bereich der Privatautonomie - besonders stark Gebrauch macht. Umgekehrt wird aber der Schutz dieser Rechtsgüter und damit die Bindung des Privatrechts an die Grundrechte umso wichtiger, je geringer seine Möglichkeiten sind, sich den Handlungen des anderen zu entziehen, weil Abhängigkeiten durch Monopole oder Zwang das Verhältnis bestimmen[6]. Das Unterlassen von Schutz nimmt folglich dann die Gestalt eines Eingriffs an[7], wenn auch die Autonomie des einzelnen keinen verhältnismäßigen Ausgleich

---

1 Püttner/Brühl, JA 1987, S. 293; Hesse in: Benda/Mayhofer/Vogel, S. 94, 103, 105; Donner/Simon, DÖV 1990, S. 909
2 Canaris, JuS 1989, S. 163
3 Ähnlich Bleckmann, JZ 1988, S. 59
4 Donner/Simon, DÖV 1990, S. 917
5 BVerfGE 52, 214 (221); Donner/Simon, DÖV 1990, S. 917 f.; Murswiek, S. 138
6 MDH Art. 3 I, Rn 511; v. Münch/Kunig, Vorb. Art. 1-19, Rn 31; Hesse, Rn 357; Bleckmann, S. 325 ff.; Klein, NJW 1989, S. 1636, 1640; siehe auch BVerfGE 42, 143 (149); 81, 242 (255)
7 Siehe dazu Murswiek, S. 91 ff., 106 ff.; Schwabe, Grundrechtsdogmatik, S. 213 ff.

der Interessen mehr herstellen kann [1]. Das bedeutet aber nicht, daß grundsätzlich ein Mindeststandard an Schutz eingefordert werden kann, wie das im zweiten Abtreibungsurteil des BVerfG anklingt, wenn dort vom "Untermaßverbot" gesprochen wird [2]. Im Dreiecksverhältnis bedeutet die Hinnahme der Beeinträchtigung eines Rechtsgutes eines Bürgers durch einen anderen den Verzicht des Staates auf weiteren Schutz des einen, aus anderer Perspektive aber zugleich der Schutz des einen bereits die Hinnahme der Beeinträchtigung des anderen [3]. Stets wird der Ausgleich durch die Instrumente der Verhältnismäßigkeit gesucht. Untermaß und Übermaß sind demnach zwei Begriffe für dasselbe Phänomen [4].

In einer Entscheidung zur Grenze handelsrechtlicher Wettbewerbsverbote erklärte das BVerfG, die Schranken, die durch die objektiven Grundentscheidungen der Grundrechte der Privatautonomie gezogen würden, seien "unentbehrlich, weil Privatautonomie auf dem Prinzip der Selbstbestimmung beruht, also voraussetzt, daß auch die Bedingungen freier Selbstbestimmung tatsächlich gegeben sind. Hat einer der Vertragsteile ein so starkes Übergewicht, daß er vertragliche Regelungen faktisch einseitig setzen kann, bewirkt dies für den anderen Vertragsteil Fremdbestimmung. Wo es an einem annähernden Kräftegleichgewicht der Beteiligten fehlt, ist mit den Mitteln des Vertragsrechts allein kein sachgerechter Ausgleich der Interessen zu gewährleisten. Wenn bei einer solchen Sachlage über grundrechtlich verbürgte Positionen verfügt wird, müssen staatliche Regelungen ausgleichend eingreifen, um den Grundrechtsschutz zu sichern" [5]. Dieser Appell richtet sich ebenso an die Zivilgerichte, für die eine Pflicht bestehe, "bei der Auslegung und Anwendung der Generalklauseln darauf zu achten, daß Verträge nicht als Mittel der Fremdbestimmung dienen" [6]. Angesichts der Schutzpflicht des Staates kann daher die Privatautonomie entsprechend begrenzt werden durch grundrechtsschützende Gesetzgebung oder Auslegung

---

1 Canaris, JuS 1989, S. 162; Murswiek, S. 242 ff.
2 BVerfGE 88, 203 (254) in Anlehnung an Isensee
3 BVerfGE 81, 242 (255); BVerfG NJW 1994, S. 38 mit dem Hinweis, es dürfe dabei nicht das Recht des Stärkeren gelten; Jeand`Heur, RdJB 1994, S. 96, warnt in diesem Zusammenhang vor einer "Paralysierung" des Abwägungsmodells, die drohe, wenn der traditionelle Abwehrgehalt der Grundrechte angesichts des Untermaßverbotes als Element der Schutzpflicht außer acht gelassen wird
4 Ebenso Starck, JZ 1993, S. 817; Hain, DVBl. 1993, S. 983;
5 BVerfGE 81, 242 (255); ähnlich BVerfG NJW 1994, S. 39; siehe auch BverfGE 86,122
6 BVerfG NJW 1994, S. 2750

bestehender Regeln, insbesondere der Generalklauseln [1]. Da es bisher kaum spezielle Regeln gibt, die das Problem der mangelnden Freiwilligkeit der Einwilligung im Datenschutzrecht normieren [2], bliebe ohne ein Tätigwerden des Gesetzgebers nur die Auslegung durch die Rechtsprechung.

c) Generalklauseln und die Unwirksamkeit der Einwilligung

Daß bei der Erhebung von Daten die Gebote von Treu und Glauben zu beachten sind, ergibt sich nicht nur bereits aus § 242 BGB, sondern wird in § 28 I S.2 BDSG wiederholt [3] und in Art. 5 lit a) der Europäischen Konvention zum Schutz der Menschenrechte deklariert [4]. Als staatliche generalklauselartige Regelungen, die zur Unwirksamkeit der Einwilligung in DNA-Analysen oder in die weitere Verarbeitung ihrer Ergebnisse durch den Arbeitgeber oder den privaten Versicherer führen könnten, wenn die Rechtsprechung als staatliche Gewalt ihrem Schutzauftrag gegenüber dem ISR nachzukommen versucht, kämen § 138 BGB und § 9 AGBG in Betracht [5].

aa) Mangelnde Freiwilligkeit als Element der Sittenwidrigkeit
i.S.d. § 138 BGB

Als Kriterium für Sittenwidrigkeit i.S.d. § 138 gilt allgemein der "Gesamtcharakter" eines Rechtsgeschäft, wie er sich aus der Zusammenfassung von "Inhalt, Beweggrund und Zweck" ergibt [6]. Daß ein Rechtsgeschäft, das einen grundrechtlichen Wert beein-

---

1 Rüfner in: Isensee/Kirchhof V, S. 554, 557 f.; Hesse, Rn 355 f.; BVerfGE 81, 242 (256); BVerfG NJW 1994, S. 38; kritisch zu der soeben dargestellten neueren Tendenz des BverfG: Hillgruber, ZRP 1995, S. 6 ff., wonach die Privatautonomie gerade durch das BVerfG in höchste Gefahr zu geraten drohe.
2 Siehe die Regelungen in einigen Landesdatenschutzgesetzen, wonach unfreiwillige Einwilligungen unwirksam sind und wonach Unfreiwilligkeit vorliegen kann bei unangemessener Drihung mit Nachteilen, bei fehlender Aufklärung oder in sonstiger, gegen die Gebote von Treu und Glauben verstoßender Erlangung von Daten: § 5 III HmbDSG; § 6 IV BlnDSG
3 Darin liegt insoweit "nichts neues", wie Auernhammer, § 28, Rn 32, meint
4 Abgedruckt in: Simitis-Doku. D 3.3; Däubler, S. 89, weist darauf hin, daß die Gerichte im Zweifel eine "völkerrechtkonforme Auslegung" vorzunehmen hätten, siehe auch BVerfGE 58, 233 (254)
5 Wohlgemuth, Datenschutzrecht, Rn 123; Däubler, Arbeitsrecht 2, S. 98 ff.
6 BGH NJW 1994, S. 1279; BGH NJW-RR 1993, S. 246; BGHZ 107, 92 (97)

trächtigt, gegen die guten Sitten verstoßen kann, wurde schon früh von der Rechtsprechung bejaht[1] und später mehrfach bestätigt[2]. Der Begriff der Sittenwidrigkeit wird durch zahlreiche Fallgruppen konkretisiert, die jedoch nicht Ausdruck eines statischen Systems sind, sondern durch ein Zusammenspiel beweglicher Elemente gestaltet werden[3]. So kann ein Element allein zur Sittenwidrigkeit führen, es kann aber auch die Kumulation mehrerer, für sich gesehen rechtmäßiger Elemente dieses Urteil nach sich ziehen.

Die im Rahmen von DNA-Analysen vorliegende Struktur weist Parallelen zu verschiedenen Fallgruppen auf. Sittenwidrigkeit kann sich bei intensiven Beschränkungen der Persönlichkeitsentfaltung ergeben[4], insbesondere, wenn dies durch Ausnutzung von Machtpositionen, etwa im Arbeitsverhältnis, zum Ausdruck kommt[5]. Die Ausnutzung der Vormachtposition kann selbst dann sittenwidrig sein, wenn der Unterlegene von sich aus den Abschluß des Geschäfts anregt[6] und sich dabei auf Nachteile einläßt[7]. Die Sittenwidrigkeit ergibt sich dabei vor allem aus dem Zwang, sich den Bedingungen den anderen Teils unterwerfen zu müssen[8].

Eine Parallele ergibt sich auch zu jenen Fällen, bei denen von einer Kommerzialisierung des Intimbereichs gesprochen wird.

Auf die hiesige Problemlage auch von der Struktur her nicht übertragbar sind allerdings die Rechtsgeschäfte, die als Hauptleistungspflicht ein geschlechtliches Verhalten

---

1 RGZ 128, 92 (95)
2 BGH NJW 1972, S. 1414 f.; LAG Hamm, DB 1969, S. 2353 f., allerdings unter Ableitung über § 134 BGB; BGH NJW 1986, S. 2944 f.; OLG Hamm NJW 1981, S. 465 zum durch Mehrheitsbeschluß der Eigentümer aufgestellten Verbot, in der Wohnung zu musizieren; siehe auch BVerfGE 81, 242 (256); BVerfG NJW 1994, S. 38 f.; Canaris, JuS 1989, S. 164 ff.
3 MüKo-Mayer-Maly, § 138, Rn 22 f.
4 BGH NJW 1986, S. 2043
5 BAG NJW 1991, S. 860 f.; LAG Hamm, BB 1980, S. 105; LAG Berlin, AP Nr. 23; LAG Hamm, DB 1969, S. 2353 f.
6 BGH WM 1985, S. 1269 f.
7 RGZ 62, 264 (266), wonach es unsittlich sei, wenn der einzelne ein ihm tatsächlich zustehendes Monopol dazu mißbraucht, unverhältnismäßige Opfer oder unbillige und unverhältnismäßige Bedingungen aufzuerlegen.
8 BGHZ 19, 85 (94) zur Erhöhung des Standgeldes durch einen Straßeneigentümer um das zwölffache von einem Monat auf den anderen gegenüber einem Straßenhändler: der sich aus dem Monopol ergebende Zwang, sich unbilligen Bedingungen unterwerfen zu müssen, sei sittenwidrig.

festlegen [1]. Dort ist das sittenwidrige Verhalten selbst der Hauptgegenstand des Vertrages, während hier der auf einen rechtmäßigen Pflichtengehalt gerichtete Vertrag von einer Bedingung, nämlich der DNA-Analyse, abhängig gemacht wird, die ihrerseits sittenwidrig sein könnte.

Diese Struktur findet sich aber in folgenden Fällen wieder: der BGH erklärte eine Vereinbarung als sittenwidrig, in der der nicht sorgeberechtigte Elternteil die Nichtausübung seines Umgangsrechts gegen Freistellung von seiner Unterhaltspflicht zusagte [2]. Zwar sei es nicht generell unzulässig, sich zur Nichtausübung des Umgangsrechts zu verpflichten. Das gelte aber dann nicht, wenn eine Kopplung in der Weise vorliege, daß das Sorgerecht als Tauschobjekt benutzt werde [3]. Die Unzulässigkeit ergebe sich in der Regel daraus, daß die beiderseitigen Verpflichtungen als "voneinander abhängige Vereinbarungen" getroffen würden.

Im Arbeitsrecht wurde die Verlustbeteiligung eines Arbeitnehmers als sittenwidrig eingestuft, zu der sich der Arbeitnehmer verpflichtet hatte, um ein weiteres Jahr seinen Arbeitsplatz zu erhalten [4]. Die Übernahme des Betriebs- und Wirtschaftsrisikos des Arbeitgebers durch den Arbeitnehmer ohne nennenswerte Gegenleistung verstoße gegen die guten Sitten wegen ihres Gesamtcharakters aus Inhalt, Zweck und Beweggrund [5]. Das LAG Hamm erklärte eine Bedingung für sittenwidrig, wonach ein Gastwirt die Fälligkeit wesentlicher Lohnteile seiner Serviererin von der Zahlungswilligkeit seiner Gäste abhängig machte. Es handle sich um Umstände, auf die der Arbeitnehmer keinen Einfluß habe [6]. Das gleiche Gericht erklärte die Zusage einer Arbeitnehmerin für nichtig, wonach sie während des Vertragsverhältnisses empfängnisverhütende Medikamente einzunehmen habe [7]. Es liege ein Verstoß gegen Art. 6 IV und I GG sowie gegen Art. 1 I und Art. 2 I GG vor. Das Recht auf freie Entfaltung der Persönlichkeit werde verletzt, wenn das Sexualleben mit dem Recht auf Kindeserzeugung nicht mehr frei ausgeübt werden könne. Die Kindeserzeugung

---

1 AG Halle NJW-RR 1993, S. 1016; BGH NJW 1984, S. 797; BAG NJW 1976, S. 1958 f.; siehe zum Leihmuttervertrag: MüKo-Mayer-Maly, § 138, Rn 60 a m.w.N.; Jauernig, § 134, 3 d, cc; OLG Hamm, NJW 1986, S. 781
2 BGH NJW 1984, S. 1951 ff., siehe auch BGH 1986, S. 1168
3 BGH NJW 1984, S. 1952
4 BAG NJW 1991, S. 860 f.
5 BAG NJW 1991, S. 861
6 LAG Hamm, BB 1980, S. 106
7 LAG Hamm, DB 1969, S. 2353 ff.

könne nicht dadurch behindert werden, daß mit ihr praktisch der Verlust des Arbeitsplatzes verbunden sei [1]. Eine solche höchstpersönliche Entscheidung müsse von "jedem auch nur mittelbarem Zwang" frei sein.

bb) Mangelnde Freiwilligkeit als unangemessene Benachteiligung i.S.d. § 9 AGBG

Werden dem Betroffenen formularmäßige Einwilligungserklärungen [2] abverlangt, so könnte das AGBG anwendbar sein. Auf Arbeitsverträge findet das Gesetz aber gem. § 23 I AGBG keine Anwendung. Die Funktion einer Inhaltskontrolle wird jedoch durch die Arbeitsgerichte aufgrund der §§ 242, 315 BGB ausgeübt [3]. Inwieweit das AGBG in teilweise analoger Anwendung hinzutritt, ist umstritten [4]. Die arbeitsgerichtliche Rechtsprechung tendiert aufgrund des § 315 III BGB zu einer geltungserhaltenden Reduktion an sich unwirksamer Abreden [5]. § 139 ist nicht anwendbar, so daß die übrigen Vertragsbestandteile unberührt bleiben [6]. Auf Versicherungsverträge findet das AGBG grundsätzlich trotz der Ausschlüsse in § 23 I Nr. 6 und III AGBG Anwendung [7]. Demnach ist neben den Normen des VVG auch das AGBG, insbesondere §§ 9 bis 11, anwendbar [8]. Die Literatur spricht sich für eine geltungserhaltende Reduktion aus [9], der BGH tendiert aber zur Totalnichtigkeit unangemessener AVB-Klauseln [10].

Den deutlichsten Bezug zwischen § 9 AGBG und formularmäßigen Einwilligungen

---

1 LAG Hamm, DB 1969, S. 2354
2 Siehe dazu, daß auch Schweigepflichtentbindungsklauseln darunter fallen: Ulmer in: U/B/H, § 1, Rn 19; Palandt-Heinrichs, § 1, Rn 4
3 Däubler, Arbeitsrecht 2, S. 98 ff.; Horn in: W/H/L, § 23, Rn 39; Ulmer in: U/B/H, § 23, Rn 11 ff.
4 Gegen analoge Anwendung des § 9 AGBG: BAG NJW 1985, S. 92; LAG Berlin, NJW 1981, S. 480; ArbG Berlin NJW 1981, 479
5 MüKo-Basedow, § 23, Rn 3 m.w.N.
6 Däubler, Arbeitsrecht 2, S. 102
7 Horn in: W/H/L, § 23, Rn 463; MüKO-Basedow, § 23, Rn 59; BGHZ 83, 169 (172 f.)
8 Prölss in: Prölss/Martin, Vorbem. I C b)
9 MüKO-Basedow, § 23 AGBG, Rn 71 m.w.N.; Horn in W/H/L, § 23, Rn 463 für "klar abtrennbare Klauselteile"
10 BGH NJW 1990, S. 2388; siehe aber andererseits BGHZ 83, 169 (174)

stellte bisher der BGH in seinem Urteil vom 19. 9. 1985 [1] her, wonach eine Formularklausel eines Kreditvertrages, nach der die Bank berechtigt war, alle Daten des Kreditnehmers über die Aufnahme und Abwicklung des Kredits an ein Kreditinformationssystem zur Speicherung zu übermitteln, gegen § 9 AGBG verstößt. Danach besteht bei der Einwilligung in formularmäßiger Form "dann, wenn der Verwender den Abschluß des Vertrages hiervon abhängig macht und der Kunde auf den Vertragsschluß angewiesen ist, die Gefahr, daß ihm jede echte eigene Entscheidung verwehrt ist und seine Einwilligung zu einer reinen Formalität absinkt".

d) Stellungnahme

Es liegt in der Eigenheit der Privatautonomie, daß der Betroffene auf einen Vertragsabschluß als solchen verzichten könnte, um dem vermeintlichen Zwang zur Analyse zu entgehen. Daneben könnte er aufgrund der Konkurrenzsituation auch einen Anbieter wählen, der die Analyse nicht zur Bedingung für den Vertragsschluß macht. Im übrigen ist das Erstreben von Vorteilen unter Hintanstellung anderer Interessen ein Verhalten, daß insbesondere im Bereich der Privatautonomie geradezu erwünscht und gefördert wird. Dabei ist es üblich und typisch, daß ursprüngliche Rechtspositionen teilweise aufgegeben werden, um den erstrebten Vorteil zu erlangen [2].

Dem steht aber entgegen, daß heutzutage der Abschluß eines Versicherungsvertrages, erst recht aber der eines Arbeitsvertrages wohl nicht als entbehrlich bezeichnet werden kann [3]. Auch besteht die Tendenz der Verbände, in denen die Anbieter organisiert sind, durch entsprechende Geschäftsbedingungen oder Absprachen über gemeinsames Verhalten möglichst gleichartige Voraussetzungen in die Vertragsbeziehungen einzuarbeiten, also etwa eine Einwilligung zur DNA-Analyse zur Bedingung zu machen. Dadurch sieht sich der Betroffene häufig einer Situation ausgesetzt, die starke Parallelen zu Monopolstellungen aufweist und durch einen Wechsel des Anbieters keine Änderung verspricht. Dies alles kann zu der faktischen Lage führen, daß der einzelne den erstrebten Zweck in Form des Versicherungs- oder Arbeitsvertrages nicht mehr ohne die daran geknüpfte Bedingung zu realisieren vermag. Auf diese Weise wird die Einwilligung

---

1 Abgedruckt in: Simitis-Doku., Teil E, § 3, E 2 = BGH NJW 1986, S. 47
2 Ähnlich BGH NJW 1994, S. 1279
3 Wiese, S. 40, spricht von "existentieller Bedeutung"

um ihre Freiwilligkeit und damit um ihren die Rechtsgutsverletzung rechtfertigenden Gehalt reduziert. Zwar ist festzustellen, daß diese Umstände zum gegenwärtigen Zeitpunkt explizit noch nicht sehr verbreitet sind. Eine restriktive Behandlung der Einwilligung könnte sich aber bereits heute aus dem Konkurrenzmechanismus der nachfragenden Individuen ergeben. Wer von sich aus in eine an sich unerwünschte Beeinträchtigung seiner Rechtsgüter einwilligt, nur, um sich damit bessere Chancen zum Vertragsabschluß zu sichern [1], beeinträchtigt damit die Verhandlungsposition aller anderen Interessenten, die eine derartige Beeinträchtigung nicht hinnehmen möchten, damit von vornherein einer negativen Bewertung des Vertragspartners unterfielen und entsprechende Nachteile zu dulden hätten. Dieses soziale Phänomen führt zu einem rein tatsächlichen Zwang, eine Einwilligung abzugeben [2]. Die Sanktionierung einer fehlenden, lediglich taktisch-formalen Einwilligung erfolgt damit auf wesentlich subtilere Art, als durch direkte Androhung von Nachteilen seitens des Vertragspartners. Hinzu kommt schließlich, daß die Schutzpflicht des Staates zur Verengung der Zulässigkeit von Einwilligungen umso eher eingreift, je eindeutiger eine Beurteilung der widerstreitenden Rechtsgüter ergibt, daß ohne Schutzmaßnahmen das bedrohte Rechtsgut kaum noch Wirkung entfaltet, weil die Autonomie des einzelnen durch faktischen Zwang leerläuft [3].

Dem ISR der Betroffenen stehen in aller Regel lediglich finanzielle Interessen der Arbeit- und Versicherungsgeber gegenüber, die sich häufig auch durch andere Maßnahmen als DNA-Analysen sichern lassen. Damit liegt eine Mittel-Zweck-Relation vor, die dem überragenden Rang, der dem Schutz von DNA-Daten zukommt, nicht gerecht wird, und angesichts der Schutzpflicht des Staates auch für den Ausgleich der Rechtsgüterkonflikte im Privatrecht einer Korrektur bedarf.

All dies spricht dafür, das Vorherrschen heteronomer Motive bei Einwilligungen in DNA-Analysen vor Vertragsschluß anzunehmen.

Fraglich ist aber, inwieweit dieser die Freiwilligkeit eingrenzende Zwang bei der Einwilligung durch gesetzliche Vorkehrungen in seinen Auswirkungen vermindert werden kann.

---

1   So schon BLAG, S. 116, für den Versicherungsbereich
2   So auch Tünnesen-Harmes, JuS 1994, S. 146; Präve, VersR 1992, S. 281; ders. ZfV 1991, S. 83; Wiese, S. 45, 88; ähnlich auch Wohlgemuth, Datenschutz für Arbeitnehmer, Rn 122
3   Siehe dazu die Ausführungen oben Teil C II 4 e) hh)

Die oben bereits dargestellten Möglichkeiten, die im Versicherungs- und Arbeitsrecht diskutiert werden, weisen sämtlich die Gemeinsamkeit auf, daß sie kein Instrumentarium darstellen, um die Merkmale der Freiwilligkeit lückenlos wiederherzustellen. Mit ihnen wird nicht erreicht, daß der Betroffene auf eine Einwilligung verzichten kann, ohne die beschriebenen Nachteile hinnehmen zu müssen, so daß ihre Wirkung eher formaler Natur bleibt. Das gilt selbst für das an sich bestechende Modell Roses, wonach die Wirksamkeit eines Arbeitsvertrages von der aufschiebenden Bedingung der sich aus einer Genomanalyse ergebenden Eignung abhängen soll, wobei eine zulässige Analyse nur statthaft sein soll, wenn der Bewerber eingewilligt hat [1]. Auch bei diesem Modell wird der Mechanismus des faktischen Zwangs zur Einwilligung nicht beseitigt [2].

Auch durch ein an Arbeitgeber oder Versicherer adressiertes Verbot, nach DNA-Analysergebnissen zu fragen oder die Durchführung der Analyse betreiben zu dürfen oder eine Schweigepflichtentbindung bezüglich des durchführenden Arzt zu erwirken, wäre nur eine Teillösung erreicht, denn das selbsttätige Anbieten entsprechender Handlungen durch den Betroffenen selbst wäre damit noch nicht ausgeschlossen [3]. Im übrigen wäre schon dieses Verbot eine Manifestierung der Auffassung, daß die Einwilligung auf Nachfrage des künftigen Vertragspartners unfrei erfolgt und damit der Betroffene vor den Folgen seiner eigenen Einwilligung zu schützen ist.

Um die Unfreiwilligkeit von Einwilligungen in DNA-Analysen vor Vertragsabschluß zu beheben, ist unter der Prämisse eines lückenlosen Schutzes der Autonomie des einzelnen kein anderes Mittel ersichtlich, als von der Unwirksamkeit solcher Einwilligungen auszugehen [4]. Auch die hohe Intensität der andernfalls vorliegenden

---

1 Rose, S. 149 ff.

2 Abgesehen davon würde es sich bei Realisierung des Vorschlags Roses um eine gesetzlich legitimierte Analyse handeln, die, soweit es sich um DNA-Analysen handeln sollte, bereits aus den oben genannten Gründen auch im Privatrecht einen Menschenwürdeverstoß beinhalten würde.

3 Das berücksichtigt der Beschluß der 71. Arbeits- und Sozialministerkonferenz der Länder vom 8./9. September 1994, in dem es als Vorschlag für ein neues Arbeitsvertragsgesetzbuch heißt: "Die Arbeitgeberin/der Arbeitgeber darf bei der Anbahnung eines Arbeitsverhältnisses die Durchführung von DNA- und Chromosomenanalysen weder fordern noch nach den Ergebnissen bereits durchgeführter DNA- und Chromosomenanalysen fragen oder solche verwerten", indem er gerade auch die Verwertung verbietet, unter die auch die "freiwillig" vom Arbeitnehmer angebotene Analyse beziehungsweise ihr Ergebnis zu subsumieren sein dürfte.

4 Gegen eine Einwilligungsmöglichkeit des Betroffenen im Arbeitsleben auch DSB-Konferenz vom 26./27. Okt. 1989, Genomanalyse und informationelle Selbstbestimmung, in: Simitis-Doku,

(Fortsetzung...)

Rechtsgutsverletzung und die Typisierbarkeit der Fallgestaltung rechtfertigen eine solche Korrektur ungleichgewichtiger Kräfteverhältnisse [1]. Grundsätzlich unwirksam wären demnach auch die selbst angebotene Einwilligung in DNA-Analysen direkt beim oder für den künftigen Vertragspartner in Verbindung mit Schweigepflichtentbindungen des Fachpersonals, das die Analysen vorgenommen hat, die vermeintlich freiwillige persönliche Vorlage von Befundauskünften aus solchen Untersuchungen und die Einwilligung in die weitere Verarbeitung der Daten. Als Ausnahme hiervon könnte die vertragliche Abmachung zur Mitteilung von Informationen aus Analysen zulässig sein, soweit dies den Zulässigkeitsvoraussetzungen entspräche, die bereits für gesetzliche oder richterrechtliche Offenbarungspflichten dargestellt wurden [2]. In diesem Rahmen könnte eine vertragliche Schweigepflichtentbindung als zulässig angesehen werden. Der Umstand, daß derjenige, der keine solche Analyse hat durchführen lassen und dies auch nicht möchte, damit letztlich besser behandelt wird, müßte angesichts des Rechts auf Nichtwissen hingenommen werden. Die Unwirksamkeit könnte sich jedoch gegenwärtig in allen genannten Fällen erst als Konsequenz eines korrigierenden Eingriffs der Rechtsprechung im Rahmen zivilrechtlicher Generalklauseln ergeben [3]. Zweifelhaft erscheint, ob dies ausreichen kann, einen effizienten Schutz zu gewährleisten. Wegen der Tendenz zur geltungserhaltenden Reduktion dürfte die soeben diskutierte Unwirksamkeit der Einwilligung kaum den Arbeits- oder Versicherungsvertrag selbst ergreifen. Dennoch würde aber die Erhebung und Verarbeitung der Daten mit der dargestellten Auslegung grundsätzlich unbefugt und damit rechtswidrig sein und der Strafvorschrift des § 43 BDSG unterfallen. Danach

---

4 (...Fortsetzung)
F 51; gegen eine gesetzliche Zulassung der DNA-Analyse im Arbeits- und Versicherungsverhältnis: 14. Tätigkeitsbericht des BfD, S. 105; für ein Verbot im Arbeitsbereich: Jahresbericht 1990 des LfD Berlin, S. 77; Unwirksamkeit gem. § 138 BGB ablehnend Wiese, S. 48 f., 78 f., der sich allerdings im Ergebnis für ein Verbot der DNA-Analyse im Privatversicherungsrecht und ein Verbot mit Erlaubnisvorbehalt im Arbeitsrecht ausspricht.

1 Das BVerfGE entlehnt die Möglichkeit zu einer solchen Korrektur aus Art. 2 I i.V.m. Art. 20 I, 28 I GG: BVerfG NJW 1994, S. 2750

2 Siehe dazu die Darstellung oben Teil C, II 4 f)

3 BVerfG NJW 1994, S. 38 f.; BGH NJW 1994, S. 1727

ist aber die unbefugte [1] Erhebung, soweit sie im privaten Bereich nicht aus Dateien gem. § 43 I Nr. 3 BDSG stattfindet, nicht strafbewehrt [2], sondern lediglich die Speicherung, Veränderung oder Übermittlung gem. § 43 I Nr. 1 BDSG [3]. Auch § 203 StGB trifft nicht unmittelbar jeden Vertragspartner, sondern allenfalls das private Versicherungsunternehmen und seine Angehörigen gem. § 203 I Nr. 6 StGB oder den Arzt gem. § 203 I Nr. 1 StGB, und auch sie nur, soweit die Befunde unbefugt offenbart werden, nicht jedoch, soweit eine Erhebung in Form der DNA-Analyse ohne wirksame Einwilligung durchgeführt wird.

Unbefugt ist die Offenbarung, wenn sie nicht nach einschlägigen gesetzlichen Regelungen oder allgemeinen Rechtsgrundsätzen gerechtfertigt ist. Befugt handelt insbesondere derjenige, der durch Einwilligung gerechtfertigt ist [4].

Darüber hinaus ist nur § 223 StGB anwendbar, soweit mit der Analyse eine Körperverletzung einhergeht, was bei Anwendung der modernen Methoden immer zweifelhafter wird. Hinzu kommt, daß es sich gem. § 43 IV BDSG, § 205 I und § 232 I StGB lediglich um Antragsdelikte handelt [5].

Ein öffentlich-rechtlicher Schutz gegen die Erhebung oder Verarbeitung von Daten aus DNA-Analysen außerhalb des Dateibegriffs ist damit nicht gegeben, ein zivilrechtlicher Schutz über § 134 BGB scheidet folglich ebenfalls aus. Deshalb und aus Gründen deklaratorischer Normenklarheit würde sich ein ausdrückliches und einheitliches, strafbewehrtes Verbot der Erhebung, Weitergabe und weiterer Verarbeitung oder Nutzung von DNA-Analysen und ihrer Ergebnisse für den Bereich der Privatautonomie anbieten. Es könnte mit einem Erlaubnisvorbehalt für die Fälle kombiniert werden, in denen die Freiwilligkeit unbeeinträchtigt bleibt.

---

1 Die Befugnis ist ein allgemeiner Rechtfertigungsgrund, der in den Normen des BDSG oder anderer Vorschriften über den Datenschutz liegen kann: Ordemann/Schomerus, § 43, 4.; Auernhammer, § 43, Rn 5

2 Ordemann/Schomerus, § 43, 2.2, 3.; Auernhammer, § 43, Rn 1, 4

3 Dagegen ist die unbefugte Erhebung in zahlreichen LDSG strafbewehrt, siehe die Nachweise bei Ordemann/Schomerus, § 43, 8.

4 Dreher/Tröndle, § 203, Rn 27; Lackner, § 203, Rn 18, vor § 201, Rn 2; Schönke/Schröder-Lenckner, § 203, Rn 21 f.

5 Das Antragserfordernis fehlt hingegen in einigen LDSG, siehe die Nachweise bei Ordemann/Schomerus, § 43, 8.

e) Einwilligung nach Vertragsschluß

Die Bedingtheit zwischen Analyse und begehrtem Zweck, dem Vertragsschluß, könnte im Privatrecht mit dieser Zäsur enden. Werden nach Vertragsschluß DNA-Analysen oder deren Ergebnisse verlangt, so dienen sie aber ebenfalls Zwecken, die Rückwirkung auf das Leistungsverhältnis haben können. So wären im Versicherungsrecht Leistungsausschlüsse, Beitragserhöhungen oder Kündigungen [1], im Arbeitsrecht Umsetzungen, Änderungskündigungen oder gesetzliche Arbeitsverbote [2] als Konsequenzen anwendbar. Droht damit nachträglich der Entzug des angestrebten Zweckes, so weist das Verhältnis zwischen Freiwilligkeit und Zwang auch nach Vertragsschluß gleiche Strukturen auf, wie vorher. Soweit, wie etwa im Arbeitsrecht beim Schutz vor Gefahrstoffen, die Untersuchung auch zugunsten des Betroffenen erfolgen soll, kann dieser Zweck auch durch entsprechende Analysen erreicht werden, die der Betroffene selbst bei einer Fachperson seiner Wahl durchführen lassen kann [3], ohne deshalb Ergebnisse daraus mitzuteilen. Auch hier gilt außerdem die Ausnahme der vertraglichen Offenbarungspflicht in dem Rahmen, der bereits oben definiert wurde [4].

f) Ergebnis

Einwilligungen in DNA-Analysen im Privatrechtsverhältnis sind unwirksam, wenn sie unfreiwillig zustande gekommen sind. Unfreiwilligkeit liegt auch im Privatrecht dann vor, wenn es aufgrund von Zwang, mangelnder Alternativität und einem Mißverhältnis zwischen Mittel und Zweck und den dahinter stehenden Rechtsgütern zu der Einwilligung gekommen ist, so daß heteronome Motive bei deren Abgabe überwiegen. Der darin liegende Mangel an Autonomie löst eine Schutzpflicht des Staates dahingehend aus, die Verzerrung der Privatautonomie zu korrigieren. Dies kann der Staat durch den Erlaß von Gesetzen oder die korrigierende Auslegung und Anwendung der zivilrechtlichen Generalklauseln leisten. Um einen effizienten Schutz zu gewährleisten, bietet sich auch für den Bereich der Privatautonomie ein strafbewehrtes

---

1 Siehe dazu die Darstellung oben, Teil B II 2 b), c)
2 Wiese, DuD 1993, S. 279
3 Donner/Simon, DÖV 1990, S. 917
4 Siehe oben Teil C, III 5 c) und zuvor II 4 f)

Verbot mit Erlaubnisvorbehalt der Erhebung, Weitergabe und sonstigen Verarbeitung oder Nutzung von Daten durch oder aus DNA-Analysen an.

Zulässig sind hingegen Einwilligungen, die sich im Rahmen der Restriktionen halten, die bereits hinsichtlich der Offenbarungspflichten dargestellt wurden.

g) Einwilligung in DNA-analytische Individualisierungsmaßnahmen

Es wäre denkbar, daß künftig insbesondere im Versicherungsbereich Einwilligungen auch für DNA-Analysen verlangt werden, die der Identitätsfeststellung dienen. Mithilfe solcher, zumeist im nichtkodierenden Teil der DNA durchgeführter Analysen könnten Versicherer auch außergerichtlich Schadensfälle zu klären versuchen, so bei Verkehrsunfällen oder Fällen von Versicherungsbetrug [1].

Da es sich bei DNA-analytischen Individualisierungsmaßnahmen nicht um einen Menschenwürdeverstoß handelt, könnten gesetzliche Eingriffserlaubnisse normiert werden, so daß für diesen Bereich nicht von der ausschließlichen Zulässigkeit aufgrund Einwilligung auszugehen wäre. Einwilligungen wären grundsätzlich als wirksam anzusehen, weil die gewonnenen Daten keine Aussagen über die genetische Konstitution des Betroffenen erlauben, wesentlich geringere Sensibilität aufweisen und damit das Verhältnis zwischen Mittel, der DNA-analytischen Identifikation, und Zweck, der Klärung vertragserheblicher Tatsachen, die Schwelle zur Unwirksamkeit nicht überschreiten würde. Das könnte aber nur gelten, soweit vertragliche oder gesetzliche Sicherungsmaßnahmen, die denen ähneln müßten, die für den Strafprozeß entwickelt wurden [2], vor allem die Feststellung von Überschußinformationen wirksam ausschließen.

h) DNA-Analysen zur Gesundheitsvorsorge

aa) Einwilligung zur Erhebung wirksam ?

Läßt jemand ausschließlich aus Eigeninteresse an seiner Gesundheit eine DNA-Analyse vornehmen, so besteht keine Verbindung zu Zwecken, die außerhalb dieses Interesses

---

1 Brinkmann/Wiegand, VersMed 1993, S. 185, 187 f. mit Beispielen aus der gerichtsmedizinischen Praxis
2 Siehe oben, Teil C II 4 b)

liegen. Wenn daher keine heronomen Einflußfaktoren die Freiwilligkeit modifizieren, ist für diesen Bereich von einer autonomen Entscheidung auszugehen, die grundsätzlich wirksam sein muß [1].

bb) Anwendbarkeit datenschutzrechtlicher Einwilligungsstandards auf die Erhebung von DNA-Daten

Da für den privaten Bereich die Erhebung, soweit das BDSG anwendbar ist, nicht zum datenschutzrechtlichen Prinzip des Verbots mit Erlaubnisvorbehalt zählt [2], weil dieses an eine Verarbeitung oder Nutzung von Daten gekoppelt wird, ohne daß dabei die Erhebung einbezogen würde, wie aus § 4 I BDSG hervorgeht, würde man zu dem merkwürdigen Ergebnis kommen, daß die Erhebung von DNA-Daten ohne gleichzeitige Speicherung zumindest im privaten Bereich einfachgesetzlich erlaubt sei [3]. Dann wäre selbst eine Einwilligung überflüssig, weil ihr Rechtfertigungselement obsolet wäre.

Dies widerspricht aber den bisher gefundenen Ergebnissen, wonach sowohl bereits verfassungsrechtlich gesehen auch die Erhebung personenbezogener Daten einer Rechtfertigung bedarf, soweit es sich um genetische Daten handelt, als auch eine Einwilligung prinzipiell geeignet ist, die potentielle Rechtsgutsverletzung von vornherein zu legitimieren.

Dieser Bruch zwischen verfassungsrechtlicher und einfachgesetzlicher Rechtslage kann mit der durch die Drittwirkung im Privatrecht nur mittelbaren Einstrahlungswirkung des ISR und der bisher im Datenschutzrecht verbreiteten Auffassung, die Gefährdung des ISR steige mit der Automatisierung des Datenumgangs, erklärt werden. Die bisherige

---

1 Ebenso: Wiese, S. 96

2 Tinnefeld/Ehmann, S. 101

3 Siehe dazu, daß bereits für den öffentlichen Bereich die weitergehende Regelung des § 13 BDSG "nicht so recht in das System des BDSG zu passen scheint": Auernhammer, § 13, Rn 3; soweit die Daten in Krankenhäusern anfallen, gilt einerseits, daß Krankenhäuser grundsätzlich als öffentlich-rechtliche Wettbewerbsunternehmen i.S.d. § 12 II Nr. 1 BDSG anzusehen sind (siehe Schaffland/Wiltfang, § 12, Rn 6; Tinnefeld/Ehmann, S. 70), so daß sie an sich wie nicht-öffentliche Stellen gem. § 28 BDSG behandelt werden könnten. Andererseits ist aber der Datenschutz im Krankenhaus teilweise durch Krankenhausdatenschutzgesetze der Länder geregelt, die gem. § 12 II, 1. H.S. Vorrang haben (siehe Bergmann/Möhrle/Herb, Ziff. 3.3.2.). Dort wird die Erhebung von Daten bereits weitgehend unter das Prinzip des Verbots mit Erlaubnisvorbehalt durch Gesetz oder Einwilligung gestellt.

Untersuchung hat aber gezeigt, daß beim Umgang mit genetischen Daten gerade in der Erhebung bereits eine besonders sensible Phase vorliegt. Das rechtsstaatliche Prinzip des Vorrangs der Verfassung gebietet es daher, den verfassungsrechtlich gebotenen Schutz vor Datenmißbrauch auch im Rahmen einer Drittwirkung nicht ohne Grund unterschiedlich zu handhaben. Bei gleichartiger Gefährdungsintensität ist daher auch gleichartiger Schutz zu gewähren. Die Einwilligungsbefugnis des Betroffenen als Ausdruck seiner verfassungsrechtlich abgeleiteten Autonomie kann folglich bei der Erhebung von DNA-Daten nicht stärker eingeschränkt werden, als bei der weiteren Verarbeitung dieser Daten, die erst durch die weitere Einwilligung des Betroffenen ihre Legitimation erhält.

Der Schutz der Einwilligung durch Konkretisierung der an sie gerichteten Anforderungen ist daher, soweit sie sich nicht bereits ohnehin aus der verfassungsrechtlichen Schutzpflicht des Staates ergibt, durch analoge Anwendung der datenschutzrechtlichen Einwilligungsstandards auch bei der Erhebung von DNA-Daten zu gewährleisten [1]. Daher kommen etwa konkludente Einwilligungen in die Erhebung von DNA-Daten nicht in Betracht [2].

cc) Ergebnis

Die datenschutzrechtlichen Einwilligungsstandards gelten auch bei der Erhebung von Daten durch DNA-Analysen.

dd) Einwilligung zur Weitergabe notwendig ?

Zur Problematik der Offenbarungspflichten wurde bereits gefragt, inwieweit gesetzliche Eingriffsgrundlagen die Übermittlung der einmal erhobenen Daten rechtfertigen können. Dabei wurde festgehalten, daß aufgrund der ausschließlichen Zulässigkeit der Erhebung im Rahmen einer Einwilligung eine gesetzliche Zulässigkeit weiterer Verarbeitungs-vorgänge nicht in Betracht kommen kann, sondern auch dann nur die Einwilligung

---

1 Dazu, daß sich durch die Struktur des BDSG problematische Schutzlücken ergeben: Dammann in Simitis, § 3, Rn 107
2 Im Ergebnis ebenso: Cramer, S. 190 m.w.N.; Deutsch, NZA 1989, S. 659; a.A. Laufs/Laufs, NJW 1987, S. 2263 zum Thema "Aids"

etwa eine Weitergabe rechtfertigen kann [1]. Nichts anderes gilt indes, wenn nicht der Betroffene selbst, sondern ein anderer, nämlich der Arzt, die Weitergabe vorzunehmen gedenkt. Auch dieses Vorgehen bedarf daher einer wirksamen Einwilligung des Betroffenen [2].

ee) Anwendbarkeit datenschutzrechtlicher Einwilligungsstandards

Daher könnten auch die ausgestaltenden Regelungen der Datenschutzgesetze wie etwa § 4 BDSG zur Einwilligung in weitere Vorgänge neben der Erhebung beachtlich sein. Dazu müßten die Datenschutzgesetze im Arztrecht überhaupt anwendbar sein. Ob dies nicht nur im Wege der Analogie [3], sondern auch direkt zu bejahen ist, hängt für zahlreiche Datenschutzgesetze [4] davon ab, ob neben der Voraussetzung, daß mit personenbezogenen Daten umgegangen wird, auch eine dateimäßige Verarbeitung [5] vorliegt.

Für den öffentlichen Bereich regeln den Datenschutz bei Ärztekammern, kassenärztlichen Vereinigungen und Krankenhäusern landesrechtliche Datenschutzgesetze. Das BDSG mit seinem dritten Abschnitt ist einschlägig für private Arztpraxen und Krankenhäuser, Kliniken und betriebsärztliche Dienste in privater Trägerschaft [6].

(1) Automatisierte Datei

Zur direkten Anwendbarkeit des BDSG wäre, zumindest im privaten Bereich gem. § 27 I S. 1 BDSG, erforderlich, daß genetische Daten in oder aus Dateien verarbeitet

---

1 Siehe dazu Däubler, BB 1989, S. 285; a.A. offenbar Bergmann/Möhrle/Herb, § 39, Rn 18
2 Siehe DSB-Konferenz vom 14. März 1986 zum Datenschutz im Krankenhaus in: Simitis-Doku., F 31
3 Siehe dazu soeben, Teil C III 5 g) bb)
4 Siehe zu den Ausnahmen Ordemann/Schomerus, § 3, 17
5 Der Hamburgische Datenschutzbeauftragte hält die Differenzierung des BDSG nach Dateien und Akten im nicht-öffentlichen Bereich für einen "gravierenden Mangel" und die Regelung mit ihren Konsequenzen "für verfassungswidrig": 11. Tätigkeitsbericht 1992, S. 9 ff.
6 Schlund in: Laufs/Uhlenbruck, § 76, Rn 18 f.

oder genutzt werden [1]. Eine Datei gem. § 3 II Nr. 1 BDSG setzt voraus, daß eine Datensammlung automatisiert auswertbar ist. Die Datensammlung kann sich auch auf einem Datenträger, etwa einem Magnetband, befinden [2]. Die Auswertbarkeit bezieht sich dabei mindestens auf zwei Merkmale mit bestimmten Begriffsinhalt [3]. Die enthaltenen Daten müssen einen inneren Zusammenhang aufweisen [4]. Auswerten ist jedes Nutzen der Daten. Die Kenntnisnahme genügt hierfür [5].

Auch Video- und Tonaufzeichnungen erfüllen den Dateibegriff, wenn eine Auswertung technisch möglich ist [6]. Nicht notwendig ist, daß in der Sammlung Daten mehrerer Personen enthalten sind [7]. Als automatisierte Datei gilt etwa eine digitalisierte Fingerabdrucksammlung mit automatisierter Vergleichsmöglichkeit [8].

Schon heute ist es möglich, Bandenmuster per Computer auszuwerten. Dabei werden die Längendifferenzen der Banden dadurch errechnet, daß man die Zahl der Nukleotide, aus denen die einzelnen DNA-Fragmente bestehen, eingibt und zueinander ins Verhältnis setzt [9]. Überdies ist es bald möglich, die Bandenmuster sogleich durch eine Kamera zu erfassen und dieses Bild dann in seine Struktur zu zerlegen [10]. Damit sind aber auch die Grundsteine dafür gelegt, die Bandenmuster automatisiert zu verarbeiten. Eine Auswertbarkeit derartig gespeicherter Datensätze nach verschiedenen Merkmalen ist leicht vorstellbar. Auswertbar wäre nach Fragmentlängen, eingesetzten Sonden, Identitäten und den Zusatzangaben des Wissenschaftlers, der die Analyse vorgenommen hat. In Betracht käme etwa der Vergleich der Bandenmuster verschiedener Personen bei der indirekten DNA-Analyse.

---

1 Auf diese Frage wird im rechtswissenschaftlichen Schrifttum bisher nicht eingegangen. Lediglich indirekte Andeutungen finden sich bei: Tinnefeld, NJW 1993, S. 117; Gretter, ZRP 1994, S. 25
2 Schaffland/Wiltfang, § 3, Rn 98
3 Schaffland/Wiltfang, § 3, Rn 97; Bergmann/Möhrle/Herb, § 3, Rn 28
4 Bergmann/Möhrle/Herb, § 3, Rn 26; Dammann in Simitis, § 3, Rn 65
5 Dammann in Simitis, § 3, Rn 71
6 Bergmann/Möhrle/Herb, § 3, Rn 31
7 Ordemann/Schomerus, § 3, 4.2; Dammann in Simitis, § 3, Rn 68
8 Tinnefeld/Ehmann, S. 87; Dammann in Simitis, § 3, Rn 76
9 Reichelt, S. 46, 62
10 TAB 1993, S. 155

(2) Nicht-automatisierte Datei

Den Dateibegriff erfüllt aber auch jede nicht automatisierte Datei i.S.d. § 3 II Nr. 2 BDSG, soweit sie gleichartig aufgebaut ist und nicht nur ausgewertet, sondern auch nach bestimmten Merkmalen geordnet und umgeordnet werden kann. Die Ordnungsmerkmale können durch Felder auf gleichartigen Formularen oder durch Numerierungen vorgegeben sein [1]. Ist derart eine Ordnung nach mindestens zwei Merkmalen möglich, so reicht dies auch zur Umordnung aus [2]. Entsprechend ist auch für das Auswerten nichts weitergehendes zu fordern [3].

Unter den Dateibegriff fallen daher entsprechende Karteikartensammlungen [4], im äußersten Fall schon dann, wenn zwei gleichstrukturierte Datenträger zusammengelegt werden [5]. Mikrofilme, Foto- und Lichtsatzfolien sollen indes nicht dazu gehören [6]. Daß die Bandenmuster von untersuchten Personen isoliert abgelegt werden und damit wie Karteikarten behandelt werden, ist praktisch nicht anzunehmen. Werden dagegen Aussagen der Muster in Karteikarten übertragen oder als deren Teil abgelegt, so liegt eine Karteikartensammlung vor. Diese Aussagen unterscheiden sich dann für die hier nötige Beurteilung nicht von anderen Informationen, die auf gleichartige Felder von Karteikarten übertragen werden [7]. Solche Karteien wären ebenso zu beurteilen wie Patientenkarteikarten [8] als Teil der Krankenunterlagen und damit als Datei anzusprechen [9].

---

1 Ordemann/Schomerus, § 3, 4.4
2 Bergmann/Möhrle/Herb, § 3, Rn 37
3 Dazu und zum Vorhergehenden: Dammann in Simitis, § 3, Rn 80 ff.; siehe auch Berg-mann/Möhrle/Herb, § 3, Rn 37
4 OLG München, NJW 1982, S. 244; BayOLG, DÖV 1981, S. 800; Schaffland/Wiltfang, § 3, Rn 98
5 Schaffland/Wiltfang, § 3, Rn 100
6 Dammann in Simitis, § 3, Rn 83
7 Bongen/Kremer, NJW 1990, S. 2913
8 Dazu Dammann in Simitis, § 3, Rn 83; siehe auch Tinnefeld/Ehmann, S. 88, für Karteien und Sammlungen von Mikrofiches
9 In der Literatur wird weitgehend vertreten, daß Krankenunterlagen den Datenschutzgesetzen unterfallen: Deutsch, S. 176 m.w.N.; Lemke, DuD 1982, S. 28 f. m.w.N.; Körner-Dammann, NJW 1992, S. 730; Bongen/Kremer, NJW 1990, S. 2913 m.w.N.

ff) Ergebnis

Bandenmuster von DNA-Analysen, die aus gesundheitlichen Gründen veranlaßt wurden, gehören zu den Krankenunterlagen und unterfallen regelmäßig dem Dateibegriff des § 3 II BDSG.

gg) Datenschutzrechtliche Anforderungen an eine Einwilligung

Da somit das BDSG grundsätzlich anwendbar ist, ist auch die Aussage des § 4 BDSG zur Einwilligung als Erlaubnistatbestand beachtlich.
Daß sich in den Kommentierungen zu dieser Norm die Gebote der Freiwilligkeit und Widerruflichkeit und die These der Unwirksamkeit von Pauschaleinwilligungen wiederfinden, erweist sich als Aufnahme verfassungsrechtlich abgeleiteter Erkenntnisse [1]. Die Geltung auch und gerade im Privatrecht ist insoweit schlüssige Folge der staatlichen Schutzpflichtinterpretation. Sie wird einfachgesetzlich konkretisiert und um die in § 4 II BDSG [2] genannte Hinweispflicht und das Schriftformerfordernis ergänzt. Die Hinweispflicht gilt nur bei "Einholung" der Daten, also wenn der Betroffene seine Daten nicht von sich aus zur Verfügung stellt [3], was im Rahmen von DNA-Analysen selten der Fall sein dürfte. Die Schriftformverletzung führt zur Nichtigkeit der Einwilligung gem. §§ 125, 126 BGB [4], es sei denn, es liegt eine Ausnahme i.S.d. § 4 III BDSG vor.

hh) Verringerung der Anforderungen durch die ärztliche Schweigepflicht ?

Es besteht allerdings die Möglichkeit, daß die durch Datenschutzgesetze formulierten Anforderungen [5] an wirksame Einwilligungen durch Gewohnheitsrecht auf einen

---

1 Siehe dazu bereits oben Teil C, II 4 e) hh)
2 Siehe zur ähnlichen Ausgestaltung in den Landesgesetzen
3 Auernhammer, § 4, Rn 12; Dörr/Schmidt, § 4, Rn 7; Bergmann/Möhrle/Herb, § 4, Rn 46 f.; Tinnefeld/Ehmann, S. 104
4 Tinnefeld/Ehmann, S. 104; Auernhammer, § 4, Rn 14; Ordemann/Schomerus, § 4, 6.1; Bergmann/Möhrle/Herb, § 4, Rn 58
5 Von einem "Regelungswirrwarr" spricht Hanisch, BayVBl. 1983, S. 241, angesichts der verschiedenen landesrechtlichen Regeln zum Verhältnis zwischen Schweigepflicht und
(Fortsetzung...)

niedrigeren Standard abgesenkt werden könnten. Damit fragt sich zunächst, ob Geheimhaltungspflichten gegenüber dem BDSG Vorrang haben. Dies bezieht sich auch auf gesetzliche und nicht auf Gesetzen beruhende Berufs- oder besondere Amtsgeheimnisse i.S.d. § 1 IV S. 2 BDSG. Hierzu gehört auch die ärztliche Schweigepflicht, wie sie von der Rechtsprechung entwickelt wurde [1] und in den ärztlichen Berufsordnungen als autonomes Satzungsrecht der Ärtzekammern verbindliches Recht ist [2], sowie das Sozialgeheimnis gem. § 35 SGB 1 [3] und das Personalaktengeheimnis [4] als teilweise [5] nicht geregeltes Geheimnis [6].

Die ärztliche Schweigepflicht kann nach der bisherigen, noch nicht die DNA-Analyse berücksichtigenden Rechtslage auf verschiedene Weise durchbrochen werden, so etwa im Rahmen des § 100 I SGB X, wonach der Arzt zur Offenbarung von Gesundheitsdaten gegenüber dem Sozialversicherungsträger verpflichtet ist [7] oder gem. §§ 254, 255 SGB V, wonach Ärzte eine Aufzeichnungs- und Übermittlungspflicht bezüglich der von ihnen erbrachten Leistungen gegenüber den Krankenkassen und kassenärztlichen Vereinigungen haben. Die Speicherung und Übermittlung erfolgt weitgehend auf maschinenlesbaren Datenträgern [8]. Ähnliches gilt gem. §§ 108, 111 SGB V für die Krankenhäuser. Zur Leistungskontrolle und Abrechnung sind dabei auch Befund beziehungsweise Diagnose mitzuteilen [9].

Ob die Pflichten und Geheimnisse i.S.d. § 1 IV S. 2 BDSG tatsächlich unberührt bleiben und damit neben dem BDSG gelten und welche Folgen dies hat, wird nicht einheitlich betrachtet.

---

5 (...Fortsetzung)
Datenschutzrecht
1 Bergmann/Möhrle/Herb, § 1 Rn 53
2 Siehe § 2 der Berufsordnung; siehe auch Deutsch, S. 181 f.; Hollmann, MedR 1992, S. 177 f.; Auernhammer, § 1, Rn 29 m.w.N.; Walz in Simitis, § 1, Rn 294; Cramer, S. 236 ff. m.w.N.
3 Walz in Simitis, § 1, Rn 290; anders Auernhammer, § 1, Rn 28, der das Sozialgeheimnis unter § 1 IV S. 1 BDSG subsumiert
4 Walz in Simitis, § 1, Rn 196
5 Walz in Simitis, § 1, Rn 296
6 Siehe zu den beiden letztgenannten Geheimnisarten die Ausführungen oben zum Sozialversicherungs-, Privatversicherungs- und Arbeitsrecht, jeweils zur Problematik der Offenbarungspflichten.
7 Siehe dazu Schulz-Weidner, S. 441 f.; Cramer, S. 260 ff.
8 Schlund in: Laufs/Uhlenbruck, § 34, Rn 18 ff.
9 Schlund in: Laufs/Uhlenbruck, § 34, Rn 26 ff; siehe dort auch zu Löschungs- und Auskunftspflichten Rn 29 f.

Relevant wird eine verschiedene Sichtweise bei der ärztlichen Schweigepflicht, soweit es um Verarbeitung von Daten aus Dateien geht, denn dann würde das BDSG mit § 4 II je nach Sichtweise hinzutreten und somit möglicherweise strengere Anforderungen stellen, als die gewohnheitsrechtliche Ermächtigung [1].

Andernfalls wäre etwa die Außerachtlassung der Schriftform bei der Schweigepflichtentbindung kein Nichtigkeitsgrund gem. §§ 126, 125 BGB i.V.m. § 4 II BDSG [2].

Auch wäre eine mutmaßliche Einwilligung in die Offenbarung von Patientendaten als zulässig anzusehen [3], obwohl sie im engeren Bereich des § 4 BDSG nicht wirksam ist [4].

Walz meint, der Vergleich mit der früheren Fassung in § 45 S. 2 Nr. 1 BDSG 1977, wo den gesetzlichen Geheimhaltungspflichten ein Vorrang eingeräumt worden ist, ergäbe auch angesichts von Sinn und Zweck der jetzigen Regelung, wie er aus der Amtlichen Begründung [5] hervorgehe, auf die sich mit gleicher Tendenz auch Auernhammer beruft [6], daß das Unberührtbleiben für diese gesetzlichen Pflichten auch weiterhin als genereller Vorrang zu lesen sei [7]. Das impliziert die Möglichkeit eines Zurückbleibens hinter dem Standard des BDSG bei derart vorrangigen Regeln [8].

---

1 Zwar sind die Offenbarung durch den Arzt und die Übermittlung i.S.d. Datenschutzgesetze nicht deckungsgleich, soweit der Arzt Daten mitteilt, die nicht in seinen Unterlagen oder in einer Datei festgehalten sind, worauf Einwag, ArztuR 4/1992, S. 7 zutreffend hinweist. Für den speziellen Bereich der DNA-Analyse ist aber von einer Deckungsgleichheit deshalb auszugehen, weil deren Ergebnisse stets Teil der Krankenunterlagen sein werden, wie oben bereits dargestellt wurde. Vergleiche zur ärztlichen Schweigepflicht im Rahmen des Monitoring zu Forschungszwecken: Helle, MedR 1996, S. 13 ff. (16 f.); siehe auch zur fünften Novelle des AMG, insbesondere der dortigen Regelung der Einwilligung: Laufs, NJW 1995, S. 1592 f.
2 Gegen diese Auslegung: Simitis in Simitis, BDSG 1977, § 3, Rn 58
3 Gegen diese Auslegung: Schaffland/Wiltfang, § 4 Rn 12 m.w.N.; Simitis in Simitis, BDSG 1977, § 3, Rn 66 m.w.N.
4 Auernhammer, § 4, Rn 14; Schaffland/Wiltfang, § 4, Rn 17; Simitis in Simitis, BDSG 1977, § 3, Rn 66, 71
5 BT-Drs. 11/4306, S. 39
6 Auernhammer, § 1, Rn 29
7 Walz in Simitis, § 1, Rn 297; Auernhammer, § 1, Rn 29
8 Ordemann/Schomerus, § 1, 7.2, meinen, vor dem Hintergrund einer bereichsspezifischen Regelung spiele "der Regelungsgegenstand des jeweils in Betracht kommenden Gesetzes . . . ebensowenig eine Rolle", wie die möglicherweise schwächere Ausgestaltung im Vergleich zum BDSG; siehe auch Auernhammer, allerdings bezüglich der Entbindung von der ärztlichen Schweigepflicht, die sich nach seiner Ansicht nach Bundesrecht, nämlich dem von der Rechtsprechung entwickelten

(Fortsetzung...)

Hält man sich dagegen mit Dörr/Schmidt an den Wortlaut der Neufassung, so würde auch für gesetzliche Geheimhaltungspflichten gelten, daß sie nur insoweit Wirkung entfalten könnten, als sie einen engeren Rahmen als das BDSG vorgeben, und zwar bis zu einem "absoluten Verbot" [1]. Auch Einwag meint, die ärztliche Schweigepflicht überlagere das BDSG und verdränge es nur insoweit, als es engere Voraussetzungen aufstelle [2]. Diese Meinungen erweisen sich als zugkräftiger, weil es mit den Anforderungen des ISR, insbesondere dem Gesetzesvorbehalt, nicht vereinbar wäre, Gewohnheitsrecht, das weder den Ansprüchen der Normenklarheit noch infolgedessen der expliziten Zweckbindung genügt, als Einbruchstelle eines geringeren Standards hinzunehmen.

Der Arzt als Geheimnisträger hat deshalb die Schweigepflicht zu beachten, soweit sie kongruent oder enger gefaßt ist, als das Datenschutzrecht. Ist das nicht der Fall, hat er zusätzlich das Datenschutzrecht zu beachten [3]. Daher überlagern die engeren Einwilligungserfordernisse des Datenschutzrechts prinzipiell die ärztliche Schweigepflicht.

Die Rechtsprechung tendiert ebenfalls in diese Richtung. Die Übermittlung von Patientendaten an ärztliche Verrechnungsstellen ist nach Ansicht des BGH nur mit Zustimmung des Patienten zulässig [4]. Dabei reicht eine konkludente Einwilligung nicht aus, auch dann nicht, wenn auf diese Erwartung durch schriftlichen Hinweis im Wartezimmer aufmerksam gemacht wird. Es sei auch nicht maßgebend, ob der Empfänger selbst der ärztlichen Schweigepflicht unterliege. Das BVerfG hat bestätigt, daß gesetzliche Regelungen, die eine externe Verarbeitung oder Mikroverfilmung medizinischer Daten verbieten wollen, verfassungsgemäß sein können [5].

Nach alledem ist festzuhalten, daß ärztlicherseits eingeleitete Übermittlungsvorgänge,

---

8 (...Fortsetzung)
   Gewohnheitsrecht zu § 203 StGB beurteile: § 1, Rn 29
1 Dörr/Schmidt, § 1, Rn 22; Walz in Simitis, § 1, Rn 299 m.w.N., bezeichnet dieses System als "Zwei Schranken Theorie".
2 Einwag, ArztuR 4/1992, S. 7 f. bezüglich der Übermittlung von Daten durch den Arzt an Dritte und bezüglich des Schriftformerfordernisses bei Einwilligungen; ähnlich Körner-Dammann, NJW 1992, S. 730; Hanisch, BayVBl. 1983, S. 236
3 Ebenso auch Tinnefeld/Ehmann, S. 50 f. mit Nennung eines plastischen Beispiels
4 BGHZ 115, 123 = NJW 1991, S. 2955 ff.; BGH NJW 1992, S. 2348; siehe auch OLG Düsseldorf NJW 1994, S. 2421 ff.; Schlund in: Laufs/Uhlenbruck, § 75, Rn 56 ff.
5 BVerfG NJW 1991, S. 2952

die sich auf Patientendaten beziehen jedenfalls bei Befunden aus DNA-Analysen unzulässig sind, wenn nicht eine wirksame Einwilligung des Patienten vorliegt. Eine konkludente oder mutmaßliche Einwilligung genügt nicht [1].

Dieses Ergebnis entspricht den Folgerungen, die oben zur Problematik der Offenbarungen durch den Betroffenen selbst gezogen wurden. Soweit aber dort die Einwilligung unwirksam wäre, wenn sie sich auf die Offenbarung von künftigen Umständen bezöge, kann hier nichts anderes gelten. Grund hierfür war allerdings der Bezug zu Leistungsbeziehungen mit der Gefahr entsprechender Leistungsverweigerungen oder -kürzungen. Nur, wenn dies nicht der Fall ist, die Weitergabe also etwa zur Seuchen- oder Geschlechtskrankheitenbekämpfung erfolgt [2], kann von den genannten Restriktionen abgewichen werden.

ii) Ergebnis

Offenbarungen durch den Arzt an Dritte aus DNA-Analysen sind nur zulässig, wenn der Betroffene eingewilligt hat.

Die datenschutzrechtlichen Einwilligungstandards werden durch die ärztliche Schweigepflicht nicht herabgesetzt. Die Spezialität der ärztlichen Schweigepflicht reicht nur soweit, als sie engere Anforderungen aufstellt. Subsidiär bleiben die Datenschutzgesetze anwendbar. Einwilligungen in Offenbarungen aus DNA-Analysen durch den Arzt können nur insoweit zulässig sein, als sie sich nicht auf künftige Umstände beziehen. Eine Ausnahme können solche Offenbarungen bilden, die nicht in Leistungsbeziehungen zwischen dem Betroffenen und Dritten wie etwa Sozialversicherungsträgern eingreifen.

jj) Dritteinwilligung für den Nasciturus

Auch die Daten des Ungeborenen sind durch das ISR geschützt [3]. Ergibt sich die Einwilligungsbefugnis aus der im ISR verankerten Autonomie des einzelnen, so kommt

---

1 Siehe auch Bongen/Kremer, NJW 1990, S. 2912, 2914 f.; Körner-Dammann, NJW 1992, S. 730 f.
2 Siehe die Beispiele bei Deutsch, S. 184; Schaffland/Wiltfang, § 39, Rn 6 f.
3 Siehe die Ausführungen oben Teil C, I 1 a)

sie damit theoretisch auch dem Ungeborenen zu. Praktisch allerdings kommen lediglich die Eltern in Betracht, um stellvertretend für ihn eine Einwilligung in eine DNA-Analyse abzugeben.

Die Eltern haben dabei grundsätzlich sowohl das Recht als auch die Pflicht, Pflege und Erziehung der Kinder i.S.d. Art. 6 II S. 1 GG zu gewährleisten. Gem. 1912 II i.V.m. § 1626 I BGB konkretisiert sich das in den §§ 1626 ff BGB einfachgesetzlich geregelte Elternrecht als vorwirkende Fürsorge bereits vor der Geburt [1], und zwar analog zum Beginn der Grundrechtsträgerschaft spätestens mit dem Zeitpunkt der frühestmöglichen DNA-Analyse [2].

Die Einwilligungsbefugnis des Ungeborenen unterliegt aber nicht in vollem Umfang einer Transformation auf die Eltern. Vielmehr wird deren Recht zur Dritteinwilligung durch die Schranken des verfassungsrechtlichen Elternrechts selbst begrenzt. Art. 6 II S. 1 GG ist ein "dienendes Grundrecht", welches durch seine Schutzrichtung selbst grundsätzlich nur zum Nutzen und zum Wohle des Kindes Anwendung finden kann [3].

Eine naturwissenschaftliche Methode, die das aktive Schöpfen von Wissen über das ungeborene oder geborene Kind aus seiner DNA ermöglicht, ist daher nur insoweit zu rechtfertigen, als sie einem Zweck dient, der dessen eigene, persönliche Interessen verfolgt.

Bei dieser Zwecksetzung wären DNA-Analysen des Kindes, die nicht darauf abzielen, Leben und Gesundheit des Kindes zu befördern, von der Einwilligungsbefugnis der Eltern nicht mehr gedeckt [4]. Daher sind DNA-Analysen, die nach nicht behandelbaren Krankheiten oder Abtreibungsgründen fahnden, ein unzulässiger Eingriff in das ISR des ungeborenen bzw. geborenen Kindes [5].

Allerdings könnte durch eine Analyse auch behandelbarer Krankheiten durch die Eltern in das Recht auf Nichtwissen des Kindes eingegriffen werden, wenn es durch die

---

1 Gernhuber/Coester-Waltjen, S. 899f., 1008, 1085; Cramer, S. 70
2 Stürner, JZ 1990, S. 723; Vollmer, S. 135; Cramer, S. 70 plädieren für den Beginn der Fürsorge mit dem Zeitpunkt der Konjugation
3 BVerfGE 59, 360 (376 ff.); BGHZ 66, 334 (337); BGH NJW 1974, S. 1949; MüKo-Hinz, § 1626, Rn 5 ff.; Angela Schmidt, S. 125
4 Cramer, S. 73; Vollmer, S. 139, 141; BLAG, S. 73 ff.
5 DSB-Konferenz vom 26./27. Okt. 1989, Genomanalyse und informationelle Selbstbestimmung, in: Simitis-Doku., F 51; TAB 1993, S. 92; Chancen und Risiken, S. 152 f.; Gutachten Simon, S. 201; Angela Schmidt, S. 125 f.

eingeleitete Behandlung Kenntnis über das Ergebnis erlangt. In aller Regel werden aber Behandlungsmaßnahmen und Symptome zeitlich parallel verlaufen oder so verknüpft sein, daß ohne Behandlung die Symptome erneut oder stärker zutage treten, so daß der Betroffene auch ohne Behandlung von seiner Erkrankung Kenntnis erhält [1], mithin kein zusätzlicher Eingriff vorliegt.

kk) Ergebnis

Die Einwilligungsbefugnis der Eltern für ihre Kinder kann nur insoweit zulässig ausgeübt werden, als sie i.S.d. Art. 6 II S. 1 GG und der §§ 1912 II, 1626 ff. BGB zugunsten des geborenen oder ungeborenen Kindes eingesetzt wird. DNA-Analysen sind daher nur dritteinwilligngsfähig, wenn sie nach behandelbaren Krankheiten suchen.

ll) Offenbarung gegenüber Angehörigen

Vor dem Hintergrund der Regeln über die Vererbung wird offensichtlich, daß die Informationen, die dem Betroffenen aufgrund einer DNA-Analyse durch seinen ihn beratenden Arzt zugänglich gemacht wurden, auch für Angehörige von höchstem Interesse sein können. Daher fragt sich, ob der Betroffene oder der Arzt an solche Dritte herantreten dürfen, um sie auf mögliche Gefahren für die eigene Gesundheit oder für die Familienplanung aufmerksam zu machen.

Zu einer Offenbarung als Durchbrechung der ärztlichen Schweigepflicht bedürfte der Arzt zunächst der Einwilligung des Betroffenen, weil es sich um dessen höchstpersönliche Daten handelt, die durch Analyse seiner eigenen DNA entstanden sind [2]. Der Drittbezug dieser Daten mag zwar ausreichen, um Angehörigen ebenfalls ein Recht zur Einwilligung in die Offenbarung zu geben. Es ist aber zu bedenken, daß es sich im einen Falle um eine Einwilligung in einen Übermittlungsvorgang zwischen Arzt und Angehörigen handelt, im anderen Falle um eine Einwilligung in einen Eingriff in das Recht auf Nichtwissen im Rahmen eines Auskunftsverlangens der Angehörigen dem Arzt gegenüber. Die Einwilligung in die Entgegennahme der Auskunft vermag

---

1 Bei der Cystischen Fibrose etwa wirkt sich eine frühzeitige Behandlung zwar lindernd aus, kann aber die Symptome nicht zurückdrängen.
2 Ebenso Cramer, S. 239; a.A. Spann/Liebhardt/Penning in: Kamps/Laufs, S. 30 ff.

aber die Einwilligung in den Übermittlungsvorgang nicht zu ersetzen, ohne letztere der Arzt die Schweigepflicht gegenüber dem Analyseveranlasser verletzen würde [1]. Umgekehrt könnte der Arzt zwar durch den Ratsuchenden von seiner Schweigepflicht entbunden werden, eine Auskunft an Angehörige würde indes deren Recht auf Nichtwissen verletzen.

Auch der Betroffene selbst dürfte unter diesem Gesichtspunkt seine eigenen Daten seinen Angehörigen insoweit nicht mitteilen, als sie kongruent mit Daten des Angehörigen sind. Allerdings wird diese Beschränkung durch soziale Realitäten modifiziert. Einerseits können Angehörige auch ohne ihren Willen schon vor der Analyse durch die Beobachtung von Symptomen Kenntnisse erlangen, die Rückschlüsse auf ihre eigene Veranlagung zulassen, andererseits wird das Verhalten des Betroffenen, insbesondere therapeutische Maßnahmen nach der Analyse, solche Rückschlüsse ermöglichen. Aus dem Verbot aktiver Information kann folglich kein Gebot des Verheimlichens abgeleitet werden. Das Recht auf Nichtwissen wird daher zumindest durch die sozialen Ausprägungen der Lebens- und Schicksalsgemeinschaft blutsverwandter Angehöriger beschränkt.

Grundsätzlich ist dennoch festzuhalten, daß sowohl der Arzt als auch der Ratsuchende die Analyse-Ergebnisse nur inwoweit aktiv weitergeben dürfen, als der Analyseveranlasser und der Angehörige eingewilligt haben. Daraus folgt die grundsätzliche Unzulässigkeit der "aktiven" genetischen Beratung Angehöriger [2].

---

1 Rogall, NStZ 1983, S. 414; Cramer, S. 246
2 DSB-Konferenz vom 26./27. Okt. 1989, Genomanalyse und informationelle Selbstbestimmung, in: Simitis-Doku., F 51; Chancen und Risiken, S. 153; BLAG, S. 60 f. mit Einschränkungen; TAB 1993, S. 87 f.; Gutachten Simon, S. 183; Cramer, S. 256, 265; abzulehnen daher Gretter, ZRP 1994, S. 24 ff., die eine gesetzliche Informationspflicht der zuständigen Gesundheitsbehörden gegenüber denjenigen Angehörigen fordert, die als unwissende betroffene Genträger nichts von ihrem Erkrankungsrisiko wissen und keine gesundheitsbewahrenden Maßnahmen ergreifen könnten. Gretter verkennt aber, daß jeder einzelne selbst und freiwillig an sich eine Analyse durchführen lassen kann, so daß eine gesetzliche Informationspflicht unverhältnismäßig erscheinen muß. Den Umstand, daß der einzelne die Notwendigkeit einer Eigenanalyse und möglicher Therapiemaßnahmen nicht einzuschätzen vermag, kann er durch die Einwilligung in die Information durch den verwandten Analyseveranlasser selbst ausgleichen. Willigt dieser nicht ebenfalls ein, was ohnehin sehr selten eintreten dürfte, bleibt wiederum die freiwillige Eigenanalyse. Eine gesetzliche Mitteilungspflicht, selbst, wenn sie lediglich formal auf das Vorliegen relevanter Analyseergebnisse beim verwandten Analyseveranlasser hinweisen würde, könnte sich einer

(Fortsetzung...)

mm) Ergebnis

Der die DNA-Analyse durchführende Arzt darf Angehörige nur dann über sie betreffende Ergebnisse informieren, wenn der Analyseveranlasser selbst und der betroffene Angehörige eingewilligt haben.

Aktive genetische Beratung ist damit unzulässig. Der Analyseveranlasser darf einen Angehörigen nur aktiv informieren, wenn der Angehörige eingewilligt hat.

nn) Anonymisierung

Soweit die Erhebung von Daten aus DNA-Analysen zulässig ist, weil eine wirksame Einwilligung vorliegt, ist auch die weitere Verarbeitung und Nutzung zunächst nur zulässig, soweit sich die Einwilligung auf sie erstreckt [1]. Fehlt es an einer entsprechenden Einwilligung für weitere Verarbeitungsvorhaben, so läge ein Eingriff in das ISR vor. Er könnte durch eine nachträgliche Anonymisierung gedeckt werden. Dies gilt jedenfalls für die echte Anonymisierung, weil sie keine personenbezogenen Daten mehr hinterläßt [2]. Die für Wisenschaft und Forschung notwendige Nutzung von Gesundheitsdaten bedarf aber weitgehend einer Form der Anonymisierung, bei der nachträgliche Rückmeldungen, Berichtigungen und Ergänzungen möglich bleiben müssen [3]. Daher kommt in diesen Fällen nur mehr die "unechte" oder faktische Anonymisierung in Betracht, bei der indes die Daten ihren Personenbezug prinzipiell behalten, weil mit unverhältnismäßig

---

2 (...Fortsetzung)
in das Recht auf Nichtwissen eingreifenden vorwirkenden Aussage auch nicht entledigen, wenn sie nicht grundsätzlich bei jedem, also auch dem negativ befundeten Analysevorgang, angeordnet würde. Ein durch den Analyseveranlasser aktualisiertes Recht auf Wissen des Verwandten gegenüber der Gesundheitsbehörde würde aufgrund des zusätzlichen Übermittlungs- und Speicherungsaufwandes einen Eingriff in das ISR des Veranlassers darstellen, der angesichts der für den Verwandten gegebenen Alternative und der beschriebenen sozialen Realitäten nicht erforderlich wäre.

1 Auernhammer, § 4, Rn 8; Schaffland/Wiltfang, § 4, Rn 13; Bergmann/Möhrle/Herb, § 40, Rn 17; Simitis in Simitis, BDSG 1977, § 3, Rn 83 f.
2 Siehe bereits oben Teil C, II 1 a) bb)
3 Einwag, ArztuR 5/1992, S. 8; Schrage, RDV 1990, S. 117; Ordemann/Schomerus, § 40, 2.3; Dammann in Simitis, § 3, Rn 216

großem Aufwand der Bezug zwischen Datum und Person herstellbar ist [1]. Bestimmte Verschlüsselungsmethoden lassen daran zweifeln, ob der Aufwand unverhältnismäßig wäre, so daß bei deren Anwendung noch nicht einmal überhaupt von einer Anonymisierung zu sprechen wäre.

Die Datenschutzgesetze mit ihren Anonymisierungstatbeständen reichen nicht aus, um eine derartige Weiterverarbeitung nur faktisch oder gar nicht anonymer Daten ohne Einwilligung des Betroffenen zu legitimieren. Einerseits sind die dortigen Erlaubnistatbestände [2] gegenüber der überaus hohen Sensibilität der Daten aus DNA-Analysen zu weit gefaßt [3], andererseits vermögen sie nicht den Grundsatz zu durchbrechen, daß die Disposition über Datenerhebung und -verarbeitung, die nur aufgrund Einwilligung zulässig ist, grundsätzlich für alle Phasen beim Betroffenen verbleibt, solange es sich um personenbezogene Daten handelt [4]. Ausnahmen können allenfalls in bereichsspezifisch und präzise zweckgebundenen Regeln mit restriktiven Sicherungsmaßnahmen gesehen werden [5], die bisher im Bereich der Genomanalyse nicht existieren.

Folglich kommen entsprechende, den Personenbezug bestehenlassende An-onymisierungen grundsätzlich nur insoweit in Betracht, als der Betroffene mit der

---

1 Lemke, DuD 1982, S. 28; Bergmann/Möhrle/Herb, § 3, Rn 112; Auernhammer, § 3, Rn 47; Dammann in Simitis, § 3, Rn 202
2 Für das BDSG handelt es sich um die §§ 14 II Nr. 9, 15 I i.V.m. 14 II Nr. 9, 16 I i.V.m. 14 II Nr. 9, 28 II Nr. 2, 28 I Nr. 4
3 Einwag, ArztuR 4/1992, S. 7; Ordemann/Schomerus, § 40, 1.4
4 Siehe dazu auch Einwag, ArztuR 5/1992, S. 7 ff., wonach die Führung von Krebsregistern nur mit Einwilligung des Patienten oder auf anonymer Basis zulässig sein kann; siehe auch Wellbrock, DuD 1994, S. 251 f.; Schrage, RDV 1990, S. 117 f., beide zu den Einwilligungsmodellen bei Krebsregistern; insbesondere die Landesdatenschutzgesetze gehen allerdings unter bestimmten Voraussetzungen davon aus, daß ein Unterbleiben der Einwilligung die Zulässigkeit weiterer Verarbeitung nicht aufhebt, selbst, wenn die Daten nicht nur für wissenschaftliche Zwecke erhoben oder gespeichert wurden, wie dies § 40 BDSG voraussetzt, siehe die Nachweise bei Ordemann/Schomerus, § 40, 4
5 Siehe dazu bereits oben zu den erforderlichen Restriktionen der Offenbarungspflichten im Rahmen der ärztlichen Schweigepflicht: Teil C, III 5 g) ff); siehe auch § 8 Krebsregistergesetz, BT-Drs. 12/8417, 12/8287, 12/7726, 12/6478 und die Darstellung hierzu bei Wellbrock, DuD 1994, S. 254; siehe auch Hollmann, MedR 1992, S. 181

weiteren Verwendung seiner Daten aus DNA-Analysen einverstanden ist [1]. Dann sind sie allerdings geeignet, seinen Entschluß zugunsten der weiteren Verwendung zu befördern und können durch verschiedene Modelle verwirklicht werden [2].

oo) Ergebnis

Soweit es sich nicht um echte Anonymisierungen handelt, die für Wissenschafts- und Forschungszwecke weitgehend unerwünscht sind, ist die nach der Erhebung von DNA-Daten stattfindende Anonymisierung nur unter zusätzlicher Einwilligung des Betroffenen zulässig.

---

1 Siehe DSB-Konferenz vom 4./5. Okt. 1990 zur Erarbeitug von Krebsregistergesetzen in Bund oder Ländern in: Simitis-Doku., F 59; ebenso auch 14. Tätigkeitsbericht des BfD, S. 105
2 Siehe dazu die Diskussion um die verschiedenen Krebsregistermodelle bei Hollmann, MedR 1992, S. 180 f.; Schrage, RDV 1990, S. 116 ff.; Wellbrock, DuD 1994, S. 251 ff.; Einwag, ArztuR 5/1992,S. 7 ff.; siehe auch Dammann in Simitis, § 3, Rn 211 ff.

Teil D Regelungsmöglichkeiten

I. Spezialgesetze in den USA und Europa [1]

Bisher befinden sich die Bestrebungen zu normativer Gestaltung der Genomanalyse in den USA und Europa noch weitgehend im Vorbereitungsstadium [2].

1. Situation in den USA

In den USA liegt die Gesetzgebungskompetenz für diese Materie bei den einzelnen Bundesstaaten [3]. Die Situation ist geprägt durch die bisherige allgemeine Gesetzgebung auf Bundesebene, durch "punktuelle und rudimentäre Gesetzgebung" auf Landesebene [4], durch case-law [5] und durch Empfehlungen von Kommissionen [6] und Leitlinien der Versicherer [7].

Grundsätzlich existiert ein Recht auf Privatheit, das durch ein Recht, alleingelassen zu werden und ein Recht auf Datenschutz konkretisiert wird [8]. Genetische Daten unterfallen zunächst den allgemeinen landesrechtlichen Regeln über medizinische

---

1 Dieser Teil befindet sich weitgehend auf dem Stand von November 1994.
2 Der folgende Überblick beschränkt sich auf eine Darstellung der auffälligsten Entwicklungen in diesem Bereich. Eine eingehendere Untersuchung würde den Rahmen dieser Arbeit sprengen und wäre einer separaten Abhandlung vorzubehalten.
3 Ostrer et. al., Am.J.Hum.Gen., 1993, S. 571; Wulfsberg/Hoffmann/Cohen, JAMA 1994, S. 220 f.; Wiesenbart in: Eser, Humangenetik, Bd. 2, S. 273
4 Annas, JAMA 1993, S. 2349; siehe auch Ostrer et.al., Am.J.Hum.Genet. 1993, S. 574
5 Siehe die Beispiele bei Wulfsberg/Hoffmann/Cohen, JAMA 1994, S. 219 f. zum genanalytisch festgestellten Alpha1-Antitrypsin-Mangel; siehe auch Robinson, Can.Med. Assoc.J. 1994, S. 725
6 So etwa der Equal Employment Opportunity Commission, die als Bundeseinrichtung die Durchsetzung des Americans With Disabilities Act überwacht und 1991 restriktiv festgelegt hat, daß zum Schutzbereich des Gesetzes keine Prädispositionen zählen: siehe dazu Wulfsberg/ Hoffmann/Cohen, JAMA 1994, S. 220
7 Zu derartigen Modellregeln: Ostrer et. al., Am.J.Hum.Gen.1993, S. 571
8 Annas, JAMA 1993, S. 2347 m.w.N.

Daten, die in diesem Zusammenhang nicht für ausreichend gehalten werden [1]. Spezifische datenschutzrechtliche Normen über die dateimäßige Verarbeitung von DNA-Daten existieren zur Zeit nicht, obwohl es in einigen Staaten Regelungsansätze zur Einwilligung, Einsicht und Auskunft über DNA-Daten gibt [2].

Im Gesundheits- und Versicherungswesen können als Bundesrecht allenfalls der Employee Retirement Income Security Act of 1974 (ERISA) [3] und der Americans With Disabilities Act of 1990 (ADA) [4] herangezogen werden. Beide Gesetze schließen vom Wortlaut her genetische Analysen nicht ein und sind daher nur mit großem Interpretationsaufwand anwendbar [5].

Auf Landesebene existieren Gesetze mit generalklauselartigen Aussagen, die eine "unfaire Diskriminierung" bei Versicherungen verbieten [6]. Es ist aber unklar, ob der Ausschluß von gegenwärtig oder künftig Versicherten dieses Verbot aktualisiert. Speziellere Regeln haben lediglich einige U.S.-Staaten erlassen. Normierungsgegenstand und -weite differieren dabei erheblich. So werden in einigen Staaten lediglich einige benannte heterozygote Erkrankungen dem Schutz vor Diskrimierung unterstellt, während in Wisconsin Krankenversicherern verboten wurde, den Versicherungsschutz von DNA-Tests abhängig zu machen [7].

Das DNA-Fingerprinting wurde durch die Rechtsprechung grundsätzlich als zulässig eingestuft [8]. Neuere Entscheidungen werden dahingehend interpretiert, daß die Speicherung von Fingerprints Verurteilter für künftige Abgleiche auch dann zulässig sein kann, wenn die Analyse nicht zu Zwecken des konkreten Strafverfahrens veranlaßt

---

1 The Clinton Blueprint, S. 136 ff.; Privacy Protection Study Commission; Annas, JAMA 1993, S. 2346 ff. m.w.N.
2 Annas, JAMA 1993, S. 2349
3 29 U.S.C. §§ 1001-1381 (West 1985)
4 42 U.S.C.A. §§ 12101-12213 (West 1991)
5 Ostrer et.al., Am.J.Hum.Gen. 1993, S. 571 ff. m.w.N.; Wulfsberg/Hoffmann/Cohen, JAMA 1994, S. 220 f. m.w.N.
6 Ostrer et.al., Am.J.Hum.Genet. 1993, S. 574; Wulfsberg/Hoffmann/Cohen, JAMA 1994, S. 220 f.
7 Annas, JAMA 1993, S. 2349; Ostrer et.al., Am.J.Hum.Genet. 1993, S. 574; Wulfsberg/Hoffmann/Cohen, JAMA 1994, S. 221
8 United States v Jakobetz, 955 F.2d 786 (2nd Cir 1992); Daubert v Merrell Dow Pharmaceuticals, 113 S.Ct. 2786 (1993); siehe zur Entwicklung des Meinungsstandes innerhalb der Rechtsprechung in den USA die umfangreiche Darstellung bei Henke, Der Amtsvormund 1995, S. 796 ff.

war [1]. Bezogen auf das genetische Screening wurde 1982 auf nationaler Ebene durch eine Studienkommission des Präsidenten die Einhaltung von fünf Grundsätzen empfohlen [2]. Dabei wird die Übermittlung von bei Genomanalysen erhobenen Daten an Dritte von der Zustimmung des Betroffenen abhängig gemacht, jedoch insofern eingeschränkt, als Verwandte bei drohendem Eintritt eines erheblichen Schadens auch gegen den Willen des Betroffenen informiert werden dürfen. Ein Auskunftsanspruch des Betroffenen wird zwar generell gewährt, aber durch die Bindung an die "Umstände" wieder stark eingeschränkt. Die Speicherung von Daten solle codiert erfolgen, jedoch nur, soweit der Zweck der Speicherung dies gebiete [3]. Weitere Empfehlungen und Analysen folgten in Berichten des beim U.S. Congress angesiedelten Office of Technology Assessment [4].

2. Situation in Europa

Die Situation in Europa ist ebenfalls lediglich von Ansätzen gesetzgeberischen Tätigwerdens geprägt.

Das Europäische Parlament hat im Jahre 1989 eine Entschließung zu den ethischen und rechtlichen Problemen der Genmanipulation verabschiedet [5]. Darin ruft es eine Kommission ins Leben, die sich mit den Problemen der Thematik befassen soll und nimmt in zahlreichen Punkten Stellung zur Genomanalyse. Darin heißt es unter Punkt 12 a, Genomanalysen sollten ausschließlich auf dem Prinzip der Freiwilligkeit basieren. In Punkt 18 wird gefordert, genetische Daten von Arbeitnehmern dürften nicht gespeichert werden und müßten vor Mißbrauch durch Dritte geschützt werden. In Punkt 19 wird klargestellt, daß Versicherungen keinen Anspruch auf die Durchführung von oder die Mitteilung von Ergebnissen aus genetischen Analysen hätten. Für das

---

1 Annas, JAMA 1993, S. 2347: ". . . making us a nation of suspects"; Jones v Murray, 962 F.2d 302 (4th Cir 1992); Wash v Olivas, 856 P.2d 1076 (Washington 1993)
2 President's Commission for the Study of Ethical Problems in Medicine an Behavioral Research, Creening an Counseling for Genetic Conditions, Splicing Life, A Report on the Social and Ethical Issues of Genetic Engineering with Human Beings, 1982, S. 41 ff. ; zitiert nach: Wiesenbart in: Eser, Humangenetik, Bd. 2, S. 276, Fn 13
3 Zu den Grundsätzen insgesamt: Wiesenbart in: Eser, Humangenetik, Bd. 2, S. 176 f.
4 OTA, Mapping our genes - the genome projekt 1988; OTA, Medical testing and health insurance 1988; OTA, Cystic fibrosis and DNA tests 1992; OTA, Genetic tests and health insurance 1992
5 BR-Drs. 217/89 vom 13. 04. 1989 = BT-Drs. 11/4341

gerichtliche Verfahren wird in Punkt 21 gefordert, daß nur Verfahren angewandt werden dürften, die keine Rückschlüsse auf die Erbinformation insgesamt zuließen.

Die Entschließung basiert auf einem Bericht des Ausschusses für Recht und Bürgerrechte [1], der sich mit den Anwendungsbereichen und sozialen Auswirkungen der Genomanalyse auseinandersetzt.

Ein vom Ministerkomitee des Europarates eingesetztes Ad-hoc-Komitee von Experten im Bereich biomedizinischer Wissenschaften (CAHBI) hat im Jahre 1989 den Entwurf einer Empfehlung über pränatales genetisches Screening, pränatale genetische Diagnostik und darauf bezogene genetische Beratung vorgelegt [2].

Darin werden 13 Prinzipien aufgestellt und erläutert. Nach Prinzip 11 soll die Erhebung, Verarbeitung und Speicherung von Daten aus diesem Bereich nur zum Zweck medizinischer Diagnose, Behandlung und Vorsorge erfolgen [3].

Die Übermittlung der erhobenen Daten soll gemäß Prinzip 12 nur in dem Umfang erlaubt sein, wie dies normalerweise für Gesundheitsdaten in Anlehnung an das nationale Recht geschieht [4].

Inzwischen sind zwei weitere Berichte des Gremiums herausgekommen, die sich mit Screenings für Gesundheitsvorsorgezwecke [5] und dem Einsatz der DNA-Analyse im Strafprozeß [6] beschäftigen.

Zur Zeit wird an einer internationalen Konvention gearbeitet, die den Menschenrechts-

---

1 Europäisches Parlament, Sitzungsdokumente, Dokument A2-0327/88

2 Council of Europe, CAHBI-GT-GS (89) 2, Addendum I, S. 3, Draft Recommendation on Prenatal Genetic Screening, Prenatal Genetic Diagnosis and Associated Genetic Counselling and Draft Explanatory Memorandum; im Original abgedruckt auch bei: Wiesenbart in: Eser, Humangenetik, Band 1, S. 308 ff.

3 Dies soll geschehen in Anlehnung an die "Convention for the protection of individuals with regard to automatic processing of personal data ansd Committee of Ministers Recommendation No. R (81) 1 on regulations for automated medical data banks"

4 Zu beiden Prinzipien siehe: Eser, Humangenetik, Bd. 1, S. 311

5 CAHBI (91) 17, Addendum I, Revised, Strasbourg, 17 December 1991, Final Activity Report, Draft Recommendation on Genetic Testing and Screening for Health Care Purposes

6 CAHBI (91) 17, Addendum II, Revised, Strasbourg, 17 December 1991, Final Activity Report, Draft Recommendation on the Use of Analysis of Deoxyribonucleic Acid (DNA) Within the framework of the Criminal Justice System

schutz angesichts der neuen Analysetechnik definieren soll [1]. Dieser kontrovers diskutierte und mehrmals geänderte Entwurf einer "Bioethik-Konvention"[2] sieht in Artikel 17 und 18 vor, daß prädiktive genetische Analysen nur für Zwecke der Wissenschaft oder der Gesundheitsvorsorge zulässig sein sollen und daß die Offenlegung der Ergebnisse solcher Analysen außerhalb des Gesundheitsbereichs nur zulässig sein soll, soweit sie durch Gesetz erlaubt wird und ein überragendes Interesse besteht [3].

Eine längere Vorgeschichte ging auch der Europäischen Datenschutzrichtlinie voraus, wie sie als Ergebnis eines "gemeinsamen Standpunktes" am 20.02.1995 vorgelegt wurde [4]. Art. 8 der Richtlinie sieht vor, daß die Mitgliedsstaaten die Verarbeitung personenbezogener Daten neben anderen Kategorien auch über die Gesundheit untersagen. Dieses Gebot wird jedoch wieder eingeschränkt durch Ausnahmetatbestände, die sich sogleich im zweiten Absatz anschließen. Danach gelten ausdrückliche Einwilligungen des Betroffenen, erforderliche Verarbeitungsformen im Bereich des Arbeitsrechts, der Schutz lebenswichtiger Interessen, Zwecke des Gesundheitswesens oder der medizinischen Diagnostik sowie zahlreiche weitere Tatbestände als Ausschließungsgründe. Die Schutzintensität für Daten aus DNA-Analysen kann angesichts dieser Systematik nur als äußerst gering angesehen werden. Die Richtlinie

---

1 Kokkonen, AnnMed 1993, S. 509, mit dem Hinweis, daß die bisherigen drei Berichte sehr wichtige Entscheidungen den jeweiligen nationalen Gesetzgebern überlassen haben, was darauf zurückzuführen sei, daß selbst fundamentale ethische Prinzipien auf verschiedene Art auslegbar sein können; siehe auch die Anfrage der Abgeordneten Brigitte Adler, SPD, in: BT-Drs. 12/8214, Anfrage Nr. 9 = NJW 1994, Heft 34, S. XVI

2 Parliamentary Assembly, opinion No. 184 (1995) on the draft Bioethics Convention; EOPIN 184.WP,1408-2/2/95/-8-E.

3 Zur Tragweite dieses Vorbehalts: Giesen, MedR 1995, S. 357; siehe auch: Das Parlament, 15. 7.1994: "Europarat strebt gesamteuropäische Rechtsnormen an: Entwurf für Bioethik-Konvention"; zur Kritik in Deutschland: ZRP 1995, S. 40 (Kritik der damaligen Bundesjustizministerin Leutheuser-Schnarrenberger); ZRP 1995, S. 237 f. (Kritik des Bundesrates); Vultejus, ZRP 1995, S. 49, der Art. 18 an sich befürwortet, aber eine Klarstellung für nötig hält, wonach zumindest eine gesetzliche Grundlage für die Weitergabe von genetischen Testergebnissen vorauszusetzen ist, die Weitergabe an Arbeitgeber gar gänzlich zu verbieten sei; Die Tageszeitung, 4. 10. 1994: "Keine medizinischen Experimente mit Behinderten"; Hamburger Abendblatt, 4. 10. 1994: "Proteststurm gegen Bioethik-Konvention - Behinderte als Versuchsobjekt ?"; Der Spiegel, 41/1994, S. 221: "Stille Praxis"

4 Abgedruckt bei Kopp, DuD 1995, S. 215 ff., zur Vorgeschichte siehe dort, S. 204 m.w.N.

ist insofern ausfüllungsfähig und ausfüllungsbedürftig [1].Insgesamt sind bisher erst kleine Schritte unternommen worden, um die wichtigsten Fragen des Themenbereiches abzuklären [2].

Auch aus dem Blickwinkel einer möglichen progressiven Anpassung einzelner spezieller bundesdeutscher Rechtsfragen an europäische Vorgaben stellt sich dies nicht anders dar. So fiel das Arbeitsschutzrahmengesetz als Versuch des deutschen Gesetzgebers, EWG-Richtlinien umzusetzen, mit seinen Aussagen zur genetischen Analyse [3] vorerst der Diskontinuität zum Opfer. Im Dritten Durchführungsgesetz/EWG zum VAG [4] sind entsprechende Aussagen gar nicht erst enthalten [5].

Dementsprechend zeigt sich die Situation auf nationaler Ebene in den europäischen Nachbarländern. Nur einige Länder zeigen Ansätze zur Regelung der DNA-Analyse. So sind in Frankreich Regelungen in Kraft getreten, worin verschiedene Fragen der Humangenetik und der Fortpflanzungsmedizin normiert werden [6]. Dabei ist das genetische Screening für andere als medizinische oder verfahrensrechtliche Zwecke verboten worden [7]. Die Verarbeitung der gewonnenen Daten in Dateien, insbesondere für epidemiologische Zwecke, soll nur erlaubt sein, soweit eine informierte Einwilligung reicht und der Geheimnisschutz sichergestellt ist [8]. Auch in Norwegen ist seit 1994 die DNA-Analyse nur zulässig, soweit sie therapeutischen Zwecken dient [9]. In Belgien wurde ein gesetzliches Verbot gegenüber Versicherungsunternehmen normiert, genetische Informationen selbst zu erheben oder danach zu fragen [10].

Bemerkenswert weitgehend regelt das neue Gentechnikgesetz (GTG) in Österreich

---

1 Kopp, DuD 1995, S. 206; siehe zur Bewertung auch Rüpke, ZRP 1995, S. 185 ff.
2 Kokkonen, AnnMed 1993, S. 509
3 Siehe dazu oben Teil C, II. 3. l)
4 BGBl I, S. 1630, inkraftgetreten am 29. 7. 1994
5 Siehe dazu Präve, ZfV 1994, S. 256 f., mit dem bedauernden Hinweis, es werde hier auch gegenwärtig kein Handlungsbedarf gesehen, sowie mit weiteren Nachweisen
6 NJW 1994, Heft 34, S. XXXIII; Balter, Science 1994, S. 464 f.; Nature, Vol. 369, S. 599: "Compromise reached on bioethics bill"; siehe die Gesetzesnachweise in: Knoppers/Chadwick, Science 1994, S. 2036
7 Knoppers/Chadwick, Science 1994, S. 2035
8 Balter, Science 1994, S. 464
9 Knoppers/Chadwick, Science 1994, S. 2035
10 Knoppers/Chadwick, Science 1994, S. 2035

die Materie [1]. Das Gesetz, das gem. § 112 GTG am 1. Januar 1995 in Kraft trat, behandelt in seinem IV. Abschnitt die Genanalyse und Gentherapie am Menschen. Die §§ 65 bis 73 GTG regeln die Genanalyse am Menschen. Dabei wird in § 65 die Genanalyse zu medizinischen Zwecken durch Ärzte oder Fachärzte zur Feststellung einer Prädisposition oder eines Überträgerstatus nur dann zugelassen, wenn der Betroffene schriftlich die vorherige Aufklärung bestätigt und seine Einwilligung erteilt hat. Ohne schriftliche Einwilligung, aber mit Aufklärung durch den Arzt sind Analysen bezüglich manifester Erkrankungen "oder einer damit im Zusammenhang stehenden allfälligen künftigen Erkrankung", zur Vorbereitung oder Kontrolle von Therapien sowie Analysen zulässig, bei denen die Einbeziehung von Verwandten erforderlich ist.

Zur Durchführung von Genanalysen zu medizinischen Zwecken sind gem. § 68 spezielle Einrichtungen zu schaffen, die einer Zulassung durch den Bundesminister für Gesundheit, Sport und Konsumentenschutz bedürfen.

Unter bestimmten Voraussetzungen besteht gem. § 69 eine Beratungspflicht vor und nach der Analyse. Die Beratung darf im Falle einer pränatalen Genanalyse nicht direktiv erfolgen. Gem. § 70 darf die Einbeziehung von Verwandten nur im Wege einer Empfehlung des Arztes an die ursprünglich untersuchte Person erfolgen, ihrem Verwandten zur humangenetischen Untersuchung und Beratung zu raten.

§ 71 regelt unter dem Titel "Datenschutz" ein allgemeines Geheimhaltungsgebot, das nur durchbrochen werden darf, soweit die untersuchte Person ausdrücklich und schriftlich einwilligt, oder, soweit die Daten in anonymisierter Form verwendet werden. Die Einwilligung ist widerruflich. Der Betroffene hat auf Verlangen ein Einsichtsrecht in alle ihn betreffenden Daten. Die automatisierte Verarbeitung ist nur bei der erhebenden Stelle und unter besonderen Auflagen zulässig. Gem. § 66 ist eine Analyse für wissenschaftliche oder Ausbildungszwecke nur bei unechter Anonymisierung zulässig, bedarf aber im Einzelfall der ausdrücklichen und schriftlichen Einwilligung des Betroffenen. Eine weitere Verwendung solcher Daten ist nur zulässig, wenn sie total anonymisiert wurden.

§ 67 legt fest: "Arbeitgebern und Versicherern einschließlich deren Beauftragten und

---

1 Siehe die Regierungsvorlage in: 1465 der Beilagen zu den Stenographischen Protokollen des Nationalrates XVIII. GP; zu den Kontroversen vor Verabschiedung des Gesetzes siehe Unterhuber, Nature 1993, S. 750

Mitarbeitern ist es verboten, Ergebnisse von Genanalysen von ihren Arbeitnehmern, Arbeitsuchenden oder Versicherungsnehmern oder Versicherungswerbern zu erheben, zu verlangen, anzunehmen oder sonst zu verwerten".

Insgesamt kommt das österreichische Gesetz der in dieser Arbeit vertretenen Konzeption sehr nahe. Es könnte Orientierungsfunktion für künftige Regelungen auch in Deutschland wahrnehmen.

II. Handlungsbedarf in Deutschland

Vornehmlich aus dem Lager der Naturwissenschaftler in Deutschland wird teilweise vertreten, genetische Analysen seien an sich nicht neu, Befürchtungen in ihrem Zusammenhang haltlos und die Materie nicht regulationswürdig [1]. Die Arbeitsgruppe "In-vitro-Fertilisation, Genomanalyse und Gentherapie" stellte 1985 fest, es bestehe kein rechtlicher Handlungsbedarf [2]. Auch die Bundesregierung gab zu dieser Zeit zu erkennen, daß sie die geltenden Regelungen für ausreichend hielt [3]. Bis heute hat sich diese Einstellung zwar gewandelt, wenn man nur an die jüngsten Gesetzesvorhaben der Bundesregierung [4], die Empfehlungen der Bund-Länder-Arbeitsgruppe "Genomanalyse", den Bericht der Bio-Ethik-Kommission des Landes Rheinland-Pfalz, die Berichte des Büros für Technikfolgenabschätzung beim Deutschen Bundestag oder die Entschließung der Konferenz der Datenschutzbeauftragten des Bundes und der Länder denkt, jedoch scheint nach wie vor nicht eindeutig geklärt, ob die "Genomanalyse ... gegenüber allen hergebrachten Untersuchungsmethoden etwas völlig Neues" darstellt [5] oder nicht und inwieweit bestehender Handlungsbedarf gesetzgeberisches Tätigwerden erforderlich macht.

Soweit man den in dieser Arbeit dargestellten Ergebnissen folgt, ergibt sich indes ein umfangreicher Regelungsbedarf. Dabei sollten zusammenfassend folgende Anforderungen berücksichtigt werden:

---

1 Bezogen auf genetische Testmöglichkeiten: Schmid in: Baumann-Hölze/Bondolfi/Ruh, S. 28; auf ähnliche Standpunkte verweisen Hirsch/Eberbach, S. 401
2 Arbeitsgruppe BMFT/BMJ 1985, S. 42
3 Siehe die Nachweise bei: Hirsch/Eberbach, S. 405 ff.
4 Siehe dazu bereits oben die Darstellung zum Strafveränderungsänderungsgesetzentwurf, Teil C II 4 b) bb), und zum Arbeitsschutzrahmengesetzentwurf Teil C II 3 k)
5 So das Minderheitsvotum in: BLAG, S. 24

1. Die Erhebung, Weitergabe, Verarbeitung oder Nutzung von Daten durch oder aus DNA-Analysen sollte grundsätzlich verboten werden. Die Ausnahmen dieses Grundsatzes sollten zweckgebunden, normenklar und mit verfahrensrechtlichen Sicherungen versehen gesetzlich definiert werden.

2. Zu diesen Ausnahmen zählen Individualisierungsmaßnahmen im Straf- und Zivilprozeßrecht. Im Strafprozeß sollte der bislang vorliegende Regierungsentwurf noch vervollständigt werden. Eine ähnliche Regelung für das Zivilverfahren steht noch aus und wäre dringend erforderlich.

3. Das Verbot sollte sich auch auf die Fälle beziehen, in denen eine Einwilligung des Betroffenen vorliegt. Ausnahmen, in denen die Einwilligung nicht als unwirksam anzusehen ist, sollten gesetzlich definiert werden.

4. Zu diesen Ausnahmen sollten Einwilligungen zählen, die freiwillig abgegeben werden. Das ist anzunehmen, wenn der Einwilligung nicht die Funktion einer Bedingung des Vertragsabschlusses, der Aufrechterhaltung des vertraglichen Leistungsumfangs oder des Vertrages an sich zukommt.

Das ist einerseits der Fall, wenn der Betroffene seine Einwilligung ausschließlich zu Zwecken der eigenen Information über seinen persönlichen Gesundheitszustand abgibt, so etwa bei Screeningmaßnahmen oder im Rahmen des Arzt-Patient-Verhältnisses.

Das ist andererseits der Fall, wenn sich die Einwilligung auf Individualisierungsmaßnahmen bezieht, so etwa im Strafprozeß, und dabei gesichert ist, daß keine Überschußinformationen anfallen.

5. Soweit gesetzliche, richterrechtliche oder vertragliche Offenbarungspflichten bestehen, sollte klargestellt werden, daß sie sich nicht auf DNA-Analysen und ihre Ergebnisse beziehen, sofern nicht bestimmte Voraussetzungen beachtet werden. Dazu sollte zählen, daß eine wirksame Einwilligung des Betroffenen im Einzelfall vorliegt, daß die Daten aus DNA-Analysen stammen, die nicht zum Zwecke der Offenbarung durchgeführt wurden, daß keine Daten über zukünftige geistige oder körperliche Zustände offenbart werden, und daß es sich um Daten handelt, die auch mit herkömmlichen Methoden hätten erhoben werden können.

6. Soweit Einwilligungen wirksam sein können, sollte gesetzlich klargestellt werden, daß sie sich jeweils nur auf einen Teilakt des Datenumgangs erstrecken und für weitere Akte und Zweckänderungen eine erneute Einwilligung notwendig ist. Die Mindestanforderungen der Schriftlichkeit, der vorherigen Aufklärung und der Widerruflichkeit sollten dabei normiert werden. Dabei ist es notwendige Folge des de lege ferenda bereits bei der Erhebung ansetzenden Verbots mit Erlaubnisvorbehalt, diese Anforderungen nicht erst vom Dateibezug und nicht erst von der Speicherung abhängig zu machen, sondern schon die Einwilligung in die Erhebung personenbezogener genetischer Daten entsprechend zu regeln.

7. Eingehender Normierung in diesem Sinne bedarf auch der gesamte Bereich der prä- und postnatalen DNA-Analysen, die nur aufgrund Einwilligung zulässig sind. Eine Aufweichung des ISR-Schutzes durch ärztliches Gewohnheits- und Standesrecht sollte dabei verhindert werden. Eine Durchbrechung der ärztlichen Schweigepflicht kann bei DNA-Analysen nur mit Einwilligung des Betroffenen zulässig sein; Ausnahmen hiervon, etwa zur Seuchenbekämpfung, sind nur zulässig, soweit nicht in Leistungsbeziehungen eingegriffen wird, an denen der Betroffene beteiligt ist. Die Unzulässigkeit gesetzlicher Eingriffsermächtigungen im Anschluß an freiwillige Erhebungen ist festzuschreiben, die Probleme des Drittbezuges sind zu regeln und es sollte klargestellt werden, daß auch "unechte" Anonymisierungen nicht zur weiteren Verarbeitung von Daten aus DNA-Analysen berechtigen, soweit der Betroffene nicht eingewilligt hat.

8. Bei Individualisierungsmaßnahmen durch DNA-Analysen zwischen privaten Parteien, etwa im Versicherungsbereich, könnte das Verbot der DNA-Analyse durch einen Erlaubnisvorbehalt begrenzt werden, der bei der Erhebung ansetzen sollte. Auch wenn dabei, ähnlich wie in § 4 I BDSG, gesetzliche Erlaubnisse zulässig sein können, sollte auch hierbei die besondere Bedeutung der Einwilligung insofern festgeschrieben werden, als sie zur Zulässigkeitsbedingung gemacht wird. Vertragliche Nachteile im Anschluß an eine verweigerte Einwilligung hätte dann der Betroffene hinzunehmen. Sicherungsmaßnahmen sollten, ähnlich wie im Strafprozeßrecht angestrebt, den Anfall von Überschußinformationen verhindern und Kontrollen durch Aufsichtsinstanzen vorsehen.

III. Gesetzgebungskompetenz zur Regelung der Datenverarbeitung im Bereich der Humangenetik

1. Bisherige Kompetenzzuordnung

Wenn zusätzliche Regelungen zur DNA-Analyse notwendig sind, stellt sich die Frage, ob die Zuständigkeit hierfür beim Bund oder bei den Ländern liegt und in welche Gesetze die Regelungen aufgenommen werden sollten.

Eine eigene Zuständigkeit zur Regelung des Datenschutzes wird im Grundgesetz nicht erwähnt. Schon bei den allgemeinen datenschutzrechtlichen Gesetzen ist eine exakte Zuordnung zu den Gegenständen der grundgesetzlich geregelten Kompetenzen schwierig [1]. Sie ergibt sich aus zahlreichen Einzelanknüpfungen [2]. So wird Datenschutz teilweise als bürgerlich-rechtliche oder strafrechtliche Normierung unter Art. 74 Nr. 1 GG, als Normierung des Wirtschaftsrechts unter Art. 74 Nr. 11 GG, als arbeitsrechtliche Normierung unter Art. 74 Nr. 12 GG, als verwaltungsverfahrensrechtliche Regelung unter Art. 84 bis 86 GG oder als Regelung, die sich mit der Gerichtsverfassung und dem Gerichtsverfahren beschäftigt, unter Art. 72 Nr. 1 GG subsumiert [3].

Bei datenschutzrechtlichen Neuregelungen müßte demnach zunächst die Kompetenz in Anlehnung an die jeweils zu regelnde Materie abgeleitet werden. Für die hier erörterten Bereiche des Arbeitsrechts und der Sozialversicherung (Art. 74 Nr. 12 GG), des privaten Versicherungsrechts (Art. 74 Nr. 11 GG), des Strafprozeßrechts und des Zivilprozeßrechts (Art. 74 Nr. 1 GG) liegt die konkurrierende Gesetzgebungskompetenz beim Bund, der diese wahrnehmen kann, soweit gem. Art. 72 II GG ein Bedürfnis nach bundeseinheitlicher Regelung besteht. Für den Bereich der gesetzlichen Regelung der Zulassung zu den ärztlichen Heilberufen besteht ebenfalls eine konkurrierende Bundeskompetenz gem. Art. 74 Nr. 19 i.V.m. Art. 72 II GG. Sie besteht damit unter anderem für solche Vorschriften, die sich auf die Erteilung, Zurücknahme und den Verlust der Approbation und auf die Befugnis zur Ausübung des ärztlichen Berufs

---

1   Simitis in Simitis, § 1, Rn 63
2   Auernhammer, Einführung, Rn 30 f.
3   Siehe die zahlreichen Nachweise bei Simitis in Simitis, § 1, Rn 66 ff.

beziehen [1]. Bei den Ländern allerdings liegt an sich die Kompetenz für die Regelung der ärztlichen Berufsausübung gem. Art. 30 i.V.m. Art. 70 I GG [2]. Sie beinhaltet unter anderem das Ärztekammerrecht [3] und den Datenschutz für Heilberufe [4]. Damit erschien bislang auch eine datenschutzrechtliche Normierung der gesamten Materie durch den Bund als problematisch. Ebenfalls nicht ohne Schwierigkeiten erfolgt die Kompetenz-zuordnung in einem ähnlichen Bereich, dem Gentechnikrecht. Für das GenTG wird die Gesetzgebungskompetenz des Bundes aus einer "Gesamtschau verschiedener Kompetenznormen des Grundgesetzes" abgeleitet [5]. Kritisiert wird daran jedoch, daß dieses Vorgehen dogmatisch unkorrekt und gegenüber der strengen Systematik der bundesstaatlichen Kompetenzordnung widersprüchlich [6] sei, wenn auch Rechtssicherheit, Rechtsklarheit und Relevanz der Materie ein eigenes Stammgesetz forderten [7].

Für die ärztliche Berufsausübung im Rahmen der DNA-Analyse kommt ebenfalls eine extensive Auslegung der bestehenden Kompetenzen, besonders des Art. 74 Nr. 19 GG über seinen Wortlaut hinaus, nicht in Betracht [8]. Weil auch eine Regelung innerhalb des ärztlichen Standesrechts im Rahmen der Satzungsautonmie der Landesärztekammern als Selbstverwaltungskörperschaften des öffentlichen Rechts den Ansprüchen des Gesetzesvorbehalts angesichts der Wesentlichkeit des Problembereichs für das ISR nicht gerecht werden könnte [9], stellte sich die Frage nach einer Lösung der mangelnden Bundeskompetenz durch eine entsprechende Erweiterung des Kompetenzkatalogs im Grundgesetz.

---

1 Von Münch, Art. 74, Rn 85; Jarass/Pieroth, Art. 74, Rn 44; BVerfGE 4, 74 (83); 7, 18 (25); 17, 287 (292); 33, 125 (154 f.)
2 AK-Bothe, Art. 74, Rn 44; von Münch, Art. 74, Rn 85
3 BVerwGE 39, 110 (112); 41, 261 (262)
4 AK-Bothe, Art. 74, Rn 44; Jarass/Pieroth, Art. 74, Rn 44
5 Vitzthum in: Das akzeptierte Grundgesetz, S. 202; BT-Drs. 11/3908, S. 9 f.
6 So Vitzthum in: Das akzeptierte Grundgesetz, S. 202 f.
7 Siehe vorhergehende Fn
8 Ausführlich dazu: Cramer, S. 293 ff.
9 Siehe dazu die Vorgaben im "Facharztbeschluß" des BVerfG in BVerfGE 33, 125 (159); zur Wesentlichkeitslehre im Datenschutzrecht auch Vogelgesang, S. 174 ff. sowie BVerfGE 57, 295 (320); 47, 46 (79)

2. Kompetenzerweiterung im Grundgesetz

Diese Erweiterung ist durch die Änderung des Art. 74 GG mittlerweile mit Wirkung zum 15. November 1994 erfolgt [1]. Durch Einfügung einer neuen Nummer 26 wurde die konkurrierende Gesetzgebungskompetenz des Bundes auch auf "die Untersuchung und die künstliche Veränderung von Erbinformationen" ausgedehnt. Soweit die DNA-Analyse Fragen der ärztlichen Berufsausübung und damit zusammenhängende Datenschutzaspekte anbelangt, ist damit die Möglichkeit eröffnet, daß der Bund die Gesetzgebungskompetenz auch in diesem Bereich an sich zieht.

Die neue Kompetenz weist eine lange Vorgeschichte auf, in der die Argumente für und gegen sie diskutiert wurden: Der Bundesrat hat am 22. 09. 1989 beschlossen, einen Gesetzentwurf zur Änderung des Grundgesetzes gem. Art. 76 I GG beim Deutschen Bundestag einzubringen, wonach die konkurrierende Gesetzgebungskompetenz des Bundes auch auf das Sachgebiet der Humangenetik erweitert werden sollte [2]. Dabei wurde von Seiten Bayerns zu bedenken gegeben, daß Regelungen im Bereich der Genomanalyse, soweit sie überhaupt abzusehen seien, von einer ausreichenden Bundeskompetenz gedeckt seien. Dies gelte für arbeitsrechtliche Regelungen gem. Art. 74 Nr. 12 GG, für das Strafrecht gem. Art. 74 Nr. 1 GG, für das privatrechtliche Versicherungswesen gem. Art. 74 Nr. 11 GG und für die Zulassung zum Heilgewerbe gem. Art 74 Nr. 19 GG [3].

Eine Minderheit der Ländervertreter hatte sich schon im Vorfeld gegen eine Kompetenzübertragung ausgesprochen, da noch nicht feststehe, welche gesetzlichen Regelungen auf diesem Gebiet im einzelnen erforderlich seien [4]. Auch Stimmen in der Literatur sprachen sich teilweise gegen eine weitere Verlagerung von Kompetenzen im Datenschutzrecht auf den Bund aus. Es wird auf die Gefahr verwiesen, daß durch "zentralistische Bestrebungen" die Schutzräume für die Betroffenen zurückgenommen werden könnten [5] und eine strikte Beschränkung des Bundesgesetzgebers auf den

---

1   Siehe BR-Drs. 834/94
2   Stenogr. Prot. der 604. Sitzung des Bundesrates vom 22. 09. 1989, S. 358
3   Berghofer-Weichner in: Protokoll a.a.O., S. 349
4   Protokoll a.a.O., S. 352
5   Simitis in Simitis, § 1, Rn 64

im Grundgesetz vorgebenen Rahmen verlangt [1]. Das Land Niedersachsen argumentierte dagegen, daß es dringend geboten sei, in einem Bereich, in dem an sich eine weltweite, zumindest aber eine europäische einheitliche Regelung nötig sei, "für das Bundesgebiet mit einer einheitlichen Lösung zu beginnen" [2]. Die Mehrheit der Länder schloß sich dem an, da einheitliche landesgesetzliche Lösungen kaum zu erwarten seien [3]. Bedeutung und Tragweite der anstehenden schwerwiegenden Entscheidungen im Bereich der Humangenetik machten eine Bundesgesetzgebung unabweisbar [4]. Der Beschluß sieht eine Einstellung einer neuen Nummer 19 a nach Nummer 19 in Art 74 GG vor, der lauten soll: "19 a. die künstliche Befruchtung beim Menschen sowie die Untersuchung und die künstliche Veränderung der menschlichen Erbinformation" [5]. In der Begründung wird darauf verwiesen, daß zwar die in der Länderkritik zitierten Bundeskompetenzen bereits zur Verfügung ständen. Es gäbe jedoch Regelungsfragen, die darüberhinaus gingen. Dazu zählt die Begründung neben einer "Beschränkung der Genomanalyse in den vorgeburtlichen Lebensstadien auf bestimmte schwere Erbkrankheiten und entsprechende Risikogruppen . . . die Frage einer Begrenzung von Art und Umfang genetischer Analysen bei Neugeborenen, insbesondere auf früh ausbrechende und behandelbare Krankheiten . . . (und) des Erfordernisses persönlicher Einwilligung des Betroffenen in die Durchführung einer Genomanalyse sowie (die) Verfügungs-befugnis über genetische Daten und ihren Schutz"[6]

Bezüglich der Notwendigkeit einer bundeseinheitlichen Regelung wird u.a. hervorgehoben, daß die Länder bei Bemühungen, "zu einheitlichen Regelungen zu gelangen und ihre Gesetzgebung an Musterentwürfen zu orientieren, . . . auf anderen Rechtsgebieten in der Vergangenheit nur wenig Erfolg beschieden" war. Aufgrund

---

1 Ähnlich auch Bullinger, DÖV 1970, S. 768, allgemein zu Bestrebungen einer Kompetenzver schiebung zulasten einer föderalistischen Ordnung
2 Remmers in: Protokoll a.a.O., S. 354
3 Protokoll, a.a.O., S. 351
4 Protokoll, a.a.O., S. 352
5 BR-Drs. 185/89
6 BR-Drs. 185/89; vergleiche auch die Begründung im Gesetzesantrag Niedersachsens, BR-Drs. 522/88, in der es heißt: "Außerhalb der zivilrechtlichen Folgeregelungen fehlt dem Bund indesen weithin die Gesetzgebungsbefugnis für den Bereich der Fortpflanzungsmedizin, soweit nicht strafrechtliche Verbote in Betracht kommen". Auch fehle es an solchen Kompetenzen bezüglich der"RegelungendesGesundheitswesensundderärztlichenundmedizinisch-naturwissenschaftlichen Berufsausübung" hinsichtlich humangenetischer Verfahren.

der unterschiedlichen rechtpolitischen Beurteilungen sei eine Wahrung von Regelungszusammenhängen "durch die Gesetzgebung der Länder nicht zu gewährleisten". Es wird ferner darauf verwiesen, daß sich "die Länder. . . schon in der Vergangenheit der Notwendigkeit der Übertragung einer Regelungskompetenz auf den Bund nicht entzogen" hätten, wenn "neue staatliche Aufgaben von bedeutendem Gewicht auftraten". Dies wird mit dem Sachgebiet "Tierschutz" (Art. 74 Nr. 20 GG) und "Umweltschutz" (Art. 74 Nr. 24 GG) belegt.

Das Sachgebiet des neuen Nr. 19 a umfasse "alle Verfahren und Ebenen genetischer Analyse, die die Funktion und Struktur der menschlichen Gene untersuchen, sowie die in Betracht kommenden Anwendungsbereiche wie insbesondere die prädikative und pränatale Diagnostik, die genetische Beratung, genetische Suchtests oder Reihenuntersuchungen bei Neugeborenen (Screenings), die Öko- und Pharmakogenetik sowie, die Gesetzgebungsbefugnisse aus Art. 74 Nr. 1, 11 und 12 GG ergänzend, Genomanalysen an Arbeitnehmern, für Versicherungen und im Strafverfahren".

Vor dem Hintergrund dieser Forderung nach einer Bundeskompetenz wurde ein Genomanalysegesetz von Abgeordneten des Deutschen Bundestages gefordert [1]. Darin solle der Einsatz der Methode, "vor allem dann, wenn Dritte eine Genomanalyse verlangen bzw. über Ergebnisse solcher Untersuchungen verfügen wollen, geregelt" werden [2]. Auch Fragen der Arbeitsmedizin und des Versicherungswesens sollten einbezogen werden [3].

Auf Initiative Bayerns verabschiedete der Bundesrat eine Entschließung zur Anwendung gentechnischer Methoden am Menschen, in der Grundpositionen und Forderungen zum Regelungsgegenstand formuliert werden, ohne daß dabei ausgesagt wird, welche Struktur eine gesetzliche Regelung aufweisen sollte. Nur für das Strafverfahren wird eine klarstellende Regelung in der StPO begrüßt, für das Zivilverfahren angesichts des § 372 a I ZPO eine weitere Regelung für nicht notwendig gehalten. Im übrigen wird darauf verwiesen, daß eine "umfassende Konzeption für bundeseinheitliche Regelungen zu erarbeiten ist" [4]. Die Überlegungen zur Erweiterung der Bundeskompetenz erhielten neuen Aufschwung im Rahmen der Tätigkeit der Gemeinsamen

---

1 Stenographischer Bericht der 12. Sitzung des Deutschen Bundestages vom 28. 02. 1991, S. 523 (Catenhusen, SPD), S. 531 (Seesing, CDU/CSU)
2 Catenhusen in: Stenographischer Bericht a.a.O., S. 523
3 Seesing in: Stenographischer Bericht a.a.O., S. 531
4 BR-Drs. 424/92

Verfassungskommission von Bundesrat und Bundestag (GVK). In ihrem Schlußbericht[1] spricht sich die GVK dafür aus, eine neue Nr. 26 an einen ersten Absatz des Art. 74 GG mit folgendem Wortlaut anzufügen: "Die künstliche Befruchtung beim Menschen, die Untersuchung und die künstliche Veränderung von Erbinformationen sowie Regelungen zur Transplantation von Organen und Geweben".

In einem entsprechenden Gesetzentwurf der Fraktionen der CDU/CSU, SPD und FDP[2] blieb dieser Vorschlag unverändert erhalten. Die Änderung wurde schließlich verabschiedet[3] und trat am 15. November 1994 in Kraft. Diese Grundgesetzänderung ist zu begrüßen, denn eine uneinheitliche Regelung durch den Landesgesetzgeber wäre angesichts der überaus hohen Sensibilität der Thematik nicht akzeptabel, aus der Sicht des Bürgers nicht nachvollziehbar und verwirrend sowie auch hinsichtlich der zu erwartenden Entwicklungen auf europäischer Ebene wenig progressiv. Es ist nunmehr die Möglichkeit eröffnet, die gesamte Materie der DNA-Analyse aus einer gesetzgebersichen Hand zu regeln.

3. Auswirkungen auf die Gesetzgebung zum Datenschutz in der
   Humangenetik

Es war bisher nicht endgültig klar, welche Art von gesetzlicher Initiative für die verschiedenen Rechtsbereiche nötig ist. Durch die gesetzgeberische Aktivität im Bereich des Arbeitsschutzes und in der StPO schien eine Vorentscheidung getroffen. Die datenschutzrechtlichen Probleme der Genomanalyse wären demnach innerhalb der jeweiligen Spezialgesetze mitgeregelt worden. Die Möglichkeit, ein spezielles Gen-Datenschutzgesetz[4] zu kreieren, schien nicht mehr opportun. Fraglich war allerdings auch, ob dies überhaupt einen Vorteil ergeben hätte. Für eine spezialgesetzliche Fortschreibung in den einzelnen Fachgesetzen sprechen gewichtige Argumente: Das Datenschutzrecht wurde schon seit jeher als akzessorisches Recht angesehen, das jeweils dort mitgeregelt wurde, wo spezialgesetzliche Aussagen zu besonderen Rechts- und Lebensbereichen getroffen wurden. Das drückt sich bereits bei der

---

1 BR-Drs. 12/6000, S. 31; siehe dazu auch Rohn/Sannwald, ZRP 1994, S. 68
2 BT-Drs. 12/6633, 12/8165, 12/8399
3 BR-Drs. 834/94
4 Das fordert etwa Steinmüller, DuD 1993, S. 8; dagegen ohne konkrete Begründung Vitzthum in: Das akzeptierte Grundgesetz, S. 187

bisherigen Kompetenzzuordnung datenschutzrechtlicher Themata aus.
Darüber hinaus ist darauf hinzuweisen, daß zwar beim Zusammentreffen zweier
Fachgebiete wie dem Datenschutzrecht und dem jeweiligen Spezialrecht beim
Gesetzgebungsverfahren verschiedene Fachkompetenzen koordiniert werden müssen.
Man könnte aber denken, daß der Schwerpunkt dann beim bereichsspezifischen Recht
sinnvoller aufgehoben sein könnte, denn die dortigen Entwicklungen können unmittelbare
Rückwirkung auf die Zweckbindungen des Datenschutzes erzeugen. Ist dies der Fall,
so bräuchte lediglich für den jeweiligen Spezialbereich eine Anpassung vorgenommen
zu werden. Überdies erschiene es als systemtreu und der Erwartungshaltung des
Rechtsanwenders entsprechend, wenn der Datenschutz dem Fachgesetz folgt und
nicht umgekehrt [1].

Andererseits sprechen aber beachtliche Argumente für ein zentrales Gen-Datenschutzgesetz:

Aufgrund des Risikopotentials genetischer Daten wird teilweise die Ableitung eines
"genetischen Selbstbestimmungsrechts" [2] aus dem ISR und einfachgesetzlich eine
Art "Genom-Verkehrsrecht" [3] gefordert, durch das Gebrauch und Mißbrauch von
genetischen Daten geregelt werden sollten. Teilweise wird danach gefragt, ob es unter
diesem Aspekt nicht ein "gen-informationelles Selbstbestimmungsrecht" [4], ein
"Persönlichkeitsrecht am Genbereich" [5], ein "Persönlichkeitsrecht an der Eigen-(Gen)
Sphäre" [6] oder ein "genetisches Selbstbestimmungsrecht" [7] geben müsse.

Ebenso, wie sich die Methoden der Genomanalyse im Rahmen des wissenschaftlichen
Fortschritts ändern, können sich auch die faktischen Schauplätze der aus ihr
resultierenden sozialen und rechtlichen Probleme ändern. Angesichts der rasanten
Entwicklungen sowohl in den Naturwissenschaften als auch in den gesellschaftlichen
Norm- und Wertvorstellungen erscheint es durchaus vorstellbar, daß künftig weitere
Schauplätze hinzukommen. So ist es denkbar, daß Informationen über das individuelle
Erbgut in der Zukunft auch beispielsweise für das Kreditwesen oder das Haftungsrecht,

---

1 Ähnlich Gutachten Simon, S. 219; Wiese, S. 64, 85
2 Krahnen in: Schroeder-Kurth, S. 99 f.
3 Steinmüller, DuD 1993, S. 9
4 Sternberg-Lieben, NJW 1987, S. 1245; Gutachten Simon, S. 200
5 Wiese, RdA 1986, S. 126
6 Wiese in: Festschrift für Hubert Niederländer, S. 487
7 Tinnefeld, DuD 1993, S. 262; Steinmüller, DuD 1993, S. 9

etwa bei Fahrerflucht nach Unfällen, interessant werden.

Wie angesichts der bisher weitreichenden Untätigkeit des Gesetzgebers zum Gen-Datenschutz nicht verborgen bleiben konnte, bergen alle bereichsspezifischen Regelungen eine gewisse Trägheit in sich, neuen Entwicklungen, die vermeintlich nicht die fachspezifische Materie direkt betreffen, durch legislative Pflege und Fortschreibung gerecht zu werden. Ein Gen-Datenschutzgesetz böte insoweit größere Aussichten, auf einem aktuellen Stand gehalten zu werden und bereits aus sich heraus grundsätzliche Antworten auch für neue Entwicklungen bereitzuhalten.

4. Stellungnahme

Die äußerst hohen Gefahren für das ISR der Betroffenen, die bis an die Menschenwürde-verletzung heranreichen, lassen es fraglich erscheinen, ob im Vergleich noch von einer Dominanz des bereichsspezifischen Fachgesetzes gesprochen werden kann. Tatsächlich sind die bisherigen beiden Regelungsansätze zur Genanalyse am Menschen, insbesondere im Bereich der StPO, letzlich durch die überragende Bedeutung des ISR geradezu erzwungen worden. Damit scheint in Form der genetischen Analyse erstmals eine Materie vorzuliegen, bei der die Vorzeichen gewechselt haben und der Datenschutz die dominierende Rolle einnimmt. Nahezu alle Fragen der DNA-Analyse sind rein datenschutzrechtlicher Natur und erfahren durch die verschiedenen Rechtsbereiche lediglich einen modifizierten Niederschlag. Soweit die fachspezifischen Besonderheiten im Arbeits-, Versicherungs-, Arzt- und Prozeßrecht dies nicht ausschließen, spräche deshalb wohl kaum etwas dagegen, grundsätzliche Aussagen zur DNA-Analyse nicht in jedem einzelnen Gesetz zu wiederholen, sondern sie in einem Gesetz zusammen-zufassen. Dies würde auch für den Bürger als Rechtsanwender eine klarstellende Funktion erfüllen und die Gerichte davon entlasten, verschiedene Formulierungen in verschiedenen Gesetzen so auszulegen, daß sie den Vorgaben des ISR auch tatsächlich entsprechen [1]. Bereichsspezifische Besonderheiten könnten der Regelung innerhalb der Fachgesetze überlassen bleiben. Dadurch wäre auch die Verbindung von Fachkenntnis und Novellierungsimpuls angesichts künftiger Entwicklungen gewahrt.

---

1 Kritisch zu den unterschiedlichen Formulierungen in den Gesetzentwürfen zum Arbeits-schutzrahmengesetz und zum Strafverfahrensänderungsgesetz - "genetischer Fingerabdruck": Wiese, BB 1994, S. 1210

Insgesamt wäre es daher sinnvoll, das grundsätzliche Verbot von DNA-Analysen und den Rahmen der erlaubten Ausnahmen in einem einzigen Gesetz festzuschreiben. Dort könnten auch die notwendigen Voraussetzungen wirksamer Einwilligungen für die verschiedenen Rechtsgebiete verbindlich festgelegt werden.

5. Ergebnis

Die Kompetenz zur Regelung des Datenschutzes bei DNA-Analysen liegt nach der Grundgesetz-Änderung vom November 1994 beim Bund. Die Änderung des Grundgesetzes zur Ausdehnung der Bundeskompetenz auch auf diese Ausnahme war notwendig und eröffnet die Möglichkeit, für alle Bereiche der gegenwärtigen Anwendung von DNA-Analysen die wesentlichen Vorgaben des ISR in einem zentralen Gen-Datenschutzgesetz zusammenzufassen. Ein solches Gesetz könnte den sinnvollen Rahmen bilden für weitergehende Einzelregeln in den jeweiligen Fachgesetzen, die sich an diesem Rahmen zu orientieren hätten.

Literaturverzeichnis

Hinweis: Drucksachen werden überwiegend direkt in den Fußnoten nachgewiesen

Abschlußbericht der Bund-Länder-Arbeitsgruppe "Genomanalyse" 1990, -
Originalbericht, textgleich mit: BAnz Beilage 1990, Nr 161a,S. 1-62
(zitiert: BLAG)
Alexander, William H./**Fischer**, Ernst Peter
-Die neue Genetik und mögliche Auswirkungen auf die Risikoprüfung in der
Lebensversicherung, Versicherungswirtschaft 1991, S. 494 ff.
(zitiert: Alexander/Fischer, Versicherungswirtschaft 1991)
Alexy, Robert
-Theorie der Grundrechte, 1. Auflage, Baden-Baden 1985
(zitiert: Alexy)
Alternativkommentar zum Grundgesetz für die Bundesrepublik Deutschland, Band
1, Art. 1-37, Neuwied, Frankfurt a.M., 2. Auflage 1989; Band 2, Art. 38-146, 2. Auflage
1989
(zitiert: AK-Bearbeiter)
Amelung, Knut
-Die Einwilligung in die Beeinträchtigung eines Grundrechtsgutes. Eine Untersuchung
im Grenzbereich von Grundrechts- und Strafrechtsdogmatik, Berlin 1981
(zitiert: Amelung)
-Anmerkung zu BVerfG, NStZ 1981, S. 446; NStZ 1982, S. 38 ff.
(zitiert: Amelung, NStZ 1982)
Annas, George J.
-Privacy rules for DNA databanks, JAMA 1993, S. 2346 ff.
(zitiert: Annas, JAMA 1993)
Auernhammer, Herbert
-Bundesdatenschutzgesetz: Kommentar, 3. Auflage, Köln, Berlin, Bonn, München
1993
(zitiert: Auernhammer)
-Zum Einsichtsrecht des Patienten in seine Krankenunterlagen, DuD 1990, S. 5 ff.
(zitiert: Auernhammer, DuD 1990)

Bäßler, Gerhard/**Eberspächer**, Brigitte/**Linder**, Simone/**Pflug**, Werner
-Untersuchungen zur Meßpräzision bei der Größenbestimmung von Restriktions-
Fragmentlängen im Rahmen der DNA-Analyse, Archiv für Kriminologie 1993,
S. 89 ff.
(zitiert: Bäßler/Eberspächer/Linder/Pflug, AfK 1993)

Bäumler, Helmut
-Der Auskunftsanspruch des Bürgers gegenüber den Nachrichtendiensten, NVwZ 1988, S. 199 ff.
(zitiert: Bäumler, NVwZ 1988)
-Versammlungsfreiheit und Verfassungsschutz, JZ 1986, S. 469 ff.
(zitiert: Bäumler, JZ 1986)
Balter, Michael
-Researchers nervous about bioethics bill, Science 1994, S. 463 f.
(zitiert: Balter, Science 1994)
Baltzer, Johannes
-Gentechniken und Individuum, Interdisziplinäre Fachtagung, Universität Osnabrück; Köln, Berlin, Bonn, München 1988
(zitiert: Baltzer)
-Gentechniken als Solidarrisiko in der Sozialversicherung, in: Baltzer (siehe dort), S. 187 ff.
(zitiert: Baltzer in: Baltzer)
Barta
-Datenschutz im Krankenhaus, Düsseldorf 1990
(zitiert: Barta)
Baumann-Hölzle, Ruth/**Bondolfi**, Alberto/**Ruh**, Hand (Hs.)
-Genetische Testmöglichkeiten. Ethische und rechtliche Fragen. Frankfurt a.M. /New York 1990
(zitiert: Verfasser in: Hölzle/Bondolfi)
Bayertz, Kurt (Hs.)
-Perspektiven der Anwendung und Regelungsmöglichkeiten der Genomanalyse in den Bereichen Humangenetik, Versicherungen, Straf- und Zivilprozeß; Gutachten des Instituts für System- und Technologieanalysen im Auftrag des Büros für Technikfolgenabschätzung unter Mitarbeit von Jörg Schmidtke, Inga Jesinghaus, Carmen Kaminsky, Bad Oeynhausen 1992
(zitiert: Gutachten Bayertz)
Benda, Ernst
-Humangenetik und Recht - eine Zwischenbilanz, NJW 1985, S. 1730 ff.
(zitiert: Benda, NJW 1985)
-Erprobung der Menschenwürde am Beispiel der Humangenetik, Aus Politik und Zeitgeschichte 1985, S. 18 ff.
(zitiert: Benda, Aus Politik und Zeitgeschichte 1985)
Benda, Ernst/**Maihofer**, Werner/**Vogel**, Hans-Jochen (Hs.)
-Handbuch des Verfassungsrechts der Bundesrepublik Deutschland, Teil 1, Berlin/New York 1984
(zitiert: Verfasser in: Benda/Maihofer/Vogel)

Bergmann, Lutz/**Möhrle**, Roland/**Herb**, Armin
-Datenschutzrecht, Handkommentar, Stuttgart, München, u. a., Stand: September
1992
(zitiert: Bergmann/Möhrle/Herb)
Berufsverband Medizinische Genetik e.V.
-Stellungnahme zu einem möglichen Heterozygoten-Screening bei Cystischer Fibrose,
Med. Genetik 1990, S. 6 f.
(zitiert: Berufsverband Medizinische Genetik, Med. Genetik 1990)
Bickel, H.
-Screening auf angeborene Stoffwechselkrankheiten, Indikation und Ergebnisse,
Monatsschrift Kinderheilkunde 1983, S. 323 ff.
(zitiert: Bickel, Monatsschrift Kinderheilkunde 1983)
Bleckmann, Albert
-Probleme des Grundrechtsverzichts, JZ 1988, S. 57 ff.
(zitiert: Bleckmann, JZ 1988)
-Staatsrecht II. Allgemeine Grundrechtslehren, 2. Auflage, Köln, Berlin, Bonn,
München 1985
(zitiert: Bleckmann)
Bleyl, Dietmar
-Beschlüsse der 47. Konferenz der Datenschutzbeauftragten des Bundes und der Länder,
DuD 1994, S. 246 ff.
(zitiert: Bleyl, DuD 1994)
Böckenförde, Ernst-Wolfgang
-Grundrechtstheorie und Grundrechtsinterpretation, NJW 1974, S. 1529 ff.
(zitiert: Böckenförde, NJW 1974)
Böhm, Ingolf
-Molekulargenetische Analyseverfahren, DuD 1993, S. 264 ff.
(zitiert: Böhm, DuD 1993)
Böhm, Ingolf/**Krawczak**, M./**Schmidtke**,J.
-Vaterschaftsbegutachtung mittels genetischen Multilocus-Fingerabdrucks: Ergebnisse
einer umfangreichen Studie zu Aussagekraft und Validität, Der Amtsvormund 1992,
S. 908 ff.
(zitiert: Böhm/Krawczak/Schmidtke, Amtsvormund 1992)
Böhm, Ingolf/ **von Luxburg**, Harro Graf/ **Epplen**, Jörg T.
-DNA-Fingerprinting, ein gentechnologisches Verfahren erleichtert, beschleunigt und
verbilligt die Vaterschaftsfeststellung durch Gutachten, Der Amtvormund 1990, S.
1102 ff.
(zitiert: Böhm/von Luxburg/Epplen, Der Amtsvormund 1990)
Bongen, Wolfgang/ **Kremer**, Ralf
-Probleme der Abwicklung ärztlicher Privatliquidationen durch externe Verrechnungs-

stellen, NJW 1990, S. 2911 ff.
(zitiert: Bongen/Kremer, NJW 1990)

Brandner, Hans Erich

-Das allgemeine Persönlichkeitsrecht in der Entwicklung der Rechtsprechung, JZ 1983, S. 689 ff.
(zitiert: Brandner, JZ 1983)

Brandts, Hubert

-Gesundheit am Arbeitsplatz, in: Sass (siehe dort), S. 97 ff.
(zitiert: Brandts in: Sass)

Brinkmann, B./**Wiegand**, P.

-DNA-Analysen, Kriminalistik 1993, S. 191 ff.
(zitiert: Brinkmann/Wiegand, Kriminalistik 1993)

-Individualisierende DNA-Analytik unter versicherungsmedizinischen Fragestellungen, VersMed 1993, S. 185 ff.
(zitiert: Brinkmann/Wiegand, VersMed 1993)

Bull, Hans Peter

-Entscheidungsfragen in Sachen Datenschutz, ZRP 1975, S. 7 ff.
(zitiert: Bull, ZRP 1975)

Bullinger, Martin

-Die Zuständigkeit der Länder zur Gesetzgebung, DÖV 1970, S. 761 ff., S. 797 ff.
(zitiert: Bullinger, DÖV 1970)

Bülow, Erich

-Rechtsfragen der Genomanalyse, in: Sass (siehe dort), S. 125 ff.
(zitiert: Bülow in: Sass)

Bundesbeauftragter für den Datenschutz

-Empfehlungen in: Stellungnahme des Innenausschusses des Deutschen Bundestages vom 22. 1. 1992, Ausschußdrucksache 12/173

Bundesminister für Forschung und Technologie (Hs.)

-Die Erforschung des menschlichen Genoms, Gentechnologie - Chancen und Risiken, Band 26, Frankfurt a.M. 1991
(zitiert: Bericht BMFT 1991)

-In-vitro-Fertilisation, Genomanalyse und Gentherapie: Bericht der gemeinsamen Arbeitsgruppe des Bundesministers für Forschung und Technologie und des Bundesministers der Justiz, Bonn. München 1985
(zitiert: Arbeitsgruppe BMFT/BMJ 1985)

Büro für Technikfolgenabschätzung beim Deutschen Bundestag

-TA-Projekt "Genomanalyse"; Bericht zum Stand der Arbeit und zu den vorliegenden Ergebnissen unter Mitarbeit von L. Hennen, Th. Petermann, J. Schmitt, Bonn 1992
(zitiert: TAB 1992)

-TA-Projekt "Genomanalyse" - Chancen und Risiken genetischer Diagnostik - Endbericht; TAB-Arbeitsbericht Nr. 18 unter Mitarbeit von L. Hennen, Th. Petermann, J. Schmitt, Bonn 1993
(zitiert: TAB 1993)
Buselmaier, Werner/ **Tariverdian**, Gholamali
-Humangenetik. Begleittext zum Gegenstandskatalog. Berlin/Heidelberg 1991
(zitiert: Buselmaier/Tariverdian)
Bussfeld, Klaus
-Zum Verzicht im öffentlichen Recht am Beispiel des Verzichts auf eine Fahrerlaubnis, DÖV 1976, S. 765 ff.
(zitiert: Bussfeld, DÖV 1976)

Caesar, Peter
-Humangenetik. Thesen zur Genomanalyse und Gentherapie, Heidelberg 1989, Recht, Justiz, Zeitgeschehen, Bd. 47
(zitiert: Bericht LMJ Rh.-Pf. 1989)
Canaris, Claus-Wilhelm
-Grundrechtswirkungen und Verhältnismäßigkeitsprinzip in der richterlichen Anwendung und Fortbildung des Privatrechts, JuS 1989, S. 161 ff.
(zitiert: Canaris, JuS 1989)
-Grundrechte und Privatrecht, AcP 1984, S. 201 ff.
(zitiert: Canaris, AcP 1984)
Chehab, Farid F./**Wall**, Jeff
-Detection of multiple cystic fibrosis mutations by reverse dot blot hybridization: a technology for carrier screening, Human Genetics 1992, S. 163 ff.
(zitiert: Chehab/Wall, Hum. Genet. 1992)
Cleve, Hartwig
-Klinische Aspekte der Genomanalyse, in: Ellermann/Opolka, Genomanalyse (siehe dort), S. 34 ff.
(zitiert: Cleve in: Ellermann/Opolka)
Coester-Waltjen, Dagmar
-Befruchtungs- und Gentechnologie bei Menschen - rechtliche Probleme von morgen ?, FamRZ 1984, S. 230 ff.
(zitiert: Coester-Waltjen, FamRZ 1984)
Cramer, Stephan
-Genom- und Genanalyse, Rechtliche Implikationen einer "prädiktiven Medizin", Dissertation, Universität Heidelberg 1991, Frankfurt a.M. 1991
(zitiert: Cramer)

Cremer, U./**Schirp**, B./**Althoff**, H.
-DNA-Analyse zur Klärung einer zweifachen Mutter/Kind-Ausschlußkonstellation,
Rechtsmedizin 1994, S. 113 ff.
(zitiert: Cremer/Schirp/Althoff, Rechtsmedizin 1994)

Daele, Wolfgang van den
-Mensch nach Maß. Ethische Probleme der Genmanipulation und Gentherapie,
München 1985
(zitiert: Daele)
Dalakouras, Theoharis
-Beweisverbote bezüglich der Achtung der Intimsphäre, Dissertation, Universität Köln
1986, Berlin 1988
(zitiert: Dalakouras)
Däubler, Wolfgang
-Gläserne Belegschaften ? Datenschutz für Arbeiter, Angestellte und Beamte, 2. Auflage,
Köln 1990
(zitiert: Däubler)
-Das Arbeitsrecht 2, 4. Auflage, Reinbek 1986
(zitiert: Däubler, Arbeitsrecht 2)
-Erhebung von Arbeitnehmerdaten, CR 1994, S. 101 ff.
(zitiert: Däubler, CR 1994)
-Die Schweigepflicht des Betriebsarztes - ein Stück wirksamer Datenschutz ?, BB
1989, S. 282 ff.
(zitiert: Däubler, BB 1989)
Degenhart, Christoph
-Das allgemeine Persönlichkeitsrecht, Art 2 I i.V. mit Art. 1 I GG, JuS 1992,
S. 361 ff.
(zitiert: Degenhart, JuS 1992)
Denninger, Erhard
-Das Recht auf informationelle Selbstbestimmung, in: Hohmann (siehe dort),
S. 127 ff.
(zitiert: Denninger in: Hohmann)
Deutsch, Erwin
-Die Genomanalyse im Arbeits- und Sozialrecht - Ein Beitrag zum genetischen
Datenschutz, NZA 1989, S. 657 ff.
(zitiert: Deutsch, NZA 1989)
-Haftung für unerlaubte bzw fehlerhafte Genomanalyse, VersR 1991, S. 1205 ff.
(zitiert: Deutsch, VersR 1991)
-Rechtsfragen der Genomanalyse, in: Ellermann/Opolka (siehe dort), S. 78 ff.
(zitiert: Deutsch in: Ellermann/Opolka)

-Die Genomanalyse - Neue Rechtsprobleme, ZRP 1986, S. 1 ff.
(zitiert: Deutsch, ZRP 1986)
-Medizinische Genetik und Genomanalyse, VersR 1994, S. 1 ff.
(zitiert: Deutsch, VersR 1994)
Deutscher Richterbund - Bund der Richter und Staatsanwälte in der Bundesrepublik Deutschland
-DRB zur Fortpflanzungsmedizin, Presseerklärung vom 24.4.1986, DRiZ 1986, S. 230
(zitiert: Deutscher Richterbund, DRiZ 1986)
-Menschenwürde oberster Maßstab, Thesen des Deutschen Richterbundes zur Fortpflanzungsmedizin und zur Humangenetik - Beschluß der Bundesvertreterversammlung, DRiZ 1986, S. 229
(zitiert: Deutscher Richterbund, DRiZ 1986)
Deutscher Bundestag (Hs.)
-Chancen und Risiken der Gentechnologie: der Bericht der Enquete-Kommission des 10. Deutschen Bundestages "Chancen und Risiken der Gentechnologie", Bonn 1987; zugleich Drucksache Bundestag 10/6775
(zitiert: Chancen und Risiken)
Diekgräf, Robert
-Genomanalyse im Arbeitsrecht, BB 1991, S. 1854 ff.
(zitiert: Diekgräf, BB 1991)
Dietlein, Johannes
-Die Lehre von den grundrechtlichen Schutzpflichten, Dissertation, Universität Mümnster 1991, Berlin 1992
(zitiert: Dietlein)
Discher, Thomas
-Die Peep-Show-Urteile des BVerwG - BVerwGE 64, 274, und BVerwG, NVwZ 1990, 668, JuS 1991, S. 642 ff.
(zitiert: Discher, JuS 1991)
Dix, Alexander
-Der genetische Fingerabdruck vor Gericht - Wege aus der Wüste in die Oase -, DuD 1993, S. 281 ff.
(zitiert: Dix, DuD 1993)
-Das genetische Personenkennzeichen, DuD 1989, S. 238
(zitiert: Dix, DuD 1989)
Dolzer, Rudolf (Hrsg.)
-Bonner Kommentar zum Grundgesetz, Band 1 (Einleitung - Art. 5), Heidelberg, Stand: Oktober 1993
(zitiert: BoKo - Bearbeiter)

Domdey, Horst
-Biochemische Aspekte der Genomanalyse, in: Ellermann/Opolka, Genomanalyse (siehe dort), S. 13 ff.
(zitiert: Domdey in: Ellermann/Opolka)
Domdey, Horst/**Neubert**, Wolfgang/**Schmidtke**, Jörg
-Gentechnologie - Grundlagen - Genomanalyse - Genomsequenzierung -Positionen, München 1990
(zitiert: Domdey, Neubert/Schmidtke)
Donner, Hartwig/**Simon**, Jürgen
-Genomanalyse und Verfassung, DÖV 1990, S. 907 ff.
(zitiert: Doner/Simon, DÖV 1990)
Dörr, Erwin/**Schmidt**, Dietmar
-Neues Bundesdatenschutzgesetz, Handkommentar, 2. Auflage, Köln 1992
(zitiert: Dörr/Schmidt)
Dreher, Eduard/**Tröndle**, Herbert
-Strafgesetzbuch und Nebengesetze, 46. Auflage, München 1993
(zitiert: Dreher/Tröndle)
Dürig, Günter
-Der Grundrechtssatz von der Menschenwürde, AöR 1956, S. 117 ff.
(zitiert: Dürig, AöR 1956)

Eberbach, Wolfram H.
-Genomanalyse und Prävention, in: Sass (siehe dort), S. 81 ff.
(zitiert: Eberbach in: Sass)
Eberle, Carl-Eugen
-Transparenter Datenschutz durch Informations- und Kommunikationspläne, in: Schmidt, Karsten (siehe dort), S. 91 ff.
(zitiert: Eberle in: Schmidt)
Ehmann, Eugen
-Kriminalpolizeiliche Sammlungen und Auskunftsanspruch des Betroffenen, 2. Teil, CR 1988, S. 575 ff.
(zitiert: Ehmann, CR 1988)
Einwag, Alfred
-Genomanalyse und Datenschutz, in: Ellermann/Opolka (siehe dort), S. 92 ff.
(zitiert: Einwag in: Ellermann/Opolka)
-Ärztliche Schweigepflicht und Datenschutz, ArztuR 4/1992, S. 4 ff.,
5/1992, S. 4 ff.
(zitiert: Einwag, ArztuR 1992)
Ellermann, Rolf/**Opolka**, Uwe (Hs.)
-Genomanalyse. Ihre biochemischen, medizinischen, juristischen und politischen

262

Aspekte, Frankfurt/New York 1991
(zitiert: Verfasser in: Ellermann/Opolka)
Emmerich, Volker
-Nichtigkeit der Abtretung ärztlicher Honorarforderungen an gewerbliche
Verrechnungsstellen, JuS 1992, S. 153 f.
(zitiert: Emmerich, JuS 1992)
Enders, Cristoph
-Das Recht auf Kenntnis der eigenen Abstammung, NJW 1989, S. 881 ff.
(zitiert: Enders, NJW 1989)
Erichsen, Hans-Uwe/**Martens**, Wolfgang (Hrsg.)
-Allgemeines Verwaltungsrecht, 9. Auflage, Berlin, New York 1991
(zitiert: Verfasser in: Erichsen/Martens)
Eser, Albin/**Künschner**, Alfred (Hs.)
-Recht und Medizin, Darmstadt 1990. Wege der Forschung Bd. 650
(zitiert: Verfasser in: Eser, Recht und Medizin)
Eser, Albin
-Recht und Humangenetik: Juristische Überlegungen zum Umgang mit menschlichem
Erbgut, in: Koslowski/Kreuzer/Löw, S. 49 ff.
(zitiert: Eser in: Koslowski/Kreuzer/Löw)
Eser, Albin/**Koch**, Hans-Georg/**Wiesenbart**, Thomas
-Regelungen der Fortpflanzungsmedizin und Humangenetik, Eine internationale
Dokumentation gesetzlicher und berufsständischer Rechtsquellen,
Frankfurt a. M. 1990.
(zitiert: Verfasser in: Eser, Humangenetik)

Faber, Ulrich
-EU-Arbeitsschutzrichtlinien: Nicht umgesetzt, dennoch wirksam ?
AiB 1995, S. 31 f.
(zitiert: Faber, AiB 1995)
Fechner, Erich
-Menschenwürde und generative Forschung und Technik, JZ 1986, S. 653 ff.
(zitiert: Fechner, JZ 1986)
Festschrift für Willi Geiger zum 65. Geburtstag
-Menschenwürde und freiheitliche Rechtsordnung, herausgegeben von Leibholz,
Gerhard; Faller, Hans Joachim; Mikat, Paul; Reis, Hans; Tübingen 1974
(zitiert: Verfasser in: Festschrift Geiger)
Festschrift für Hans Peter Ipsen
-Hamburg, Deutschland, Europa. Beiträge zum deutschen und europäischen Verfassungs-
Verwaltungs- und Wirtschaftsrecht, herausgegeben von Rolf Stödter und Werner Thieme,

Tübingen 1977
(zitiert: Verfasser in: Festschrift Ipsen)

Festschrift für Otto Rudolf Kissel
-Arbeitsrecht in der Bewährung, Festschrift für Otto Rudolf Kissel zum 65. Geburtstag, herausgegeben von Meinhard Heinze, Alfred Heinze, München 1994
(zitiert: Verfasser in: Festschrift Kissel)

Festschrift für Hubert Niederländer
zum siebzigsten Geburtstag am 10. Februar 1991, herausgegeben von Erik Jayme, Adolf Laufs, Karlheinz Misera, Gert Reinhart, Rolf Serick, Heidelberg 1991
(zitiert: Verfasser in: Festschrift für Hubert Niederländer)

Flämig, Christian
-Die genetische Manipulation des Menschen, 1. Auflage, Baden-Baden 1985
(zitiert: Flämig)

Forsthoff, Ernst
-Lehrbuch des Verwaltungsrechts, Erster Band: Allgemeiner Teil, 10. Auflage, München 1973
(zitiert: Forsthoff)

Frieß, Knut
-Der Verzicht auf Grundrechte, Dissertation, Würzburg 1968
(zitiert: Frieß)

Gallwas, Hans-Ullrich
-Der allgemeine Konflikt zwischen dem Recht auf informationelle Selbstbestimmung und der Informationsfreiheit, NJW 1992, S. 2785 ff.
(zitiert: Gallwas, NJW 1992)
-Verfassungsrechtliche Grundlagen des Datenschutzes, Der Staat 1979, S. 507 ff.
(zitiert: Gallwas, Der Staat 1979)

Gassen, Hans Günter/**Martin**, Andrea/**Bertram**, Sabine (Hs.)
-Gentechnik. Einführung in Prinzipien und Methoden. 2. Auflage, Stuttgart 1987
(zitiert: Verfasser in: Gassen/Martin/Bertram, Gentechnik)

Gassen, Hans Günter/**Martin**, Andrea/**Sachse**, Gabriele
-Der Stoff aus dem die Gene sind. Bilder und Erklärungen zur Gentechnik, 2. Auflage Frankfurt a.M. /München 1988
(zitiert: Gassen/Martin/Sachse)

Gaul, Hans F.
-Zum Anwendungsbereich des § 641 i ZPO in: Festschrift für Bosch, Bielefeld 1976, S. 241 ff.
(zitiert: Gaul in: Festschrift Bosch)

Gedächtnisschrift für Wolfgang Martens
-Herausgegeben von Selmer, Peter; von Münch, Ingo; Berlin, New York 1987
(zitiert: Verfasser in: Gedächtnisschrift Martens)
Geiger, Andreas
-Die Einwilligung in die Verarbeitung persönlicher Daten als Ausübung des Rechts
auf informationelle Selbstbestimmung, NVwZ 1989, S. 35 ff.
(zitiert: Geiger, NVwZ 1989)
Gernhuber, Joachim/**Coester-Waltjen**, Dagmar
-Lehrbuch des Familienrechts, München 1984
(zitiert: Gernhuber/Coester-Waltjen)
Giesen, Dieter
-Genetische Abstammung und Recht - Zugleich Besprechung des Urteils des BVerfG
vom 31. 1. 1989, JZ 1989, S. 364 ff.
(zitiert: Giesen, JZ 1989)
Giesen, Dieter/**Poll**, Jens
-Recht der Frucht/Recht der Mutter in der embryonalen und fetalen Phase aus juristischer
Sicht, JR 1993, S. 177 ff.
(zitiert: Giesen/Poll, JR 1993)
Giesen, Richard
-Internationale Maßstäbe für die Zulässigkeit medizinischer Heil- und Forschungsein-
griffe, MedR 1995, S. 353 ff.
(zitiert: Giesen, MedR 1995)
Glauben, Paul J
-Genomanalyse - in den Grenzen von Recht und Ethik, DRiZ 1989, S. 346
(zitiert: Glauben)
Gola, Peter
-Genomanalyse und Arbeitnehmerdatenschutz, DuD 1990, S. 59 ff.
(zitiert: Gola, DuD 1990)
-Zwei Jahre neues Bundesdatenschutzgesetz - Zur Entwicklung des Datenschutzrechts
seit 1991, NJW 1993, S. 3109 ff.
(zitiert: Gola, NJW 1993)
Gola, Peter/**Wronka**, Georg
-Das neue BDSG und der Arbeitnehmerdatenschutz, RDV 1991, S. 165 ff.
(zitiert: Gola/Wronka, RDV 1991)
Göppinger, Hans
-Die Entbindung von der Schweigepflicht und die Herausgabe oder Beschlagnahme
von Krankenblättern, NJW 1958, S. 241 ff.
(zitiert: Göppinger,NJW 1958)
Gössel, Karl Heinz
-Die Zulässigkeit des genetischen Fingerabdrucks im Strafverfahren, -Anmerkung

zu LG Heilbronn, JR 1991, S. 29 ff.; JR 1991, S. 31 ff.
(zitiert: Gössel, JR 1991)
-Die Beweisverbote im Strafverfahrensrecht der Bundesrepublik Deutschland, GA
1991, S. 483 ff.
(zitiert: Gössel, GA 1991)
Gretter, Bettina
-Gesetzlich geregelte Informationspflicht gegenüber Risikoträgern von genetisch
bedingten, heilbaren Krankheiten ?, ZRP 1994, S. 24 ff.
(zitiert: Gretter, ZRP 1994)
Grimm, T.
-Neugeborenen-Screening nach Duchennescher Muskeldystrophie, Monatschrift
Kinderheilkunde 1981, S. 414 ff.
(zitiert: Grimm, Monatsschrift Kinderheilkunde 1981)
Günther, Hans-Ludwig/**Keller**, Rolf
-Fortpflanzungsmedizin und Humangenetik - Strafrechtliche Schranken ? Tübinger
Beiträge zum Diskussionentwurf eines Gesetzes zum Schutz von Embryonen,
Tübingen 1987
(zitiert: Verfasser in: Günther/Keller)
Günther, Hans-Ludwig
-Die Genese eines Straftatbestandes: Eine Einführung in die Fragen der Strafgesetz-
gebungslehre, JuS 1978, S. 8 ff.
(zitiert: Günther, JuS 1978)
-Pränatale Diagnose und pränatale Therapie genetischer "Defekte" aus strafrechtlicher
Sicht, in: Günther/Keller, S. 225 ff.
(zitiert: Günther in: Günther/Keller)
-Strafrecht und Humangenetik unter besonderer Berücksichtigung des genetischen
Humanexperiments, ZStW 1990, S. 269 ff.
(zitiert: Günther, ZStW 1990)

Hain, Karl-Eberhard
-Der Gesetzgeber in der Klemme zwischen Übermaß- und Untermaßverbot ?, DVBl.
1993, S. 982 ff.
(zitiert: Hain, DVBl. 1993)
Hanisch, Rudolf
-Datenschutz im Krankenhaus - Zuständigkeitsprobleme und Abgrenzungsfragen -,
BayVBl 1983, S. 234 ff.
(zitiert: Hanisch, BayVBl 1983)
Heitborn, Harry/**Steinbild**, Frank
-Ein (fast) unlösbarer Sexualmord, Täteridentifizierung durch DNA-Analysen in

Reihenuntersuchung, Kriminalistik 1990, S. 185 ff., S. 205 ff.
(zitiert: Heitborn/Steinbild, Kriminalistik 1990)
Helle, Jürgen
-Schweigepflicht und Datenschutz in der medizinischen Forschung, MedR 1996,
S. 13 ff.
(zitiert: Helle,MedR 1996)
Henke, Jürgen
-Die Bedeutung der DNA-Analysen im Prozeß gegen O.J. Simpson, Der Amtsvormund
1995, S. 787 ff.
(zitiert: Henke,Der Amtsvormund 1995)
Henke, Jürgen/**Schmitter**, Hermann
-DNA-Polymorphismen in forensischen Fragestellungen, MDR 1989, S. 404 ff.
(zitiert: Henke/Schmitter, MDR 1989)
Hermes, Georg
-Das Grundrecht auf Schutz von Leben und Gesundheit: Schutzpflicht und
Schutzanspruch aus Art. 2 Abs. 2 Satz 1 GG, Diss. jur. Heidelberg 1987
(zitiert: Hermes)
Hesse, Konrad
-Grundzüge des Verfassungsrechts der Bundesrepublik Deutschland, 19. Auflage,
Heidelberg 1993
(zitiert: Hesse, Verfassungsrecht)
Heuermann, Paul/**Kröger**, Detlef
-Die Menschenwürde und die Forschung am Embryo, MedR 1989, S. 168 ff.
(zitiert: Heuermann/Kröger, MedR 1989)
Heuermann, Paul
-Verfassungsrechtliche Probleme der Schwangerschaft einer hirntoten Frau, JZ 1994,
S. 133 ff.
(zitiert: Heuermann, JZ 1994)
Hillgruber, Christian
-Abschied von der Privatautonomie ?, ZRP 1995, S. 6 ff.
(zitiert: Hillgruber,ZRP 1995)
Hippel, Reinhard von
-Anmerkung zu BGHSt, JR 1993, S. 123 = BGHSt 38, 320; JR 1993, S. 124
(zitiert: von Hippel, JR 1993)
Hirsch, Günter/**Schmidt-Didczuhn**, Andrea
-Fortpflanzungsmedizin, Humangenetik, Gentechnik auf dem Weg zur gesetzlichen
Gestaltung, MedR 1990, S. 167 ff.
(zitiert: Hirsch/Schmidt-Diszuhn, MedR 1990)

Hirsch, Günter/**Eberbach**, Wolfram
-Auf dem Weg zum künstlichen Leben; Basel, Boston, Stuttgart 1987
(zitiert: Hirsch/Eberbach)
Hirsch-Kauffmann, Monica/**Schweiger**, Manfred
-Biologie für Mediziner und Naturwissenschaftler, Stuttgart/New York,
2. Auflage 1992
(zitiert: Hirsch-Kauffmann/Schweiger)
Hochmeister, Manfred/**Haberl**, Johann/**Borer**, Urs V./**Rudin**, Oskar/**Dirnhofer**,
Richard
-Klärung eines Einbruchdiebstahls durch Multiplex PCR Analyse von Zigarettenkippen,
Archiv für Kriminologie 1995, 195.Band, S. 12 ff.
(zitiert: Hochmeister/Haberl/Borer/Rudin/Dirnhofer,AfK 1995)
Hofmann, Hasso
-Biotechnik, Gentherapie, Genmanipulation - Wissenschaft im rechtsfreien Raum
?, JZ 1986, S. 253 ff.
(zitiert: Hofmann, JZ 1986)
Hohmann, Harald (Hs.)
-Freiheitssicherung durch Datenschutz, Frankfurt a.M. 1987
(zitiert: Verfasser in: Hohmann)
Hollmann, Angela
-Patientengeheimnis und medizinische Forschung, MedR 1992, S. 177 ff.
(zitiert: Hollmann, MedR 1992)
Hubmann, Heinrich
-Das Persönlichkeitsrecht, Köln, Graz, 2. Auflage 1967
(zitiert: Hubmann)
Hümmerich, Klaus
-Einverständniserklärung des Bewerbers nach § 3 BDSG, DuD 1978, S. 135 ff.
(zitiert: Hümmerich, DuD 1978)
Hummel, Konrad
-Vorraussetzungen für die Verwendung einer DNS-Analyse mit Single- und Multi-Locus-
Sonden in Fällen strittiger Blutsverwandtschaft, NJW 1990, S. 753 ff.
(zitiert: Hummel, NJW 1990)
Hunold, Wolf
-Aktuelle Rechtsprobleme der Personalauswahl, DB 1993, S. 224 ff.
(zitiert: Hunold, DB 1993)

Isensee, Josef
-Das Grundrecht auf Sicherheit - zu den Schutzpflichten des freiheitlichen
Verfassungsstaates, Berlin/New York 1983
(zitiert: Isensee)

Isensee, Josef/**Kirchhof**, Paul (Hrsg.)
-Handbuch des Staatsrechts der Bundesrepublik Deutschland,
Band I, Grundlagen von Staat und Verfassung, Heidelberg 1987
-Band II, Demokratische Willensbildung - Die Staatsorgane des Bundes,
Heidelberg 1987
-Band V, Allgemeine Grundrechtslehren, Heidelberg 1992
-Band VI, Freiheitsrechte, Heidelberg 1989
(zitiert: Verfasser in: Isensee/Kirchhof, Bandnummer)
Jarass, Hans
-Das allgemeine Persönlichkeitsrecht im Grundgesetz, NJW 1989, S. 857 ff.
(zitiert: Jarass, NJW 1989)

Jarass, Hans/**Pieroth**, Bodo
-Grundgesetz für die Bundesrepublik Deutschland, 2. Auflage, München 1992
(zitiert: Jarass/Pieroth)
Jauernig, Othmar (Hs.)
-Bürgerliches Gesetzbuch mit Gesetz zur Regelung des Rechts der Allgemeinen
Geschäftsbedingungen, 7. Auflage, München 1994
(zitiert: Jauernig-Bearbeiter)
Jeand`Heur, Bernd
-Grundrechte, staatliche Schutzpflichten und Untermaßverbot, RdJB 1994, S. 91 ff.
(zitiert: Jeand`Heur, RdJB 1994)
Jonas, Hans
-Technik, Medizin und Ethik: Zur Praxis des Prinzips der Verantwortung, Frankfurt
a.M., 1. Auflage 1987
(zitiert: Jonas, Technik, Medizin und Ethik)
-Laßt uns einen Menschen klonieren, Scheidewege, Vierteljahresschrift für skeptisches
Denken 1982, S. 462 ff.
(zitiert: Jonas, Scheidewege 1982)
Jung, Heike
-Zum genetischen Fingerabdruck, MschrKrim 1989, S. 103 ff.
(zitiert: Jung, MschrKrim 1989)

Kaufmann, Arthur
-Rechtsphilosophische Reflexionen über Biotechnologie und Bioethik an der Schwelle
zum dritten Jahrtausend, JZ 1987, S. 837 ff
(zitiert: Kaufmann, JZ 1987)
-Der entfesselte Prometheus. Fragen der Humangenetik und der Fortpflanzungs-
technologien aus rechtlicher Sicht, in: Eser/Künschner (siehe dort), S. 300 ff.
(zitiert: Kaufmann in: Eser/Künschner)

Keller, Rolf
-Rechtliche Schranken der Humangenetik, Ein Beitrag zum Embryonenschutzgesetz und zum Abschlußbericht der Bund-Länder-Arbeitsgruppe "Genomanalyse", JR 1991, S. 441-447
(zitiert: Keller, JR 1991)
-Anmerkung zu BGHSt, JZ 1993, S. 102 = BGHSt 38, 320; JZ 1993, S. 103
(zitiert: Keller, JZ 1993)
Keller, Rainer
-Die Genomanalyse im Strafverfahren, NJW 1989, S. 2289 ff.
(zitiert: Keller, NJW 1989)
Kilian, Wolfgang
-Arbeitsrechtliche Probleme automatisierter Personalinformationssysteme, JZ 1977, S. 481 ff.
(zitiert: Kilian, JZ 1977)
Kimmich, H./**Spyra**, W./**Steinke**, W.
-DNA-Amplifizierung in der forensischen Anwendung und der juristischen Diskussion, NStZ 1993, S. 23 ff.
(zitiert: Kimmich/Spyra/Steinke, NStZ 1993)
-Das DNA-Profiling in der Kriminaltechnik und der juristischen Diskussion, NStZ 1990, S. 318 ff.
(zitiert: Kimmich/Spyra/Steinke, NStZ 1990)
Kimura, Rihito
-Das japanische Forschungsprojekt, in: Sass, S. 163 (siehe dort)
(zitiert: Kimura in: Sass)
Klässer, Wilfried
-Sozialdatenschutz nach dem Zweiten Gesetz zur Änderung des Sozialgesetzbuches - 2. SGBÄndG, RDV 1994, S. 117
(zitiert: Klässer, RDV 1994)
Klees, Bernd
-Die genetische Durchleuchtung des Menschen, Genetic Screening, genetische Tests und Genomanalyse bei Arbeitnehmern, AiB 1986, S. 55 ff.
(zitiert: Klees, AiB 1986)
-Der gläserne Mensch im Betrieb: Genetische Analysen bei Arbeitnehmern und ihre Folgen, Frankfurt 1988
(zitiert: Klees)
Klein, Friedrich
-Gedächtnisschrift für Friedrich Klein, München 1977
(zitiert: Verfasser in: Gedächtnisschrift Klein)

Klein, Eckardt
-Grundrechtliche Schutzpflicht des Staates, NJW 1989, S. 1633 ff.
(zitiert: Klein, NJW 1989)
Klug, Ulrich/**Kriele**, Martin (Hrsg.)
-Menschen- und Bürgerrechte, Vorträge aus der Tagung der Deutschen Sektion Der
Internationalen Vereinigung Für Rechts- und Sozialphilosophie (IVR) in der
Bundesrepublik Deutschland vom 9.-12. Oktober 1986 in Köln, Stuttgart 1988
(zitiert: Verfasser in: Klug/Kriele)
Kluth, Winfried
-Recht auf Leben und Menschenwürde als Maßstab ärztlichen Handelns im Bereich
der Fortpflanzungsmedizin, ZfP 1989, S. 115 ff.
(zitiert: Kluth, ZfP 1989)
-Brauchen wir eine neue Sicht des Lebens ?, Neuerscheinungen zur Bioethik,
ZfP 1992, S. 195 ff.
(zitiert: Kluth, ZfP 1992)
Knemeyer, F.-L.
-Auskunftsanspruch und behördliche Auskunftsverweigerung, JZ 1992, S. 348 ff.
(zitiert: Knemeyer, JZ 1992)
Knörr, Karl/**Knörr-Gärtner**, Henriette/**Beller**, Fritz Karl/**Lauritzen**, Christi-
an/**Schuhmann**, Roland A.
-Geburtshilfe und Gynäkologie: Physiologie und Pathologie der Reproduktion, Berlin,
Heidelberg, New York, 2. Auflage 1989
(zitiert: Knörr/Knörr-Gärtner/Beller/Lauritzen)
Knoppers, Bartha Maria/**Chadwick**, Ruth
-The human genome Projekt: under an international ethical microscope,
Science 1994, S. 2035 f.
(zitiert: Knoppers/Chadwick, Science 1994)
Kohte, Wolfhard
-Arbeit, Leben und Gesundheit - Betriebverfassungsrechtliche Herausforderungen
und Perpektiven - , in: Festschrift Kissel (siehe dort), S. 547 ff.
(zitiert: Kohte in: Festschrift Kissel)
Kopp, Ferdinand
-Tendenzen der Harmonisierung des Datenschutzrechts in Europa, DuD 1995,
S.204 ff.
(zitiert: Kopp,DuD 1995)
Kokkonen, Paula
-Bioethics in Europe, AnnMed 1993, S. 509 f.
(zitiert: Kokkonen, AnnMed 1993)

Konferenz der Datenschutzbeauftragten des Bundes und der Länder, Datenschutzkommission Rheinland-Pfalz
-Entschließung vom 26./27. 10. 1989 über Genomanalyse und informationelle Selbstbestimmung, BT-Drucksache 11/6458, Anlage 7 = Simitis Doku. F 51
(zitiert: DSB-Konferenz in: Simitis Doku. F 51)

Konferenz der Arbeitsgemeinschaft der Betriebs- und Personalräte der hochschulfreien Forschungseinrichtungen (AGBR)
-Resolution zur geplanten gesetzlichen Regulierung der Anwendung gentechnischer Methoden auf den Menschen - Genomanalyse im Arbeitsverhältnis -, WIPO-Dienst der DAG 5/1993, S. 37 ff.
(zitiert: AGBR, WIPO Dienst 5/1993)

Körner-Dammann, Marita
-Weitergabe von Patientendaten an ärztliche Verrechnungsstellen, NJW 1992, S. 729 ff.
(zitiert: Körner-Dammann, NJW 1992)

Koslowski, Peter/**Kreuzer**, Philipp/**Löw**, Reinhard
-Die Verführung durch das Machbare: Ethische Konflikte in der modernen Medizin und Biologie, Stuttgart 1983
(zitiert: Koslowski/Kreuzer/Löw)

Koslowski, Peter
-Genetisierung und Verlust der Gestalt, Folgen der Genetik für die Deutung des Menschen und der Gesamtwirklichkeit, Parl Beilage 1991, Nr 6, S. 43 ff.
(zitiert: Koslowski)

Krahnen, Kai
-Chorea Huntington. Das Recht auf Wissen versus das Recht auf Nicht-Wissen, in: Schroeder-Kurth, S. 66 ff.
(zitiert: Krahnen in: Schroeder-Kurth)

Krawietz, Werner
-Gewährt Art. 1 Abs. 1 GG dem Menschen ein Grundrecht auf Achtung und Schutz seiner Würde, in: Gedächtnisschrift Klein (siehe dort), S. 245 ff.
(zitiert: Krawietz in: Gedächtnisschrift Klein)

Krehl, Christoph
-Die Umsetzung des Volkszählungsurteils 1983: Ist die Übergangsfrist für den Gesetzgeber abgelaufen ?, NJW 1995, S. 1072 ff.
(zitiert: Krehl, NJW 1995)

Kuhlmann, Jan
-Die Verarbeitung von Patientendaten nach dem SGB V. und das Recht auf selbstbestimmte medizinische Behandlung, DuD 1993, S. 198 ff.
(zitiert: Kuhlmann, DuD 1993)

272

Kühnel, Herbert
-Genome Programs in Germany in Comparison to european Community Activities, Advances in Molekular Genetics, Biotechforum 10, 1992, S. 33 ff.
(zitiert: Kühnel, Advances in Mol. Gen.)

Künzler, Ingrid
-Macht der Technik - Ohnmacht des Rechts?, Regelungsbedarf und Regelungsmöglichkeiten im Bereich Gentechnologie, Frankfurt 1990, Dissertation an der Universität Bielefeld 1988
(zitiert: Künzler)

Kunkel, Peter-Christian
-Der Sozialdatenschutz im Normengefüge von Sozialgesetzbuch, Bundes- und Landesdatenschutzgesetzen, ZfSH/SGB 1992, S. 345 ff.
(zitiert: Kunkel, ZfSH/SGB 1992)

Kurer, Thomas
-DNA-Analyse als erfolgreiches Beweismittel, Kriminalistik 1994, S. 213 f.
(zitiert: Kurer, Kriminalistik 1994)

Lackner, Karl
-Strafgesetzbuch mit Erläuterungen, 20. Auflage, München 1993
(zitiert: Lackner)

Laufs, Adolf/**Uhlenbruck**, Wilhelm/**Genzel**, Herbert/**Kern**, Bernd-Rüdiger/**Krauskopf**, Dieter/**Schlund**, Gerhard H./**Ulsenheimer**, Klaus
-Handbuch des Arztrechts, München 1992
(zitiert: Bearbeiter in: Laufs/Uhlenbruck)

Laufs, Rainer/**Laufs**, Adolf
-AIDS und Arztrecht, NJW 1987, S. 2257 ff.
(zitiert: Laufs/Laufs, NJW 1987)

Laufs, Adolf
-Pränatale Diagnostik und Lebensschutz aus arztrechtlicher Sicht, MedR 1990, S. 231 ff.
(zitiert: Laufs, MedR 1990)
-Arzt und Recht im Umbruch der Zeit, NJW 1995, S. 1590 ff.
(zitiert: Laufs, NJW 1995)

Leisner, Walter
-Grundrechte und Privatrecht, München 1960
(zitiert: Leisner)

Lemke, Michael
-Zur Anwendbarkeit des Bundesdatenschutzgesetzes auf Krankenunterlagen, DuD 1982, S. 27 ff.
(zitiert: Lemke, DuD 1982)

Luhmann, Niklas
-Grundrechte als Institution: Ein Beitrag zur politischen Soziologie, 3. Auflage, Berlin 1986
(zitiert: Luhmann)
Lührs, Wolfgang
-Genomanalyse im Strafverfahren, BGH-Urteil und Gesetzgebungsinitiativen, MDR 1992, S. 929 f.
(zitiert: Lührs, MDR 1992)
Lukes, Rudolf/**Scholz**, Rupert
-Rechtsfragen der Gentechnologie, Köln, Berlin u.a. 1986
(zitiert: Lukes/Scholz)

Mallmann, Otto
-Zielfunktionen des Datenschutzes, Frankfurt a.M. 1977
(zitiert: Otto Mallmann)
Mallmann, Christoph
-Datenschutz in Verwaltungs-Informationssystemen, München/Wien 1976
(zitiert: Mallmann)
Malorny, Michael
-Der Grundrechtsverzicht, JA 1974, S. 475 ff.
(zitiert: Malorny, JA 1974)
Mangoldt, Hermann von/**Klein**, Friedrich/**Starck**, Christian
-Das Bonner Grundgesetz, Kommentar, Band 1, Präambel, Art. 1 bis 5, 3. Auflage, München 1985
(zitiert: Mangoldt/Klein/Starck)
Mansees, Norbert
-Jeder Mensch hat ein Recht auf Kenntnis seiner genetischen Herkunft, NJW 1988, S. 2948 ff.
(zitiert: Mansees, NJW 1988)
Martin, W./**Kramer**, D.
-Aktuelle Fragen der Abstammungsbegutachtung, Der Amtsvormund 1994, S. 11 ff.
(zitiert: Martin/Kramer, Der Amtsvormund 1994)
Maschmann, Frank
-Die Zukunft des Arbeitsschutzrechts, BB 1995, S. 146 ff.
(zitiert: Maschmann, BB 1995)
Maunz, Theodor/**Dürig**, Günter/**Herzog**, Roman, u.a.
-Maunz-Dürig, Kommentar zum Grundgesetz, Band I, Art. 1-12, München 1993
(zitiert: MDH)

Maurer, Hartmut (Hs.)

Das akzeptierte Grundgesetz, Festschrift für Günter Dürig zum 70. Geburtstag, München 1990

(zitiert: Verfasser in: Das akzeptierte Grundgesetz)

-Allgemeines Verwaltungsrecht,9. Auflage, München 1994

(zitiert: Maurer)

Mayer, Antonia/**Bender**, Klaus

-Gutachten zum Aktenzeichen 2 C 1266/89 des Amtsgerichts Bad Kreuznach vom 27. 7. 1990, ZfJ 1991, S. 129 ff.

(zitiert: Mayer/Bender, ZfJ 1991)

Menzel, Hans-Joachim

-Genomanalyse im Arbeitsverhältnis und Datenschutz, NJW 1989, S. 2041 ff.

(zitiert: Menzel, NJW 1989)

Müller, Gerhard/**Wächter**, Michael

-Der Datenschutzbeauftragte, 2. Auflage, München 1991

(zitiert: Müller/Wächter)

Müller-Neumann, Markus/**Langenbucher**, Heike

-Gentechnik und Humangenetik, in: Aus Politik und Zeitgeschichte, Beilage zur Wochenzeitung Das Parlament 6/1991, S. 3 ff.

(zitiert: Müller-Neumann/Langenbucher, Beil Parl 1991)

Münch, Ingo von

-Grundrechtschutz gegen sich selbst ? in: Festschrift Ipsen (siehe dort), S. 113 ff.

(zitiert: von Münch in: Festschrift Ipsen)

-Grundgesetz-Kommentar, Band 3, (Artikel 70 bis Artikel 146 und Gesamtregister), 1. Auflage, München 1978

(zitiert: von Münch)

Münch, Ingo von/**Kunig**, Philip (Hs.)

-Grundgesetz-Kommentar, Band 1 (Präambel bis Art. 20), 4. Auflage, München 1992

(zitiert: von Münch/Kunig)

Münchener Kommentar zum Bürgerlichen Gesetzbuch

-Band 1, Allgemeiner Teil (§§ 1-240), AGB Gesetz, 3. Auflage, München 1993

-Band 8, Familienrecht II, §§ 1889-1921. KJHG. 3. Auflage, München 1992

(zitiert: MüKo-Bearbeiter)

Murken, Jan/**Cleve**, Hartwig (Hs.)

-Humangenetik, 4. Auflage, Stuttgart 1988

(zitiert: Murken/Cleve)

Murswiek, Dietrich

-Die staatliche Verantwortung für die Risiken der Technik - Verfassungsrechtliche

Grundlagen und immissionsschutzrechtliche Ausformung, Berlin 1985
(zitiert: Murswiek)
Mutius, Albert von
-Der Embryo als Grundrechtssubjekt, Jura 1987, S. 109 ff.
(zitiert: von Mutius, Jura 1987)

Nicklisch, Fritz/**Schettler**, Gotthard (Hs.)
-Regelungsprobleme der Gen- und Biotechnologie sowie der Humangenetik
Heidelberg 1990, Technologie und Recht. Bd 12
(zitiert: Verfasser in: Nicklisch/Schettler)
Niermeijer, Martinus M.
Eurogenetics 1989 - das Programm der Europäischen Gemeinschaft, in: Sass,
S. 152 ff. (siehe dort)
(zitiert: Niermeijer in: Sass)
Nitsch, Peter
-Datenschutz und Informationsgesellschaft, ZRP 1995, S. 361 ff.
(zitiert: Nitsch, ZRP 1995)

Oberlies, Dagmar
-Genetischer Fingerabdruck und Opferrechte, Strafverteidiger 1990, S. 469 ff.
(zitiert: Oberlies, Strafverteidiger 1990)
Oetker, Hartmut
-Der Entwurf eines Arbeitsrahmenschutzgesetzes, ZRP 1994, S. 219 ff.
(zitiert: Oetker, ZRP 1994)
-"Informationelles Selbstbestimmungsrecht" und graphologische Gutachten bei
Anbahnung und Abwicklung des Arbeitsverhältnisses, BlStSozArbR 1985,
S. 65 ff., 81 ff.
(zitiert: Oetker, BlStSozArbR 1985)
Olshausen, Henning von
-Menschenwürde im Grundgesetz: Wertabsolutismus oder Selbstbestimmung ?, NJW
1982, S. 2221 ff.
(zitiert: Olshausen, NJW 1982)
Ordemann, Hans-Joachim/**Schomerus**, Rudolf/**Gola**, Peter
-Bundesdatenschutzgesetz, 5. Auflage, München 1992
(zitiert: Ordemann/Schomerus)
Ostrer, Harry/**Allen**, William/**Crandall**, Lee A./**Moseley**, Ray E./**Dewar**, Marvin
A./**Nye**, David/**McCrary**, S. Van
-Insurance and genetic testing: where are we now ?,
Am.J.Hum.Gen. 1993, S. 565 ff.
(zitiert: Ostrer et.al., Am.J.Hum.Gen. 1993)

Palandt
-Bürgerliches Gesetzbuch, 53. Auflage, München 1994
(zitiert: Palandt-Bearbeiter)
Pander, Hans-Jürgen/**Artlich**, Andreas/**Schwinger**, Eberhard
-Heterozygoten-Testung bei Mukoviszidose; Eugenik, Prävention oder Instrument
der humangentischen Beratung ?, Deutsches Ärzteblatt 1992, S. B2786 ff.
(zitiert: Pander/Artlich/Schwinger, Deutsches Ärzteblatt 1992)
Pieroth, Bodo/**Schlink**, Bernhard
-Grundrechte, Staatsrecht II, 9. Auflage, Heidelberg 1993
(zitiert: Pieroth/Schlink)
Pietzcker, Jost
-Die Rechtsfigur des Grundrechtsverzichts, Der Staat 1978, S. 527 ff.
(zitiert: Pietzcker, Der Staat 1978)
Pitschas, Rainer
-Kriminalistik durch Informationsvorsorge, Abschied vom klassischen Polizeirecht
und Krise des traditionellen Datenschutzkonzepts, Kriminalistik 1991, S. 774 ff.
(zitiert: Pitschas, Kriminalistik 1991)
Präve, Peter
-Genomanalyse und Lebensversicherung, ZfV 1991, S. 82 ff.
(zitiert: Präve, ZfV 1991)
-Das Recht des Versicherungsnehmers auf gen-informationelle Selbstbestimmung,
VersR 1992, S. 279 ff.
(zitiert: Präve, VersR 1992)
-Das allgemeine Versicherungsvertragsrecht in Deutschland im Zeichen der europäischen
Einigung, Versicherungswirtschaft 1992, S. 596 ff, S. 565 ff, S. 737 ff.
(zitiert: Präve, Versicherungswirtschaft 1992)
-Das Dritte Durchführungsgesetz/EWG zum VAG - Ausgewählte Fragen des neuen
Aufsichts- und Vertragsrechts, ZfV 1994, S. 255 ff. (Schluß zu ZfV 7,8,9/1994
(zitiert: Präve, ZfV 1994)
Prölss, Jürgen/**Martin**, Anton
-Prölss/Martin. Versicherungsvertragsgesetz, 25. Auflage, München 1992
(zitiert: Bearbeiter in: Prölss/Martin)
Privacy Protection Study Commission
-Personal privacy in an information society, Washington DC 1977
(zitiert: Privacy Protection Study Commission)
Pschyrembel, Willibald (Begr.); **Dornblüth**, Otto (Begr.); **Zink**, Christoph (Bearb.)
-Pschyrembel. Klinisches Wörterbuch. Berlin/New York; 256. Auflage 1990
(zitiert: Pschyrembel)

Püttner, Günter/**Brühl**, Klaus
-Fortpflanzungsmedizin, Gentechnologie und Verfassung, - Zum Gesichtspunkt der Einwilligung Betroffener -, JZ 1987, S. 529 ff.
(zitiert: Püttner/Brühl, JZ 1987)

Quaritsch, Helmut
-Der Verzicht im Verwaltungsrecht und auf Grundrechte, in: Gedächtnisschrift Martens (siehe dort), S. 407 ff.
(zitiert: Quaritsch in: Gedächtnisschrift Martens)

Rademacher, Christine
-Zur Frage der Zulässigkeit genetischer Untersuchungsmethoden im Strafverfahren, Strafverteidiger 1989, S. 546 ff.
(zitiert: Rademacher, Strafverteidiger 1989)
-Die Zulässigkeit genetischer Analysemethoden im Strafverfahren, Dissertation an der Universität Frankfurt, 1992
(zitiert: Rademacher)
Raestrup, O.
-Versicherung und Genomanalyse, Versicherungsmedizin 1990, S. 37 f.
(zitiert: Raestrup, Versicherungsmedizin 1990)
Reichelt, Andreas
-Verfahren, Zulässigkeit und Auswirkungen der DNA-Technologie (Genetischer Fingerabdruck) auf den Anwendungsbereich der Vaterschaftsvermutung im Rahmen des § 1600o II BGB, Bielefeld 1992, zugleich Dissertation an der Universität Göttingen 1991
(zitiert: Reichelt)
Reiter, Johannes
-Ethische Aspekte der Humangenetik und Embryonenforschung, Parl Beilage 1991, Nr 6, S. 25 ff.
(zitiert: Reiter, Parl Beilage 1991)
Ritter, H.
-Die humangenetische Abstammungsbegutachtung, FamRZ 1991, S. 646 ff.
(zitiert: Ritter, FamRZ 1991)
Rittner, Christian/**Schacker**, Ulrike/**Schneider**, Peter M.
-Zum gegenwärtigen Stand des DNA-Gutachtens (sog. genetischer Fingerabdruck) in der Bundesrepublik Deutschland, MedR 1989, S. 12 ff.
(zitiert: Rittner/Schacker/Schneider, MedR 1989)
Robbers, Gerhard
-Der Grundrechtsverzicht, JuS 1985, S. 925 ff.
(zitiert: Robbers, JuS 1985)

Robinson, Alex
-The ethics of gene research, CanMedAssocJ 1994, S. 721 ff.
(zitiert: Robinson, CanMedAssocJ 1994)
Rogall, Klaus
-Informationseingriff und Gesetzesvorbehalt im Strafprozeßrecht, Tübingen 1992
(zitiert: Rogall)
Rohlf, Dietwalt
-Der grundrechtliche Schutz der Privatsphäre: zugleich ein Beitrag zur Dogmatik des Art. 2 I GG, Dissertation an der Universität Tübingen 1978/79, Berlin 1980
(zitiert: Rohlf)
Rohn, Stephan/**Sannwald**, Rüdiger
-Die Ergebnisse der Gemeinsamen Verfassungskommission, ZRP 1994, S. 65 ff.
(zitiert: Rohn/Sannwald, ZRP 1994)
Rose, Matthias H. P.
-Genomanalysen an Arbeitnehmern vor der Einstellung. Die Grenze ihrer zulässigen Durchführung aus arbeits- und grundrechtlicher Sicht, Dissertation an der Universität Bielefeld 1988, Frankfurt am Main, Bern, New York, Paris, 1989
(zitiert: Rose)
Ruderisch, Dagmar
-Rechtliche und rechtspolitische Fragen der Humangenetik, ZRP 1992, S. 260 ff.
(zitiert: Ruderisch, ZRP 1992)
Rüdiger, Hugo W.
-Genomanalyse in der Arbeitsmedizin, in: Sass (siehe dort), S. 68 ff.
(zitiert: Rüdiger in: Sass)
Rüpke, Giselher
-Aspekte zur Entwicklung eines EU-Datenschutzrechts, ZRP 1995, S. 185 ff.
(zitiert: Rüpke, ZRP 1995)

Sahmer, Sybille
-Genomanalysen und Krankenversicherung, Versicherungsmedizin 1995, S. 5 ff.
(zitiert: Sahmer, Versicherungsmedizin 1995)
Sass, Hans-Martin (Hs.)
-Genomanalyse und Gentherapie. Ethische Herausforderungen in der Humanmedizin, Berlin, Heidelberg 1991
(zitiert: Verfasser in: Sass, Genomanalyse)
Schaffland, Hans-Jürgen/**Wiltfang**, Noeme
-Bundesdatenschutzgesetz (BDSG), Ergänzbarer Kommentar nebst einschlägigen Rechtsvorschriften, Berlin, Stand: November 1993
(zitiert: Schaffland/Wiltfang)

Schapper, Claus Henning/**Dauer**, Peter
-Die Entwicklung der Datenschutzaufsicht im nicht-öffentlichen Bereich,
RDV 1987, S. 169 ff.
(zitiert: Schapper/Dauer, RDV 1987)
Schaub, Günter
-Arbeitsrechtshandbuch, 6. Auflage, München 1987
(zitiert: Schaub)
Schewe, G.
-Die höchstrichterliche Rechtsprechung zur Vaterschaftsbegutachtung und zur DNA-
Analyse, Rechtsmedizin 1993, S. 107 ff.
(zitiert: Schewe, Rechtsmedizin 1993)
Schierbaum, Bruno/**Kiper**, Manuel
-Arbeitsmedizindaten, Genomanalysen und Datenschutz, AiB 1992, S. 623 ff.
(zitiert: Schierbaum/Kiper, AiB 1992)
Schlink, Bernhard
-Das Recht der informationellen Selbstbestimmung, Der Staat 1986, S. 234 ff.
(zitiert: Schlink, Der Staat 1986)
Schmid, Werner
-Genetische Testmöglichkeiten. Eine ehtische und rechtliche Standortbestimmung.
Der Standpunkt der medizinischen Genetik; in: Baumann-Hölzle/Bondolfi/Ruh
(siehe dort), S. 23 ff.
(zitiert: Schmid in: Baumann-Hölzle/Bondolfi/Ruh)
Schmidt, Walter
-Die bedrohte Entscheidungsfreiheit, JZ 1974, S. 241 ff.
(zitiert: Walter Schmidt, JZ 1974)
Schmidt, Karsten (Hrsg.)
-Rechtsdogmatik und Rechtspolitik, Hamburger Ringvorlesung, Berlin 1990
(zitiert: Verfasser in: Schmidt)
Schmidt, Angelika
Rechtliche Aspekte der Genomanalyse, Europäische Hochschulschriften Reihe 2,
Dissertation, Frankfurt 1991
(zitiert: Angela Schmidt)
Schmidt-Bleibtreu, Bruno/**Klein**, Franz
-Kommentar zum Grundgesetz, 7. Auflage, Neuwied 1990
(zitiert: Schmidt-Bleibtreu/Klein)
Schmidt-Didczuhn, Andrea
-(Verfassungs)Recht auf Kenntnis der eigenen Abstammung ?, JR 1989, S. 228 ff.
(zitiert: Schmidt-Didczuhn, JR 1989)
Schneider, Harald
-Die Güterabwägung des Bundesverfassungsgerichts bei Grundrechtskonflikten:

Empirische Studie zu Methode und Kritik eines Konfliktlösungsmodells, Baden-Baden, 1. Auflage 1979
(zitiert: Schneider)
Schnittler, Christoph
-Genomanalyse: Stand der politischen Diskussion und rechtliche Regelungen in Deutschland, DuD 1993, S. 290 ff.
(zitiert: Schnittler, DuD 1993)
Schönke, Adolf/**Schröder**, Horst
-Strafgesetzbuch. Kommentar, 24, Auflage, München 1991
(zitiert: Schönke/Schröder-Bearbeiter)
Scholz, Rupert/**Pitschas**, Rainer
-Informationelle Selbstbestimmung und staatliche Informationsverantwortung, Berlin 1984
(zitiert: Scholz/Pitschas)
Scholz, Rupert
-Verfassungsfragen zur Fortpflanzungsmedizin und Gentechnologie, Festschrift für Rudolf Lukes zum 65. Geburtstag 1989, S. 203 ff. (zitiert: Scholz in: Festschrift Lukes)
-Das Grundrecht der freien Entfaltung der Persönlichkeit in der Rechtsprechung des Bundesverfasungsgerichts, AöR 1975, S. 80 ff.(Teil 1), S. 265 ff.(Schluß)
(zitiert: Scholz, AöR 1975)
Schrader, Hans-Hermann
-Datenschutz in den Grundrechtskatalog, Verfassungsrechtliche Aspekte des Rechts auf informationelle Selbstbestimmung, CR 1994, S. 427 ff.
(zitiert: Schrader, CR 1994)
Schrage, Rainer
-Zur Frage des Datenschutzes bei Krebsregistern, RDV 1990, S. 116
(zitiert: Schrage, RDV 1990)
Schroeder-Kurth, Traute (Hs.)
-Medizinische Genetik in der Bundesrepublik Deutschland, Frankfurt a.M., Neuwied 1989
(zitiert: Schroeder-Kurth)
Schroeder-Kurth, Traute/**Passarge**, Eberhard
-Stellungnahme zur postnatalen prädiktiven genetischen Diagnostik der Kommission für Öffentlichkeitsarbeit und ethische Fragen der Gesellschaft für Humangenetik e.V., Med. Genetik 1991, S. 10 f.
(zitiert: Schroeder-Kurth/Passarge, Med. Genetik 1991)
Schulte, F. J./**Spranger**, J. (Hs.)
-Lehrbuch der Kinderheilkunde. Erkrankungen im Kindes- und Jugendalter, Stuttgart, Jena, New York, 27. Auflage 1993
(zitiert: Schulte/Spranger-Bearbeiter)

Schulz-Weidner, Wolfgang
-Genomanalyse und gesetzliche Krankenversicherung, DOK 1992,
S. 23 ff, S. 68 ff.
(zitiert: Schulz-Weidner, DOK 1992)
-Der versicherungsrechtliche Rahmen für eine Verwertung von Genomanalysen. Die
Bedeutung präklinischer und genetischer medizinischer Befunde im Rahmen rechtlicher
Kausalitäts-, Risiko- und Eigenverschuldungsbewertungen, Baden-Baden 1993
(zitiert: Schulz-Weidner)
Schuster, Michael/**Simon**, Jürgen
-Anmerkung zu OLG Celle, NJW 1980, S. 1287, S. 1287 f.
(zitiert: Schuster/Simon, NJW 1980)
Schwabe, Jürgen
-Probleme der Grundrechtsdogmatik, Dissertation, Darmstadt 1977
(zitiert: Schwabe)
-Die sogenannte Drittwirkung der Grundrechte - Zur Einwirkung der Grundrechte
auf den Privatrechtsverkehr, München 1971
(zitiert: Schwabe, Drittwirkung)
Schwan, Eggert
-Amtsgeheimnis oder Aktenöffentlichkeit ?: Der Auskunftsanspruch des Betroffenen,
das Grundrecht auf Datenschutz und das Prinzip der Aktenöffentlichkeit,
München 1983
(zitiert: Schwan)
-Die Abgrenzung des Anwendungsbereiches der Regeln des Straf- und Ordnungswidrig-
keitenverfolgungsrechtes von dem Recht der Gefahrenabwehr,
VerArch. 1979, S. 109 ff.
(zitiert: Schwan, VerwArch. 1979)
Seif, Klaus Philipp
-Das bedrohte Geheimnis - Ethische Überlegungen zur personenbezogenen EDV,
DuD 1993, S. 286 ff.
(zitiert: Seif, DuD 1993)
Selb, Walter
-Schädigung des Menschen vor Geburt - ein Problem der Rechtsfähigkeit ?
AcP 166, 76-128 (1966)
(zitiert: Selb, AcP 1966)
Simitis, Spiros
-Die informationelle Selbstbestimmung - Grundbedingung einer verfassungskonformen
Informationsordnung, NJW 1984, S. 398 ff.
(zitiert: Simitis, NJW 1984)

Simitis, Spiros/**Dammann**, Ulrich/**Mallmann**, Otto/**Reh**, Hans-Joachim
-Kommentar zum Bundesdatenschutzgesetz, Baden-Baden, 3. Auflage 1981
(zitiert: Bearbeiter in: Simitis BDSG 1977)
Simitis, Spiros/**Dammann**, Ulrich/**Geiger**, Hansjörg/**Mallmann**, Otto/**Walz**, Stefan
-Kommentar zum Bundesdatenschutzgesetz, 4. Auflage, Baden-Baden 1992
(zitiert: Bearbeiter in: Simitis)
Simon, Jürgen
-Genomanalyse bei Versicherungen, Medizinische Genetik 1992, S. 17 ff.
(zitiert: Simon, Med. Gen. 1992)
-Genomanalyse - Anwendungsmöglichkeiten und rechtlicher
Regelungsbedarf, MDR 1991, S. 5 ff.
(zitiert: Simon, MDR 1991)
Simon, Jürgen (Hs.)
-Rechtliche und rechtspolitische Aspekte der gegenwärtigen und zukünftig erwartbaren
Nutzung genanalytischer Methoden am Menschen; Gutachten des Forschungszentrums
Biotechnologie im Auftrag des Büros für Technikfolgenabschätzung beim Deutschen
Bundestag, Hannover 1993
(zitiert: Gutachten Simon)
Simon, Jürgen/**Heilmann**
-Genomanalyse in internationaler Sicht - juristische Aspekte,
Medizinische Genetik 1991, S. 67 ff.
(zitiert: Simon/Heilmann, Med.Gen. 1991)
Spann, W./**Liebhardt**, E./**Penning**, R.
-Genomanalyse und ärztliche Schweigepflicht, in: Laufs, A./Kamps, H., Arzt- und
Kassenarztrecht im Wandel, Festschrift für Helmut Narr zum 60. Geburtstag, Berlin,
Heidelberg 1988, S. 27 ff.
(zitiert: Spann/Liebhardt/Penning in: Laufs/Kamps)
Sperling, Karl
-Methodische Grundlagen und medizinische Möglichkeiten, in: Sass, Hans-Martin,
Genomanalyse und Gentherapie (siehe dort), S. 42 ff.
(zitiert: Sperling in: Sass, Genomanalyse)
Spiekerkötter, Jörg
-Verfassungsfragen der Humangenetik, Insbesondere Überlegungen zur Zulässigkeit
der Genmanipulation sowie der Forschung an menschlichen Embryonen, Dissertation
an der Universität Freiburg 1989
(zitiert: Spiekerkötter)
Starck, Christian
-Der verfassungsrechtliche Schutz des ungeborenen menschlichen Lebens,
JZ 1993, S. 816 ff.
(zitiert: Starck, JZ 1993)

Starosta, Thomas
-Zur Sittenwidrigkeit von Veranstaltungen i.S. des § 33 a GewO mit geschlechtlichem Charakter, GewArch 1985, S. 290 ff.
(zitiert: Starosta, GewArch 1985)
Stein, Ekkehart
-Staatsrecht, 13. Auflage, Tübingen 1991
(zitiert: Stein)
Steinke, Wolfgang
-Genetischer Fingerabdruck und § 81 a StPO, NJW 1987, S. 2914 f.
(zitiert: Steinke, NJW 1987)
-DNA-Analyse gerichtlich anerkannt, MDR 1989, S. 407 f.
(zitiert: Steinke, MDR 1989)
Steinmüller, Wilhelm
-Genetisches Selbstbestimmungsrecht, Eine Skizze zur sozialen Bewältigung der Genomanalyse, DuD 1993, S. 6 ff.
(zitiert: Steinmüller, DuD 1993)
-Grundfragen des Datenschutzes. Gutachten, erstattet im Auftrag des Bundesministers des Innern, BT-Drucks. VI/3826 (1971), S. 5 ff.
(zitiert: Gutachten Steinmüller)
-Das Volkszählungsurteil des Bundesverfassungsgerichts, DuD 1984, S. 91 ff.
(zitiert: Steinmüller, DuD 1984)
Stern, Klaus
-Das Staatsrecht der Bundesrepublik Deutschland, Band I, 2. Auflage, München 1984
(zitiert: Stern I)
-Das Staatsrecht der Bundesrepublik Deutschland, Band III/1, München 1988
(zitiert: Stern III/1)
Sternberg-Lieben, Detlev
-Strafbarkeit eigenmächtiger Genomanalyse, GA 1990, S. 289 ff.
(zitiert: Sternberg-Lieben, GA 1990)
Störmer, Rainer
-Zur Verwertbarkeit tagebuchartiger Aufzeichnungen, Jura 1991, S. 17 ff
(zitiert: Störmer, Jura 1991)
Sturm, Gerd
-Probleme eines Verzichts auf Grundrechte, in: Festschrift Geiger (siehe dort), S. 173 ff.
(zitiert: Sturm in: Festschrift Geiger)
Stürner, Rolf
-Die Unverfügbarkeit menschlichen Lebens und die menschliche Selbstbestimmung, JZ 1990, S. 709 ff.
(zitiert: Stürner, JZ 1990)

Taeger, Jürgen
-Datenschutz bei Genomanalysen am Beispiel der Einstellungs- und Vorsorgeuntersuchungen an Arbeitnehmern, in: Simon, Jürgen (Hs.), Handbuch Recht der Biotechnologie, Band 3: Schwerpunktbeiträge, Baden-Baden 1992
(zitiert: Taeger in: Simon)
Taupitz, Jochen
-Privatrechtliche Rechtspositionen um die Genomanalyse - Eigentum, Persönlichkeit, Leistung, JZ 1992, S. 1089 ff.
(zitiert: Taupitz, JZ 1992)
The White House Domestic Policy Council
-The president`s security plan: the Clinton blueprint, New York 1993
(zitiert: The Clinton blueprint)
Tinnefeld, Marie-Theres
-Genomanalysen greifen in das Persönlichkeitsrecht ein,
Computerwoche 1993, S. 38 f.
-Genomanalyse stellt Gesetzgeber vor weittragende Entscheidungen
Computerwoche 1993, S. 40 ff.
(zitiert: Tinnefeld, Computerwoche 1993)
-Persönlichkeitsrecht und Modalitäten der Datenerhebung im Bundesdatenschutzgesetz, NJW 1993, S. 1117 ff.
(zitiert: Tinnefeld, NJW 1993)
Tinnefeld, Marie-Theres/**Böhm**, Ingolf
-Genomanalyse und Persönlichkeitsrecht - Chancen und Gefährdungen -,
DuD 1992, S. 62 ff.
(zitiert: Tinnefeld/Böhm, DuD 1992)
Tinnefeld, Marie-Theres/**Ehmann**, Eugen
-Einführung in das Datenschutzrecht, München, Wien 1992
(zitiert: Tinnefeld/Ehmann)
Tondorf, Günter
-Neue kriminaltechnische Entwicklungen - eine Herausforderung für den Strafverteidiger, Strafverteidiger 1993, S. 39 ff.
(zitiert: Tondorf, Strafverteidiger 1993)
Tünnesen-Harmes, Christian
-Der praktische Fall - Öffentliches Recht: Die Genomanalyse, JuS 1994, S. 142 ff.
(zitiert: Tünnesen-Harmes, JuS 1994)
Triffterer, Otto/**Mitterauer**, Bernhard
-Zur Bedeutung genetischer Vermächtnisse für die Schuldfähigkeit,
MedR 1994, S. 297 ff.
(zitiert: Triffterer/Mitterauer, MedR 1994)

Ulmer, Peter/**Brandner**, Hans Erich/**Hensen**, Horst-Diether, **Schmidt**, Harry
-AGB-Gesetz. Kommentar zur Regelung des Rechts der Allgemeinen Geschäfts-
bedingungen, 7. Auflage, Köln 1993
(zitiert: Bearbeiter in: U/B/H)
Unterhuber, Robert
-Gene bill still controversial, Nature 1993, S. 750
(zitiert: Unterhuber, Nature 1993)
US-Congress, Office of Technology Assessment
-Soziale und ethische Überlegungen, in: Sass, S. 206 ff. (siehe dort)
(zitiert: OTA in: Sass)
-Mapping our genes - the genome projekt: how big, how fast ?, OTA-BA-373,
Washington DC 1988
(zitiert: OTA, Mapping our genes 1988)
-Medical testing and health insurance, OTA-H-384, Washington 1988)
(zitiert: OTA, Medical testing and health insurance 1988)
-Cystic fibrosis and DNA tests: implications if carrier screening, OTA-BA-532,
Washington DC 1992
(zitiert: OTA, Cystic fibrosis an DNA tests 1992)
-Genetic tests and health insurance: results of a survey, Washington DC, 1992
(zitiert: OTA, Genetic tests and health insurance 1992)

Vahle, Jürgen
-Medizinische Daten und Datenschutz, DuD 1991, S. 614 ff.
(zitiert: Vahle, DuD 1991)
-Verfassungsrechtliche Aspekte einer künftigen datenschutzgerechten Neuregelung
der polizeilichen Datenerhebung, DuD 1987, S. 434 ff.
(zitiert: Vahle, DuD 1987)
Vitzthum, Wolfgang Graf
-Die Menschenwürde als Verfassungsbegriff, JZ 1985, S. 201 ff.
(zitiert: Vitzthum, JZ 1985)
-Gentechnik und Grundgesetz, Eine Zwischenbilanz, in: Maurer (Hs), Das akzeptierte
Grundgesetz (siehe dort), S. 185 ff.
(zitiert: Vitzthum in: Das akzeptierte Grundgesetz)
-Rechtspolitik als Verfassungsvollzug ? Zum Verhältnis von Verfassungsauslegung
und Gesetzgebung am Beispiel der Humangenetik-Diskussion,
in: Günther/Keller, S. 61 ff.
(zitiert: Vitzthum in: Günther/Keller)
-Gentechnologie und Menschenwürde, MedR 1985, S. 249 ff.
(zitiert: Vitzthum, MedR 1985)

-Gentechnologie und Menschenwürdeargument, in: Klug/Kriele (siehe dort)
(zitiert: Vitzthum in: Klug/Kriele)
-Gentechnologie und Menschenwürdeargument, ZRP 1987, S. 33 ff.
(zitiert: Vitzthum, ZRP 1987)
Vogel, Friedrich/**Motulsky**, Arno G.
-Human Genetics, Problems and Approaches; 2. Auflage, Berlin, Heidelberg 1986
(zitiert: Vogel/Motulsky)
Vogel, Friedrich
-Probleme der Humangenetik aus medizinischer Sicht, in: Nicklisch/Schettler
(siehe dort), S. 137 ff.
(zitiert: Vogel in: Nicklisch/Schettler)
Vogelgesang, Klaus
-Grundrecht auf informationelle Selbstbestimmung ?, Baden-Baden 1987
(zitiert: Vogelgesang)
Vogt, Thomas
-Anmerkung zu BGHSt 38, 320; Strafverteidiger 1993, S. 175 f.
(zitiert: Vogt, Strafverteidiger 1993)
Vollmer, Silke
-Genomanalyse und Gentherapie: die verfassungsrechtliche Zulässigkeit der Verwendung
und Erforschung gentherapeutischer Verfahren am noch nicht erzeugten und ungeborenen
menschlichen Leben, 1. Auflage, Konstanz 1989, Dissertation an der Universität
Konstanz 1989
(zitiert: Vollmer)
Vosberg, H.-P.
-The Polymerase Chain Reaction: An Improved Method for the Analysis of Nucleic
Acids, Human Genetics 1989, S. 1 ff.
(zitiert: Vosberg, Hum. Genet. 1989)
Vultejus, Ulrich
-Bioethik, ZRP 1995, S. 47 ff.
(zitiert: Vultejus, ZRP 1995)

Wächtler, Hartmut
-Auf dem Weg zur Gen-Bank? Diskussionsentwurf des BMdJ zum genetischen
Fingerabdruck im Strafverfahren, Strafverteidiger 1990, S. 369 ff.
(zitiert: Wächtler, Strafverteidiger 1990)
Waniorek, Gabriele
-Datenschutzrechtliche Anmerkungen zu den zentralen Warn- und Hinweissystemen
in der Versicherungswirtschaft, RDV 1990, S. 228 ff.
(zitiert: Waniorek, RDV 1990)

Wellbrock, Rita
-Genomanalysen und das informationelle Selbstbestimmungsrecht,
CR 1989, S. 204 ff.
(zitiert: Wellbrock, CR 1989)
-Der Entwurf eines Gesetzes über Krebsregister - Zum Diskussionsstand aus
datenschutzrechtlicher Sicht, DuD 1994, S. 251 ff.
(zitiert: Wellbrock, DuD 1994)
Wiese, Günther
-Genetische Analyse bei Arbeitnehmern, RdA 1986, S. 120 ff.
(zitiert: Wiese, RdA 1986)
-Genetische Analysen an Arbeitnehmern, DuD 1993, S. 274 ff.
(zitiert: Wiese, DuD 1993)
-Zur gesetzlichen Regelung der Genomanalyse an Arbeitnehmern,
RdA 1988, S. 217 ff.
(zitiert: Wiese, RdA 1988)
-Gibt es ein Recht auf Nichtwissen ? - Dargestellt am Beispiel der genetischen
Veranlagung von Arbeitnehmern -, in: Festschrift für Hubert Niederländer
(siehe dort), S. 475 f.
(zitiert: Wiese in: Festschrift für Hubert Niederländer)
-Genetische Analysen und Arbeitsschutz, Zum Entwurf eines Gesetzes über Sicherheit
und Gesundheitsschutz bei der Arbeit (Arbeitsrahmenschutzgesetz),
BB 1994, S. 1209 ff.
(zitiert: Wiese, BB 1994)
-Genetische Analysen und Rechtsordnung unter besonderer Berücksichtigung des
Arbeitsrechts, Neuwied, Kriftel, Berlin, 1994
(zitiert: Wiese)
Wilde, Klaus Rüdiger
-Der Verzicht Privater auf subjektive öffentliche Rechte, Dissertation, Hamburg 1966
(zitiert: Wilde)
Williams, J. G.
-Gentechnologie, Genetic Engineering, Deutsche Übersetzung von A. Brennicke/Inge
Groß, Institut für Genbiologische Forschung, Berlin 1991
(zitiert: Williams, Gentechnologie)
Wohlgemuth, Hans H.
-Datenschutzrecht, 2. Auflage, Neuwied, Kriftel, Berlin 1993
(zitiert: Wohlgemuth, Datenschutzrecht)
-Datenschutz für Arbeitnehmer, 2. Auflage, Neuwied 1988
(zitiert: Wohlgemuth)
-Fragerecht und Erhebungsrecht, ArbuR 1992, S. 46 ff.
(zitiert: Wohlgemuth, ArbuR 1992)

Wolf, Manfred/**Horn**, Norbert/**Lindacher**, Walter F.
-AGB-Gesetz. Kommentar. 3. Auflage, München 1994
(zitiert: Bearbeiter in: W/H/L)
Wolff, Hans J./**Bachof**, Otto
-Verwaltungsrecht I, 9. Auflage, München 1974
(zitiert: Wolff/Bachof)
Würkner, Joachim
-Prostitution und Menschenwürdeprinzip - Reflexionen über die Ethisierung des Rechts
am Beispiel des gewerblichen Ordnungsrechts, NVwZ 1988, S. 600 ff.
(zitiert: Würkner, NVwZ 1988)
Wulfsberg, Eric A./**Hoffmann**, Diane E./**Cohen**, Maimon M.
-Alpha1-antitrypsin deficiency. Impact of genetic discovery on medicine and society,
JAMA 1994, S. 217 ff.
(zitiert: Wulfsberg/Hoffmann/Cohen, JAMA 1994)
Wurzel, Gabriele
-Gentechnologie/Humangentik - Aktuelle Aspekte und Vorstellung des zweiten Berichts
(Humangenetik) der rheinland-pfälzischen Bioethik-Kommission - ,
BayVBl 1989, S. 421 ff.
(zitiert: Wurzel, BayVBl 1989)
Wurzel, Gabriele/**Merz**, Ernst
-Gesetzliche Regelungen von Fragen der Gentechnik und Humangenetik,
Gentechnikgesetz und Embryonenschutzgesetz, Parl Beilage 1991, Nr 6, 12-24
(zitiert: Wurzel/Merz, Parl Beilage 1991)
Wurzel, Gabriele/**Born**, Birgit
-Embryonenschutzgesetz, Schutz vor Mißbräuchen auf dem Gebiet der modernen
Biologie und Medizin am Lebensbeginn, BayVBl 1991, S. 705 ff.
(zitiert: Wurzel/Born,BayVBl 1991))

Zierl, Gerhard
-Strafrechtliche Aspekte der Humangenetik und der Fortpflanzungsmedizin, DRiZ
1986, S. 161 ff.
(zitiert: Zierl, DRiZ 1986)
Zippelius, Reinhold
-Juristische Methodenlehre, 5. Auflage, München 1990
(zitiert: Zippelius)
Zuck, Rüdiger
-Blick in die Zeit, Gen-Tech, MDR 1991, S. 17 f.
(zitiert: Zuck, MDR 1991)

Matthias Nodorf

Datenschutz in der gesetzlichen Krankenversicherung

Ausgewählte Probleme der Kodifizierbarkeit
rechnergestützter Verwaltungstätigkeit unter
Berücksichtigung der praktischen Umsetzbarkeit
datenschutzrechtlicher Vorschriften im System der
gesetzlichen Krankenversicherung

Frankfurt/M., Berlin, Bern, New York, Paris, Wien, 1995. XIII, 210 S.
Europäische Hochschulschriften: Reihe 2, Rechtswissenschaft. Bd. 1748
ISBN 3-631-48451-8   br. DM 65.--*

Die Angst vor dem 'gläsernen Patienten' hat die Datenschutzdiskussion
im System der gesetzlichen Krankenversicherung dominiert. Das Volkszählungsurteil gab den Anstoß für eine umfassende Gesetzesreform,
die mehrfach geändert und ergänzt wurde. In dieser Arbeit werden die
grundlegenden Vorschriften systematisiert und interpretiert, um die Anwendbarkeit des komplizierten Regelungswerkes zu erleichtern. Der Informationshaushalt der Kassen wird durch das Gesetz begrenzt. Ihnen
stehen jedoch mit wenigen Ausnahmen alle Sozialdaten rechtmäßig zur
Verfügung, die zur Erfüllung ihrer gesetzlichen Aufgaben erforderlich
sind. Das Gesetz ermächtigt die Kassen auch zur dispositiven Datenverarbeitung. Deren Grenzen werden am Beispiel 'Qualitätssicherung in
der Arzneimittelversorgung' aufgezeigt.
Aus dem Inhalt: Entwicklung des Datenschutzrechts vom hippokrati-
schen Eid bis heute · Der Informationshaushalt der Kassen · Synchroni-
sierung von Aufgabenzuweisung und Ermächtigung zur Datenerhebung und -speicherung · Die Hierarchie von Aufgaben und Zwecken ·
Zulässigkeit der Verarbeitung und Nutzung von Sozialdaten · Grenzen
der Übermittlungsbefugnisse · Rechte des Betroffenen

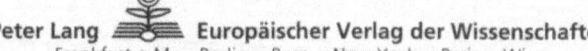

Peter Lang ══ **Europäischer Verlag der Wissenschaften**
Frankfurt a.M. • Berlin • Bern • New York • Paris • Wien
Auslieferung: Verlag Peter Lang AG, Jupiterstr. 15, CH-3000 Bern 15
Telefon (004131) 9402121, Telefax (004131) 9402131
- Preisänderungen vorbehalten - *inklusive Mehrwertsteuer